大学实验指导系列丛书
电子科技大学国家级实验教学示范中心系列教材

DIANZI
JISHU JICHU SHIYAN

电子技术基础实验

主　编　崔红玲
副主编　李朝海　陈骏莲
付　炜　陈先荣

电子科技大学出版社

图书在版编目（CIP）数据

电子技术基础实验 / 崔红玲主编. 一成都：电子科技大学出版社，2014.3 （2015.2）

ISBN 978-7-5647-2255-5

Ⅰ. 电… Ⅱ. 崔… Ⅲ. 电子技术—实验—高等学校—教材 Ⅳ. ①TN-33

中国版本图书馆 CIP 数据核字（2014）第 035482 号

内 容 简 介

本书是普通高等学校实验教材，是根据高等学校“电路分析”和“模拟电路”两门课程的实验教学要求编写的，全书共分五章。

第一章介绍常用电子元器件的识别；第二章介绍常用电子测量仪器的使用；第三章为电子技术基础实验部分；第四章是针对模拟部分的设计型实验；第五章是计算机辅助分析。

本书可作为高等学校电子类专业电子技术基础实验教材，也可供从事电子技术的工程技术人员参考。

电子技术基础实验

主　编　崔红玲

副主编　李朝海　陈骏莲　付　炜　陈先荣

出　　版：电子科技大学出版社（成都市一环路东一段 159 号电子信息产业大厦　邮编：610051）
策划编辑：罗　雅
责任编辑：罗　雅
主　　页：www.uestcp.com.cn
电子邮箱：uestcp@uestcp.com.cn
发　　行：新华书店经销
印　　刷：四川川印印刷有限公司
成品尺寸：185mm×260mm　　印张　17.75　　字数　452　千字
版　　次：2014 年 3 月第一版
印　　次：2015 年 2 月第二次印刷
书　　号：ISBN 978-7-5647-2255-5
定　　价：35.00 元

前　言

电子技术实验基础课程作为电子科技大学“国家级实验教学示范中心”和国家级精品课程“现代电子技术实验”中最核心的基础层实验课程，其教学目的是：增强学生的工程感性认识，提高动手能力，培养分析问题、解决问题的能力以及创新意识，促使学生的知识、能力、素质综合协调发展。

电子技术实验基础教材是电子科技大学国家级实验教学示范中心系列教材之一，是在多年实验课程改革的基础上编写而成的。该教材内容丰富，涵盖了电路分析和模拟电路的典型实验，在服务理论教学的基础上，注重学生实践技能的培养。

本教材的特点是：（1）采用验证与设计相结合，即验证型的实验电路由学生自主设计、搭建，教师审核的方式完成；（2）加强实验预习环节，在预习中预先设计问题，引导学生完成对实验原理的理解、实验方案的掌握以及实验电路的设计与搭建；（3）通过课前预习问题和课后思考题的形式，强化学生应用理论知识分析问题、解决问题的能力；（4）循序渐进地增强初学者的工程感性认识和工程实践技能。

教材分五章，第一章是常用电子元器件的识别，主要介绍了常用的电阻、电容、电感、二极管、三极管、集成运放等的识别；第二章是常用电子测量仪器，介绍了模拟示波器、函数发生器、晶体管毫伏表、直流稳压电源、晶体管图示仪以及万用表的基本原理、面板功能及使用方法；第三章是以 2 学时为单元的 20 个基础实验，涵盖电路分析和模拟电路的典型实验；第四章是针对模拟部分的设计型、综合型实验，为学有余力的学生提供参考；第五章是计算机辅助分析，介绍了 NI Multisim 10.0 电路仿真软件在电子技术实验中的应用。

本教材是电子技术基础实验室经多年教学积累而成的，参编的有：陈骏莲、陈先荣、崔红玲、李朝海、付炜、谢建志、张晓霞、王玉兰、干学斌，全书由崔红玲统稿。

由于编者水平有限，时间仓促，书中难免有错误和不妥之处，殷切希望使用本教材的教师和同学批评、指正，提出改进意见。

目　录

第一章　常用电子元器件识别

电子元器件是组成一个电子产品的重要部分。对于电子工程技术人员来说，全面了解各类电子元器件的结构及特点，正确选择并合理地应用它们，是成功研制电子产品的重要因素之一。常用的元器件有电阻器、电容器、电感器和各种半导体器件（如二极管、三极管、场效应管、晶闸管、集成电路等）。为了正确地选择和使用这些元器件，就必须掌握它们的性能、结构与主要参数性能等有关知识。

1.1　电　阻　器

一、电阻器的分类

1. 电阻

电阻器是电路元件中应用最广泛的一种，在电子设备中约占元件总数的 30% 以上，其质量的好坏对电路工作的稳定性有极大影响。电阻的电路符号如图 1-1-1 所示。

（a）国标符号　　（b）美国标准符号

图 1-1-1

各种电阻图片如图 1-1-2 所示。

高压大功率电阻

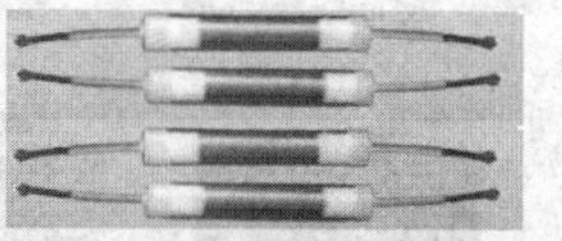

高防潮高压玻璃釉电阻

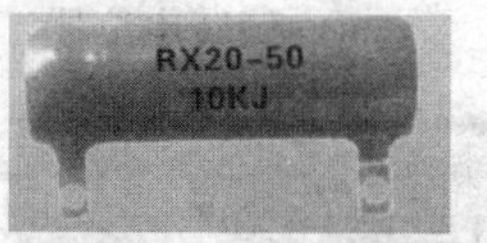

大功率被釉线绕电阻

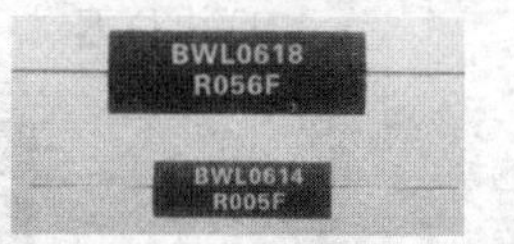

功率型低阻值、低电感电阻

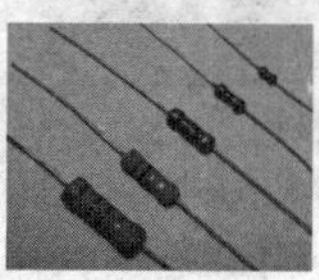

色环电阻

热敏电阻

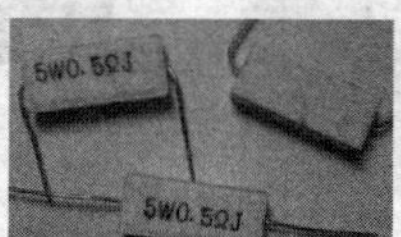

水泥电阻

碳膜电阻

厚膜网络电阻

图 1-1-2　各种电阻

电阻器按电阻体材料及用途可分成多个种类，如表 1-1-1 所示。

表 1-1-1　电阻器按用途及电阻体材料分类表

按用途不同分类	按电阻体材料分类								
	线绕型	薄膜型						合成型	
		碳膜型	金属膜型	金属氧化膜型	玻璃釉膜型	合成碳膜型	金属箔型	有机实芯型	无机实芯型
通用电阻器	√	√	√	√	√			√	√
精密电阻器	√	√	√				√		
高阻电阻器			√		√	√			
功率型电阻器	√	√	√						
高压电阻器					√	√			
高频电阻器				√			√		

表中“√”表示电阻体材料及工艺做成的电阻器所适用的类型。

2. 电位器

电位器是一种可调电阻，它有两个固定端和一个滑动端，一般电路中常采用多圈可调玻璃釉电位器，安装形式有立式、卧式。电路中进行一般调节时，采用价格低廉的碳膜电位器；在进行精确调节时，宜采用多圈电位器或精密电位器。各种电位器图片如图 1-1-3 所示。

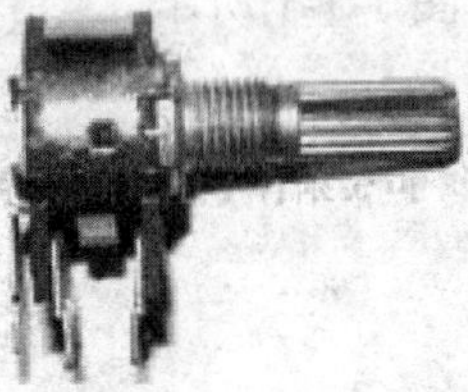
双联电位器

旋转电位器

碳膜电位器

可调电位器

多圈电位器

数字电位器

玻璃釉电位器

精密电位器

图 1-1-3　各种电位器

二、电阻器和电位器的型号命名

电阻器及电位器的型号命名方法一般由四个部分组成，我国有关标准的规定，电阻器的型号命名方法由图 1-1-4 所示组成。

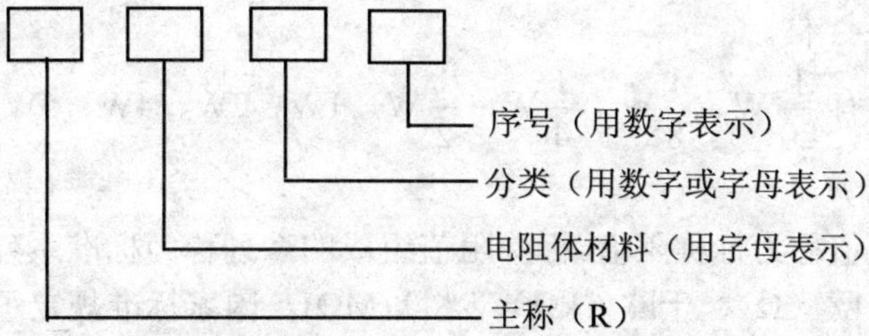

图 1-1-4　电阻型号命名方法

第一部分　主称，用字母表示。
第二部分　电阻体材料，用字母表示。
第三部分　分类，用阿拉伯数字表示。个别类型也用字母表示。
第四部分　序号，用数字表示。
其表示方法及意义见表 1-1-2。

表 1-1-2　电阻器和电位器的型号命名法

第一部分		第二部分		第三部分		第四部分
用字母表示主称		用字母表示材料		用数字或字母表示特征		用数字表示序号
符号	意义	符号	意义	符号	意义	
R	电阻器	T	碳膜	1，2	普通	
W	电位器	P	硼碳膜	3	超高频	包括：
		U	硅碳膜	4	高阻	额定功率
		C	沉积膜	5	高温	阻值
		H	合成膜	7	精密	允许误差
		I	玻璃釉膜	8	电阻器——高压	精度等级
		J	金属膜（箔）		电位器——特殊函数	
		Y	氧化膜			
		S	有机实芯	9	特殊	
		N	无机实芯	G	高功率	
		X	线绕	T	可调	
		R	热敏	X	小型	
		G	光敏	L	测量用	
		M	压敏	W	微调	
				D	多圈	

三、电阻器和电位器的主要技术指标

1. 额定功率

电阻器的额定功率是在规定的环境温度和湿度下，假定周围空气不流通，在长期连续负载而不损坏或基本不改变性能的情况下，电阻器上允许消耗的最大功率。当超过额定功率时，电阻器的阻值将发生变化，甚至发热烧毁。为保证安全使用，一般选其额定功率比它在电路中消耗的功率高 1.5～3 倍。

额定功率常用的有 $\frac{1}{20}$W、$\frac{1}{8}$W、$\frac{1}{4}$W、$\frac{1}{2}$W、1W、2W、4W、5W 等规格。

2. 标称阻值和精度

标准化了的电阻值称为标称阻值。标称阻值组成的系列称为标准系列。是产品标志的“名义”阻值，其单位有欧（Ω）、千欧（kΩ）、兆欧(MΩ)。国家标准规定了电阻的阻值按其精度分为两大系列，分别为 E—24 系列和 E—96 系列，E—24 系列精度为 5%，E—96 系列为 1%。其标称阻值系列见附录。

表 1-1-3　电阻器标称阻值

允许误差	标称阻值系列
±5%	1.0　1.1　1.2　1.3　1.5　1.6　1.8　2.0　2.2　2.4　2.7 3.0　3.3　3.6　3.9　4.3　4.7　5.1　5.6　6.2　6.8　7.5　8.2　9.1
±10%	1.0　1.2　1.5　1.8　2.2　2.7　3.3　3.9　4.7　5.6　6.8　8.2
±20%	1.0　1.5　2.2　3.3　4.7　6.8

四、电阻器的标志方法

电阻器的标志方法常采用色环法和文字符号直标法。对于功率为 1/8～1/4W 的电阻，一般采用色环法，标出阻值和精度，材料可由整体颜色识别，功率可由体积识别；对于功率较大的电阻采用直标法。

1. 直标法

直标法是指将电阻器的类别、标称阻值、允许偏差、额度功率等直接标注在电阻器的表明上，如图 1-1-5 所示。

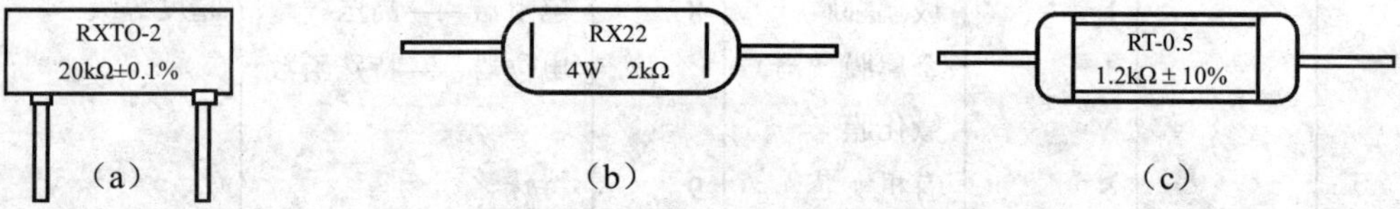

图 1-1-5　电阻器直标法示例

图 1-1-5（a）表示标称值为 20kΩ、允许偏差为 ± 0.1%、额定功率为 2W 的线绕电阻器；图 1-1-5（b）表示标称值为 2kΩ、额定功率为 4W 的线绕电阻器；图 1-1-5（c）表示标称值为 1.2kΩ、允许偏差为 ± 10%、额定功率为 0.5W 的碳膜电阻器。

直标法标志电阻值的单位标志符号如表 1-1-4 所示。

表 1-1-4　文字符号表示的单位

文字符号	R	k	M	G	T
表示单位	欧姆（Ω）	千欧姆（10^3Ω）	兆欧姆（10^6Ω）	吉欧姆（10^9Ω）	兆兆欧姆（10^{12}Ω）

直标法一般用数字和单位符号直接标明电阻值。还有的用数字和单位符号组合在一起表示，文字符号前面的数字表示整数阻值，文字符号后面的数字表示小数点后面的小数阻值。例如“R10”表示 0.1Ω；“3M3”表示 3.3MΩ。

2. 色环标志法

色标法是用不同的色带或色点标在电阻器表面，用来表示电阻的阻值和允许偏差。各种颜色所代表意义如表 1-1-5 所示。

表 1-1-5　电阻器色环颜色表

颜色	有效数值	倍率（乘数）	允许误差
棕	1	10^{1}	±1%
红	2	10^{2}	±2%
橙	3	10^{3}	
黄	4	10^{4}	
绿	5	10^{5}	±0.5%
蓝	6	10^{6}	±0.25%
紫	7	10^{7}	±0.1%
灰	8	10^{8}	
白	9	10^{9}	
黑	0	10^{0}	
金		10^{-1}	±5%
银		10^{-2}	±10%
本色			±20%

色环电阻的色彩标识有两种方式：一种是采用 4 色环的标注方式；另一种采用 5 色环的标注方式。两者的区别在于：4 色环用前两位表示电阻的有效数字，而 5 色环用前三位表示该电阻的有效数字，两者的倒数第 2 位表示了电阻的有效数字的倍率，最后一位表示了该电阻的误差，如图 1-1-6 所示。

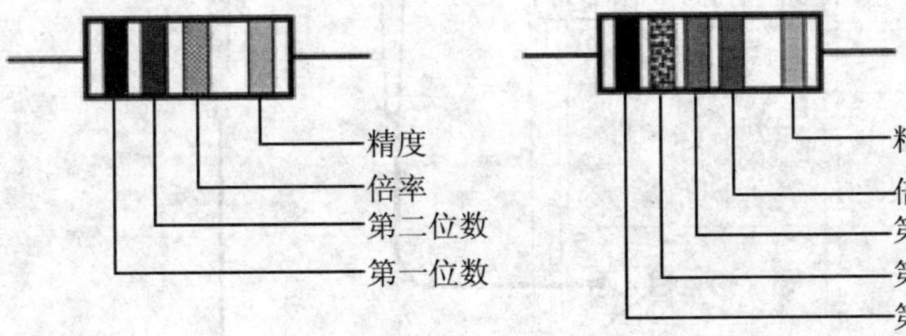

图 1-1-6　色标法示例

例如，4 环色环为棕绿橙金表示 15×10^{3}=15kΩ±5%的电阻器。5 环色环为红紫绿黄棕表示 275×10^{4}=2.75MΩ±1%的电阻器。

但在实践中发现，有些色环电阻的排列顺序不甚分明，往往容易读错，在识别时，可根据以下步骤进行识别：

首先，先找标志误差的色环，从而排定色环顺序。最常用的表示电阻误差的颜色是：金、银、棕，尤其是金环和银环，基本不会做电阻色环的第一环，所以在电阻上只要有金环和银环，就可以基本认定这是色环电阻的最末一环。

其次，棕色环是否是误差标志的判别。棕色环既常用做误差环，又常作为有效数字环，且常常在第一环和最末一环中同时出现，使人很难识别谁是第一环。识别时，可以按照色环之间的间隔加以判别：比如对于一个五道色环的电阻而言，第五环和第四环之间的间隔比第一环和第二环之间的间隔要宽一些，据此可判定色环的排列顺序。

再次，在仅靠色环间距还无法判定色环顺序的情况下，还可以利用电阻的生产序列值来加以判别。比如有一个电阻的色环读序是：棕、黑、黑、黄、棕，其值为：100×10 000=1MΩ误差为 1%，属于正常的电阻系列值，若是反顺序读：棕、黄、黑、黑、棕，其值为 140×1Ω=140Ω，误差为 1%。显然按照后一种排序所读出的电阻值，在电阻的生产系列中是没有的，故后一种色环顺序是不对的。

实在甄别不出的，应用万用表测量。

五、电阻器的实验测试

1. 使用数字万用表检测电阻

数字万用表的欧姆挡一般分为 200、2k、20k、200k、2M 和 20M 六挡，有些万用表还有 200M 挡。注意 200 挡的单位是“Ω”，2k 到 200k 挡的单位是“kΩ”，2M 以上挡的单位是“MΩ”。使用数字万用表测量电阻时，首先要选择一个电阻量程，如 200k 挡，然后将万用表的黑表笔插入“COM”孔（在使用数字万用表时黑表笔应始终插入“COM”孔），红表笔插入“V/Ω”孔（使用数字万用表时，应根据不同的测量来选定测试红表笔插入的插孔），打开万用表的电源，用两表笔分别接触被测电阻的两个引脚进行测量。如图 1-1-7 所示，是用数字万用表电阻 200k 挡测量一个标称值为 130kΩ 的固定电阻器时的情形。

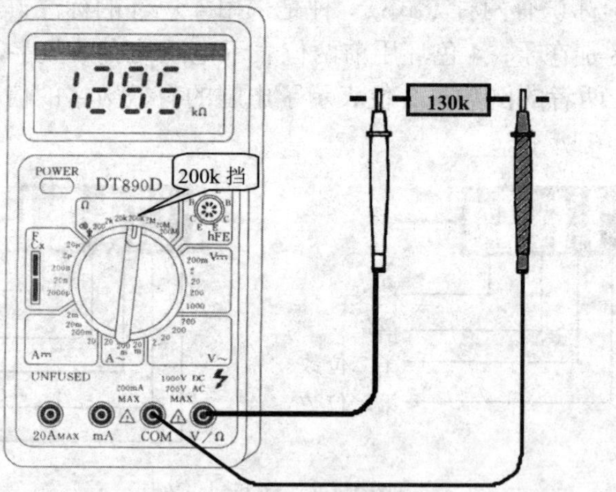

图 1-1-7　用数字万用表测电阻

如果万用表读数显示溢出符号 1 ，说明被测电阻超出了所选量程可以测量的最大值，如图 1-1-8 所示，是用 20k 挡测量标称值为 130kΩ的固定电阻器时的情形，这时就需要把量程切换到更大的挡位。

使用数字万用表测量电阻方便直接，测量结果也较准确，但需要注意以下几点：

（1）为使测量准确，测量时应选择合适的挡位。如果测量时显示的读数小于所选量程的 1/10，说明量程选择得偏大，应切换到较小的挡位重新测量。

（2）在使用 2M 以上挡位测量大电阻时，需要较长时间，需等万用表的显示基本稳定不变以后再读取测量结果。

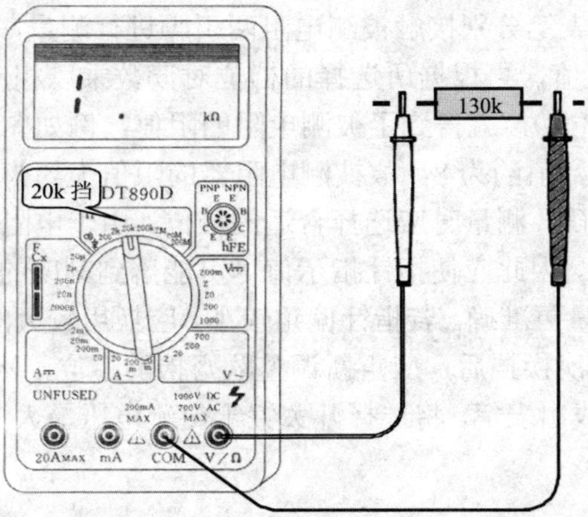

图 1-1-8　用数字万用表测电阻：被测电阻超出了量程

（3）两只手不能同时接触两根表笔的金属杆或被测电阻两根引脚；否则，会因人体电阻的影响使测量结果偏小，特别是测高阻值的电阻时。最好用一只手同时持两根表笔。

（4）测量结束后，应拔出表笔，将选择开关置于“OFF”挡或交流电压最大挡位并关闭万用表的电源，然后收好万用表。

2. 使用指针万用表测量电阻

模拟指针式万用表的读取精度较差，但指针摆动的过程比较直观，其摆动速度及幅度有时也能比较客观地反映被测量的大小（例如，在测量电容时电容的充电过程使表针摆动）。

指针万用表的欧姆挡，分为 R×1、R×10、R×100 和 R×1k 四挡，有些万用表还有 R×10k 挡。用指针万用表测量电阻时，先把范围选择开关调至所测量电阻（Ω）范围的合适挡位上，如 R×100 挡；再把两表笔相互接触，指针即顺时针偏转，调节电阻挡的调零旋钮，使指针指在电阻标度线的零位上；然后把两根表笔搭在被测电阻的两端，就可在电阻标度线上读出指针所指的数值，该数值乘以范围选择开关所指的倍数就得到所测电阻的阻值。

使用指针万用表欧姆挡测电阻的详细步骤如下：

（1）必须首先对所选择的挡位进行调零。如图 1-1-9（a）所示，将两表笔短接，调整欧姆挡零位调整旋钮，使表针指向电阻刻度线右端的零位。若指针无法调到零点，说明表内电池电压不足，应更换电池。

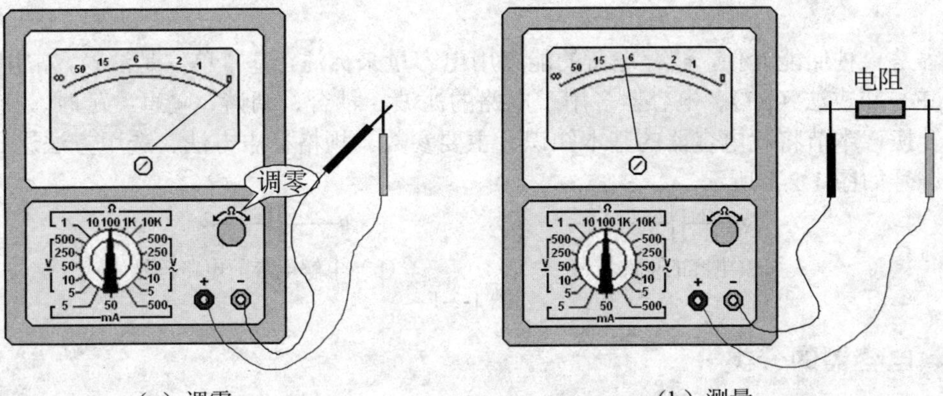

（a）调零　　　　　　（b）测量

图 1-1-9　用指针万用表测电阻

（2）调零后，用两支表笔分别接触被测电阻两引脚进行测量，如图 1-1-9（b）所示。正确读出指针所指电阻的数值，再根据所选择的档位对读数乘以相应的倍率（R×100 挡应乘 100，R×1k 挡应乘 1000……），就得到了被测电阻的阻值，例如图 1-1-9（b）中，所选的挡位是 R×100，指针所指的数值约为 8，故被测电阻器的阻值大约为 800Ω。

（3）为使测量较为准确，测量时应选择合适的档位。由于电阻挡刻度的非线性关系，它的中间一段分布较为精细，因此应使指针指示值尽可能落到刻度的中段位置，即整个刻度弧线的 20%～80%，以使测量更准确。若指针偏角较小，应换用较大的挡位；若指针偏角较大，则应换用较小的挡位。每次换挡后，应重新调整欧姆挡的零位，然后再测量。

（4）测量结束后，应拔出表笔，将选择开关置于交流电压最大挡位，关闭万用表的电源，然后收好万用表。

测量电阻时应注意：

（1）两支表笔不要长时间碰在一起。

（2）两只手不能同时接触两根表笔的金属杆或被测电阻两根引脚，最好用一只手同时持两根表笔。

（3）若长时间不使用指针万用表的欧姆挡，则应将表中的电池取出。

六、电阻器使用注意事项

（1）在高压电路中，应注意电阻器的极限工作电压，以防电阻器内产生电弧，致使电阻器击穿或烧毁。

（2）电阻器和电位器在使用之前必须进行检测。检测的第一步是先进行外观检查，观察有无引线折断、松动或电阻体表面漆皮脱落现象。检测的第二步是用万用表的电阻挡测量其电阻值，看与标称值之间的相对误差是否在允许的误差范围之内。

（3）电位器轴应转动灵活，松紧适当，且无机械杂声。用万用表测量固定端对活动触点间的电阻值时，若缓慢旋转转轴，表针应平稳移动，不应有跳跃现象。

（4）电阻器的引线不要从根部弯曲，否则容易将引线折断。

1.2 电　容　器

电容是一种储能元件，储存电荷的能力用电容量来标注，基本单位是法拉，常用单位是微法（μF）和皮法（pF）。电容器多用于电路的滤波、耦合、调谐、隔直、延时、交流旁路和能量转换。本节将就电容器的基本知识、主要参数、规格标志方法、选用方法进行介绍。其电路符号如图 1-2-1 所示。

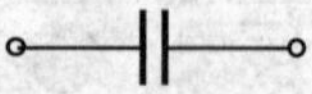
（a）电容的电路符号

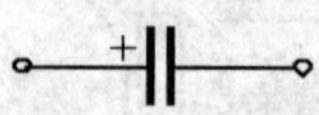

（b）电解电容的电路符号

图 1-2-1

一、电容器的分类

电容器的种类繁多，人们常按电容器绝缘介质材料的不同来分类，如图 1-2-2 所示。

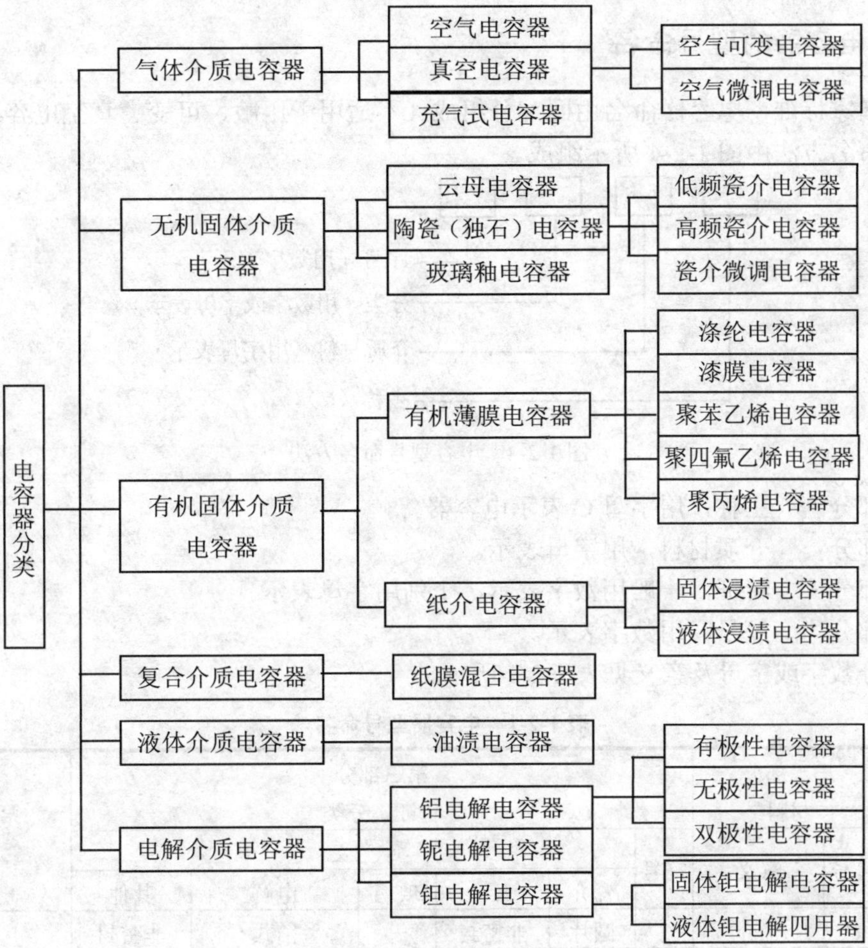

图 1-2-2　电容器的分类

电容器的种类很多，按其结构分，电容器可分为固定电容器、可变电容器和半可变电容器；按介质材料可分为瓷介质电容器、云母电容器、涤纶电容器、金属纸介电容器和电解电容器等。各种电容器图片如图 1-2-3 所示。

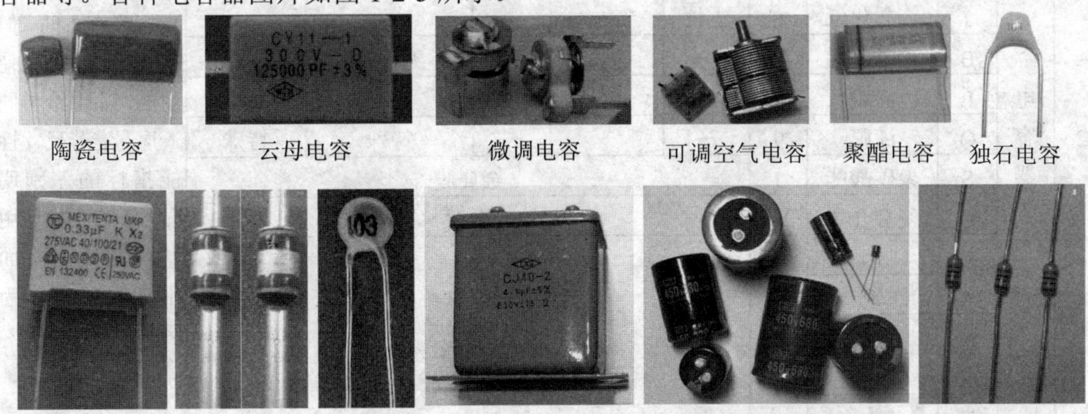

图 1-2-3　各种电容器图片

二、电容器的型号命名

根据国家标准，电容器命名由四部分组成（不适用于压敏、可变、真空电容器），电容器的型号命名方法由图 1-2-4 所示组成。

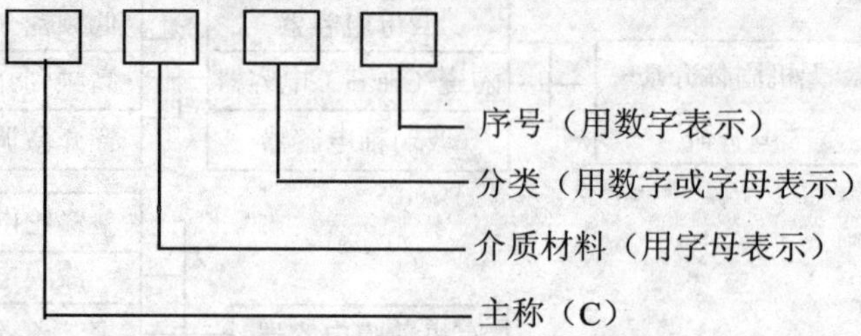

图 1-2-4　电容型号命名方法

第一部分　　主称，用字母 C 表示电容器。
第二部分　　介质材料，用字母表示。
第三部分　　特征，一般用数字表示，个别用字母表示。
第四部分　　序号，用数字表示。
每部分数字或字母及意义见表 1-2-1 所示。

表 1-2-1　电容器型号命名法

第一部分 主称		第二部分 材料		第三部分 特征、分类						第四部分 序号
符号	意义	符号	意义	符号	意义					
					瓷介	云母	玻璃	电解	其他	
		C	瓷介	1	圆片	非密封	—	箔式	非密封	对主称、材料相同，仅尺寸、性能指标略有不同，但基本不影响互使用的产品，给予同一序号；若尺寸性能指标的差别明显；影响互换使用时，则在序号后面用大写字母作为区别代号
		Y	云母	2	管形	非密封	—	箔式	非密封	
		I	玻璃釉	3	迭片	密封	—	烧结粉固体	密封	
		O	玻璃膜	4	独石	密封	—	烧结粉固体	密封	
		Z	纸介	5	穿心	—	—	—	穿心	
		J	金属化纸	6	支柱	—	—	—	—	
		B	聚苯乙烯	7	—	—	—	无极性	—	
		L	涤纶	8	高压	高压	—	—	高压	
C	电容器	Q	漆膜	9	—	—	—	特殊	特殊	
		S	聚碳酸酯	J	金属膜					
		H	复合介质	W	微调					
		D	铝							
		A	钽							
		N	铌							
		G	合金							
		T	钛							
		E	其他							

通常在容量小于 1 万皮法的时候用 pF 标单位，大于 1 万皮法的时候，用 μF 做单位。为了方便起见，大于 100pF 而小于 1μF 的电容常常不标注单位。没有小数点的，它的单位是 pF，有小数点的其单位是 μF。例如，3300 就是 3300pF，0.1 就是 0.1μF 等。

三、电容器的主要技术指标

1. 标称容量及允许误差

电容器是指电容器加上电压后，储存电荷的能力。常用单位是：法（F）、微法（μF）和皮法（pF），皮法也称微微法。三者的关系为

$$1\ \text{pF}=10^{-6}\mu\text{F}=10^{-12}\text{F}$$

标志在电容器上的容量数值称为标称值，一般情况下，电容器上都直接写出其容量。允许误差是实际电容量对于标称电容量的最大允许偏差范围。电容器的准确度的允许偏差直接以允许偏差的百分数表示。常用固定电容的允许误差分 8 级，如表 1-2-2 所示。

表 1-2-2　电容器允许误差等级

允许误差	±1%	±2%	±5%	±10%	±20%	+20%～−30%	+50%～−20%	+100%～−10%
级别	01	02	Ⅰ	Ⅱ	Ⅲ	Ⅳ	Ⅴ	Ⅵ

2. 额定工作电压

电容器在规定的温度下，长期可靠工作时所能承受的最高直流电压称为电容器的额定工作电压，又称耐压值。耐压值的大小与电容的介质材料及厚度有关。另外，温度对电容器的耐压也有很大的影响。常用固定电容器的直流工作电压系列为：6.3V，10V，16V，25V，32V*，40V，50V*，63V，100V，125V*，250V，300V*，400V，450V*，630V 和 1000V 等多种等级，其中有“*”符号的只限于电解电容器用。耐压值一般也是直接标在电容器上的，但也有一些电解电容器在正极根部标上色点来代表不同的耐压等级，如棕色代表耐压值为 6.3V，而红色代表 10V，灰色代表 16V 等。

3. 绝缘电阻

绝缘电阻是指加到电容器上的直流电压与漏电流之比，不同种类、不同容量的电容器各不相同。由于电容器两极板间的介质不是绝对的绝缘体，它的电阻不是无穷大，而是一个有限大的数值，绝缘电阻即是加到电容器两极板上的直流电压与通过它的漏电流的比，也叫漏电阻。常用电容器的绝缘电阻一般应为 10^6～$10^{12}\Omega$，绝缘电阻越大，电容器的漏电流越小，性能就越好。电解电容器的绝缘电阻比较低，一般用漏电流的大小来衡量其质量，漏电流的单位是 μA 或 mA。

四、电容器的标志方法

根据国家标准，电容器的标志方法有直标法、文字符号法和色标法三种，用来表示电容器的容量、允许偏差、工作电压等特性参数。

1. 直标法

直标法就是在电容器的表面用数字和文字直接标出其主要参数和技术指标。直标法的内

容和次序一般是：商标、型号、工作温度组别、工作电压、标称电容量及允许偏差、温度系数等。但不一定全部标出。

例：1p2 表示 1.2 pF；220 n 表示 0.22μF

3μF3 表示 3.3μF；2 m2 表示 2200μF

CB41 250V 2000pF ±5%

标志的内容是：CB41 型精密聚苯乙烯薄膜电容器，工作电压为 250V，标称容量为 2000pF，允许偏差±5%。

2. 文字符号法

文字符号法是将文字和数字符号有规律地组合起来，在电容器表面标出主要特性参数。常用来标志电容器的标称容量及允许偏差。

例：p33 表示 0.33pF 的电容；

3μ3 表示 3.3μF 的电容。

表 1-2-3 给出了文字表示法中字母代表的允许偏差大小。

表 1-2-3 电容器标称容量允许偏差文字符号意义

允许偏差（%）	文字符号	允许偏差（%）	文字符号	允许偏差（%）	文字符号
±0.001	Y	±0.25	C	±30	N
±0.002	X	±0.5	D	+100～−0	H
±0.005	E	±1	F	+100～−10	R
±0.01	L	±2	G	+80～−20	Z
±0.02	P	±5	J	+50～−10	T
±0.05	W	±10	K	+50～−20	S
±0.1	B	±20	M	+30～−10	Q

或者直接用三位数表示电容量，对电解电容器单位采用μF，对非电解电容器，单位采用 PF。

例：223J 表示 22×10^3pF=22000pF = 0.022μF，允许误差为±5%。

102 表示 10×10^2=1000 pF

474 表示 47×10^4=0.47μF

150 表示 15×10^0=1.5pF

3. 色标法

用色环或色点来表示电容量的方法。这种表示法与电阻器的色环表示法相同，颜色涂于电容器的一端或从顶端向引线排列。颜色的意义与电阻相同，不再赘述。

五、电容器的实验测试

1. 使用数字万用表检测电容器

（1）用数字万用表的电容挡测量电容量

有些数字万用表包含电容挡，专门用于测量电容器的容量。用电容挡测量电容的方法很简单，如图 1-2-5 所示，直接将被测电容的两个引脚插入万用表的 C_X 插孔中并选择合适的量程，就可以直接读出电容量的值。要注意的是，测量时显示可能会有逐渐变化到稳定值的过程，需要等显示稳定以后在读数；另外，在测量有极性的电容器时，应按正确的方向把电容的两个引脚插入万用表的 C_X 插孔中，一般 C_X 插口中靠上面的一个孔在表内接直流高电位。

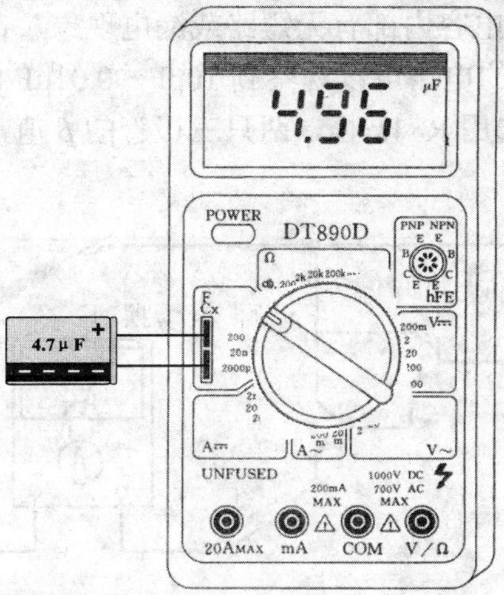

图 1-2-5　用数字万用表的电容档测电容

测量时若万用表显示的电容值太大甚至显示溢出，可改变极性重测一次，如果显示还是太大甚至溢出，说明被测元件漏电或内部击穿；显示的值太小或显示“000”，说明被测元件的容量消失或内部开路。

（2）用蜂鸣挡检测电解电容

数字万用表的蜂鸣挡通常用来检测电路的通断，当被测线路的电阻小于某一数值（通常为几十欧，具体电阻值视数字万用表型号而定），蜂鸣器即发出蜂鸣声。利用数字万用表的蜂鸣挡，可以快速检查电解电容器的质量好坏。

测量方法：

被测电解电容器 C_X 的正极接红表笔，负极接黑表笔，应能听到一阵短促的蜂鸣声，随即声音停止，同时显示溢出符号 1 ，这是因为刚开始对 C_X 充电时充电电流较大，相当于通路，所以蜂鸣器发声；随着电容器两端电压不断升高，充电电流迅速减小，蜂鸣器停止发声。

经上述测量后，再拨至 20MΩ 或 200MΩ 高阻挡测电容器的漏电阻，即可判断其好坏。

注意事项：

（1）应先把电容器短路放电后再进行测量。

（2）如果蜂鸣器一直发声，说明电解电容器内部短路。

（3）电解电容器的容量愈大，蜂鸣器响的时间就愈长。试验表明，测量 100～2000μF 的电容器时，响声持续时间为零点几秒至几秒，低于 4.7μF 的电容器就听不到响声了。

2. 使用指针式万用表检测电容器

（1）检测无极性的固定电容器

①检测 10pF 以下的小电容

因 10pF 以下电容的容量太小，用万用表测量，只能定性地检查其是否有漏电、内部短路或击穿现象。测量时可选用 R×10k 挡，用两个表笔任意接电容的两个引脚，测出的阻值应为无穷大。若测出的阻值不为无穷大，说明有漏电；若阻值很小，说明电容内部击穿。

②检测 10pF～0.01μF 的电容

首先选用 R×10k 挡检查电容内部有无短路或漏电现象，在确认电容既无内部短路也不漏电后，采用如图 1-2-6 所示的电路可以观察到 10pF～0.01μF 的电容是否有充电现象，从而进一步判断其好坏。万用表选用 R×1k 挡，两只三极管的 β 值都为 100 以上，且穿透电流要小。

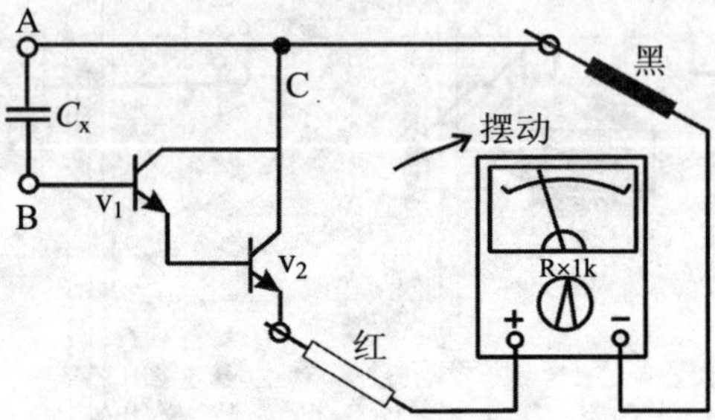

图 1-2-6　检测 10pF～0.01μF 的电容

当被测电容 C_X 的两个引脚接触 A、B 两点时，流过 C_X 的充电电流被三极管放大，使万用表指针的摆动幅度加大，从而便于观察。但即使是这样，在测较小电容时，还是要反复调换被测电容的两个引脚去接触 A、B 两点，才能明显观察到万用表指针的摆动。

③检测 0.01～1μF 的电容

对于 0.01μF 以上的电容，可以用万用表的 R×10k 挡直接检查电容器有无充电过程以及电容内部有无短路或漏电现象，并可根据万用表指针摆动幅度的大小粗略地估计电容器的容量。

测试方法如图 1-2-7 所示。测试操作时，先用两表笔任意接触被测电容的两引脚，然后调换表笔再触碰一次，如果电容是好的，万用表的指针会向右摆动一下，随即向左返回无穷大的位置。电容器的容量越大，指针摆动的幅度就越大且返回越慢。在测量中，如果反复调换表笔触碰被测电容的两引脚，万用表指针始终不向右摆动，说明该电容的容量很小或已经消失；如果指针向右摆动后不能向左回到无穷大的位置，说明电容器漏电或已经击穿短路。

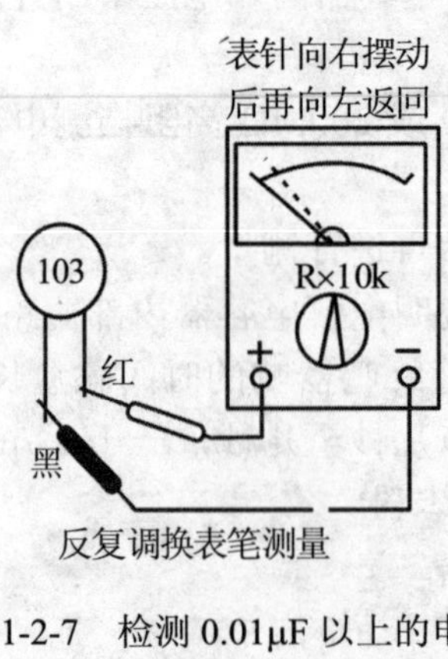

图 1-2-7　检测 0.01μF 以上的电容

（2）检测电解电容

用万用表的欧姆挡检测电解电容时，针对不同的容量应该选用不同的量程，根据经验，1～47μF 的电容可以用 R×1k 挡测量，大于 47μF 的电容可以用 R×100 挡测量。测试方法如图 1-2-8 所示。

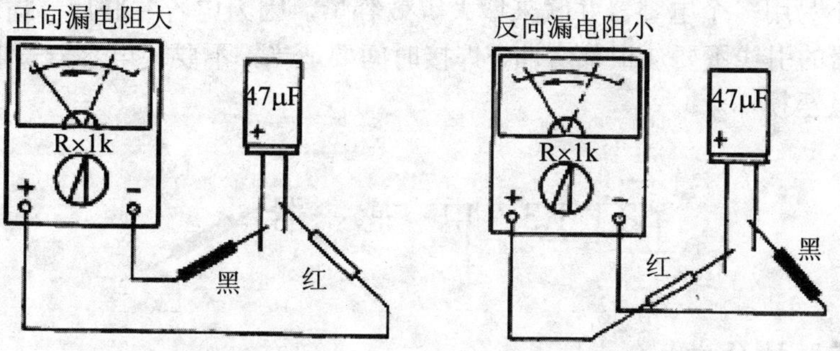

（a）测正向漏电阻　　（b）测反向漏电阻

图 1-2-8　检测电解电容

①漏电阻测量

将万用表的红表笔接被测电容的负极，黑表笔接被测电容的正极，如图 1-2-8（a）所示。在刚接触的瞬间，万用表的指针即向右偏转较大幅度（对于同一电阻挡，电容越大，摆幅越大），接着指针逐渐向左回转，直到最终停在某一位置，此时的电阻值便是被测电解电容的正向漏电阻，此值越大，说明漏电流越小，电容的性能越好。然后将红、黑表笔对调，如图 1-2-8（b），万用表指针将重复上诉摆动现象，但此时所测阻值为电解电容的反向漏电阻，此值略小于正向漏电阻，即电解电容的反向漏电流要比正向漏电流大些。电解电容的漏电阻一般应该在几百千欧以上。若漏电阻太小或接近于零，说明电容器漏电大或已击穿损坏。

在测试时，若正、反向均无充电现象（即表针不动），说明电容器容量消失或内部断路。

②极性判断

对于极性不明的电解电容，可以利用上述测量漏电阻的方法判断其极性。方法是：先任意测一次漏电阻，记住其大小，然后交换表笔再测一次，两次测量中阻值大的那一次是便是正向接法，即黑表笔接的是电解电容的正极，红表笔接的是负极。

③容量估计

用指针万用表欧姆挡测量电容时，电容器的容量越大，在同一电阻挡万用表指针的摆幅就越大，且返回的速度越慢。通过经验可以粗略地估计出电容器的容量。

六、电容器使用注意事项

（1）电容器在使用前必须进行检查。应先进行外观检查，检查电容器引线是否折断，表面有无损伤，型号、规格是否符合要求，然后用万用表检查电容器是否击穿短路或漏电流是否过大。需注意的是，如果用万用表的欧姆挡检查钽电解电容，则一定要注意极性，否则加在电解电容器上的反向直流电压极易使电容器损坏。

（2）电解电容在使用时必须注意极性，正极接高电位端，负极接低电位端。另外还需注意，电解电容器只能工作在直流或脉动直流电路中，安装时还应注意远离发热元件。电解电容器的正、负极性不允许接错，否则可能因电解液的反相极化，引起电解电容器的爆裂。当极性标记无法辨认时，可根据正向连接时漏电电阻大、反向连接时漏电电阻相对小的特点判断极性。所以，使用电解电容时要注意保护极性标记。

（3）可变电容器在安装时，一般应将动片接地，这样可以避免人手转动电容器转轴时引入的干扰。

（4）一般不易用多个电容器并联来增大等效容量，因为电容并联后，损耗也随着增大。

（5）电容器的引线不要从根部弯曲，焊接时间要适当，不要使电容器长期受热，以免引起其性能变化甚至损坏。

1.3 电 感 器

一、电感器的分类

电感线圈与电阻、电容一样，是电子电路中最常用的元器件之一。广义的电感器件包括能产生自感作用或互感作用的器件，狭义的电感器仅指产生自感作用的器件。实用的电感器均由线圈组成，为了增加电感量，提高品质因数和减小体积，通常将线圈绕在不同的导磁材料上就构成不同用途的电感器。多数的电感器均为非标准件，根据电路的不同要求而设计。

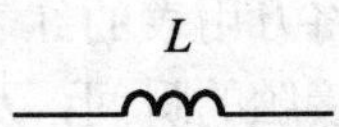

图 1-3-1　电感的符号

电感器的电路符号如图 1-3-1 所示。

电感线圈由于使用的场合广泛，因而种类繁多，根据其结构来分类，如图 1-3-2 所示。各种电感器的图片如图 1-3-3 所示。

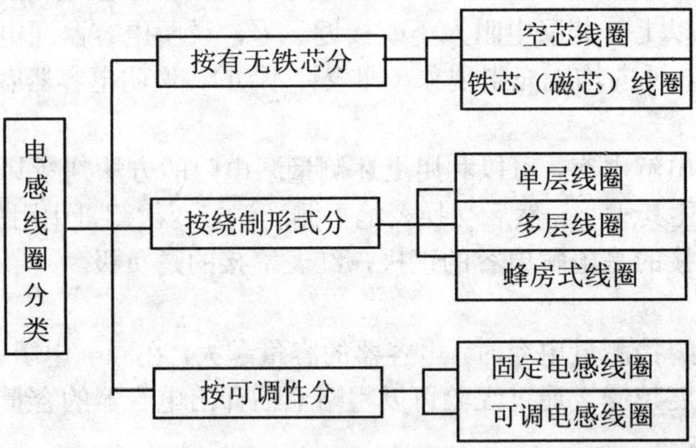

图 1-3-2　电感线圈的分类

图 1-3-3　各种电感的图片

二、电感器的型号命名

根据国家标准，电感线圈的型号一般由四部分组成，其型号命名方法由图 1-3-4 所示。

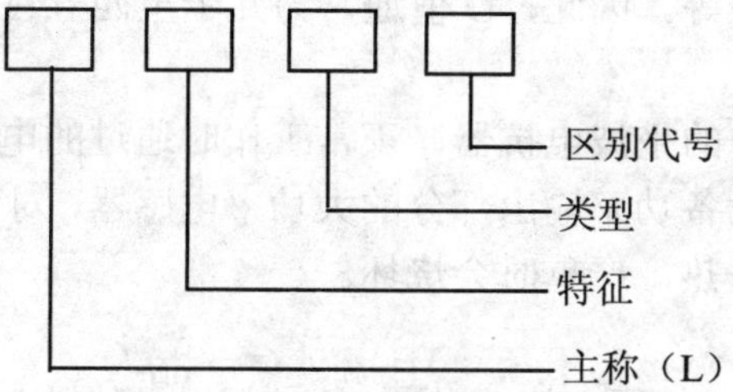

图 1-3-4 电感型号命名方法

第一部分：主称，用字母表示，其中 L 代表电感线圈，ZL 代表阻流圈。

第二部分：特征，用字母表示，其中 G 代表高频。

第三部分：类型，用字母表示，其中 X 代表小型。

第四部分：区别代号，用数字或字母表示。

例如：LGX 型为小型高频电感线圈。

应当指出，目前固定电感线圈的型号命名方法个生产厂有所不同，尚无统一标准。

三、电感器的主要技术指标

电感线圈的主要参数除了电感量以外，还有允许偏差、品质因数 Q、分布电容、额定电流及稳定性等。

1. *电感量及允许偏差*

线圈电感量的大小，主要决定于线圈的直径、匝数及有无铁芯、结构、绕制方式等因素。电感线圈的用途不同，所需的电感量也不同。例如，在高频电路中，线圈的电感量一般为 0.1μH～100H；而应用于电源滤波中，电感线圈量可高达 1～30H。

电感量的允许偏差，即实际电感量与要求电感量间的误差，对它的要求视用途而定。对振荡线圈要求较高，为 0.2%～0.5%。对耦合线圈和高频扼流圈要求较低，允许 10%～15%。对于某些要求电感量精度很高的场合，一般只能在绕制后用仪器测试，通过调节靠近边沿的线匝间距离或线圈中的磁芯位置来实现。

固定电感线圈的标称电感量与允许偏差，可根据 E 系列生产，参见第一节中电阻器的规定。

2. *品质因数 Q*

品质因数 Q 用来表示线圈损耗的大小，是线圈质量的一个重要参数。

品质因数的定义为：当线圈在某一频率的交流电压下工作时，线圈所呈现的电抗和线圈直流电阻的比：

$$Q=\frac{\omega L}{R} \tag{1-1}$$

根据使用场合的不同，品质因数的要求也不同。高频线圈通常为 50～300。对调谐回路线圈的 Q 值要求较高，用高 Q 值的线圈与电容组成的谐振电路有更好的谐振特性；用低 Q

值线圈与电容组成的谐振电路，其谐振特性不明显。对耦合线圈，要求可低一些，对高频扼流圈和低频扼流圈，则无要求。

实际上，Q 值的提高往往受到一些因素的限制，如骨架的介质损耗、铁芯和屏蔽引起的损耗以及高频时的趋肤效应等。因此，Q 值通常为几十至四五百。

3. 额定电流

对于如直流调速系统中的平波电抗器，正常工作时通过的电流为几十安培至几百安培，这种大功率电感器和高频设备功率输出部分的大功率电感器，对电流值有一定的要求，电流超过额定值时，电感器将发热，严重时会烧坏。

4. 分布电容

电感线圈扎与扎之间、层与层之间、线圈与地之间以及线圈与屏蔽盒之间所具有的电容，统称为电感线圈的分布电容，用 C_0 表示。它和线圈可以等效为一个 L、R、C_0 组成的并联谐振回路，其谐振频率为

$$f_0 = \frac{1}{2\pi\sqrt{LC_0}} \tag{1-2}$$

式中，f_0 为电感线圈的固有频率。为保证线圈电感量的稳定，使用电感线圈时，应使工作频率远低于线圈的固有频率。

四、电感线圈的标志方法

为了便于生产和使用，常将小型固定电感线圈的主要参数标志在电感线圈的外壳上，标志方法有直标法和色标法两种。

1. 直标法

直标法是在小型电感线圈的外壳上直接用文字标出电感线圈的电感量、允许偏差和最大直流工作电流等主要参数。其中最大的工作电流常用字母标志，如表 1-3-1 所示。

表 1-3-1　小型固定电感线圈的工作电流与标志字母

标志字母	A	B	C	D	E
最大工作电流（mA）	50	150	300	700	1600

2. 色标法

这种表示法也与电阻器的色标法相似，色码一般有四种颜色，前两种颜色为有效数字，第三种颜色为倍率，单位为μH，第四种颜色是误差位。色码的含义和电阻的完全相同，可参考本章 1.1 节。

五、电感线圈的实验检测

色码电感器的电感量较小，在没有专用仪器的条件下，难以测量其电感量值的大小。但使用万用表的电阻挡通常可以对色码电感器的好坏做出判断。具体的测试方法是：红、黑两表笔分别任意接电感器的两个引脚，用万用表小电阻挡测出电感器的直流电阻值，通过经验可以分下面三种情况对电感器的好坏做出判断。

（1）被测电感有一定的电阻值

在正常情况下，电感可能会有一个很小的直流电阻值。该直流电阻值的大小与绕制电感线圈所用漆包线的线径、绕制的圈数有直接关系，线径越细、圈数越多，则电阻越大。一般用万用表的小电阻挡，测出电感有一个很小的直流电阻值，就说明电感是好的。

（2）被测电感的电阻值为零

对于圈数很少的电感，这可能是正常的。但在有些情况下，如果测得色码电感的直流电阻值为零，说明其内部可能有短路性故障。

（3）被测电感的电阻值为无穷大

说明电感内部发生了断路性故障。

1. 检测绝缘性

用万用表的高电阻挡分别测量电源变压器的铁芯与初级、初级与各次级、铁芯与各次级、静电屏蔽层与初级和次级、次级各绕组之间的电阻值，测量结果应该为无穷大；否则，说明变压器的绝缘性不佳。

2. 检测线圈的通断

用万用表的低电阻挡分别测量电源变压器初、次级每个绕组的线圈的电阻值。一般初级线圈的电阻值应为几十至几百欧姆，变压器的功率越小（体积也越小），电阻就越大；次级线圈的电阻值为几至几十欧姆，电压高的次级线圈电阻值要大些。

测试时，如果某个绕组线圈的电阻值很大，就说明该绕组有断路性故障。

3. 判断初、次级

电源变压器的初级和次级引脚一般都分别从两侧引出，并且初级绕组多标有220V字样，次级绕组则标出额定电压值，如15V、24V、35V等。可以根据这些标记进行识别。

但有的电源变压器没有任何标记和虽有标记却已模糊不清，这时便需要将初级和次级绕组区分开来。通常电源变压器的初级绕组匝数较多且所用漆包线的线径较细，而次级绕组一般匝数较少且线径要粗些。所以，初级绕组的直流铜阻要比次级绕组的直流铜阻大得多。根据这一特点，可以用万用表电阻挡测量变压器各绕组的电阻值大小来辨别初、次级线圈。

要注意的是，有些变压器（如给电子管供电的变压器）带有升压绕组，升压绕组比初级绕组的匝数更多且线径也更细，铜阻比初级还要大，测试时要注意区分。

六、电感器使用注意事项

（1）线圈在使用中，由于各种原因会发生一些故障。例如，线圈由于受潮发霉会造成断线，发生这种情况可用欧姆表来检查，并在修理时可部分或全部重绕。线圈断线常发生在接线端子，如脱焊或受力而断线，这种故障，经观察就能发现，修理时一般不必重绕，将接头焊上即可。

（2）线圈发生短路大多是由于受潮后绝缘能力降低而被击穿，因为一般线圈电阻很小，所以用欧姆表往往不易发现线圈的短路，尤其是局部短路。较好的检查方法是用 Q 表或电桥等仪器进行测试，看其电感值和 Q 值是否和正常值一致。发现线圈短路后可以采用重绕或将短路处填以适当的绝缘材料。

（3）线圈发生线匝松动时，可根据松动时的情况，决定是否重绕。如果线匝松动较轻，可用绝缘胶水加固。若线匝松动较严重，并有部分乱线，或全部乱线，则可部分或全部重绕。

（4）线圈在使用中还应注意接线正确，特别注意不要误接到电压电路以免烧毁线圈及其他电子元件。

（5）线圈是磁感应元件，它对周围的电感性元件有影响。安装时一定要注意电感性元件之间的相互位置，一般应使用相互靠近的电感线圈的轴线相互垂直，必要时可在电感性元件上加屏蔽罩。对于带有屏蔽罩的线圈可能因线圈或引线和金属盒相碰造成短路，在安装使用时需特别注意。

1.4 二 极 管

晶体二极管，简称二极管（diode），是一个由 P 型半导体和 N 型半导体形成的 P-N 结，在其界面处两侧形成空间电荷层，并建有自建电场。二极管的电路符号如图 1-4-1 所示。

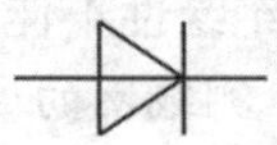

图 1-4-1 二极管的电路符号

一、二极管的分类

二极管具有单向导电性，可用于整流、检波、稳压、混频电路中。二极管一般有玻壳封装、塑料封装和金属封装等形式。二极管种类有很多，通常可按照所用的半导体材料、用途、结构、制作工艺以及封装形式进行分类，如图 1-4-2 所示。

1. 检波用二极管

就原理而言，从输入信号中取出调制信号是检波，以整流电流的大小（100mA）作为界限，通常把输出电流小于 100mA 的叫检波。锗材料点接触型、工作频率可达 400MHz，正向压降小，结电容小，检波效率高，频率特性好，为 2AP 型。类似点触型那样检波用的二极管，除用于检波外，还能够用于限幅、削波、调制、混频、开关等电路。也有为调频检波专用的特性一致性好的两只二极管组合件。

2. 整流用二极管

就原理而言，从输入交流中得到输出的直流是整流。以整流电流的大小（100mA）作为界线通常把输出电流大于 100mA 的叫整流。面接触型，工作频率小于 kHz，最高反向电压从 25～3000V 分 A～X 共 22 挡。分类如下：硅半导体整流二极管 2CZ 型、硅桥式整流器 QL 型、用于电视机高压硅堆工作频率近 100kHz 的 2CLG 型。

3. 限幅用二极管

大多数二极管能作为限幅使用，也有像保护仪表用和高频齐纳管那样的专用限幅二极管。为了使这些二极管具有特别强的限制尖锐振幅的作用，通常使用硅材料制造的二极管。也有这样的组件出售：依据限制电压需要，把若干个必要的整流二极管串联起来形成一个整体。

4. 调制用二极管

通常指的是环形调制专用的二极管。就是正向特性一致性好的四个二极管的组合件。即使其他变容二极管也有调制用途，但它们通常是直接作为调频用。

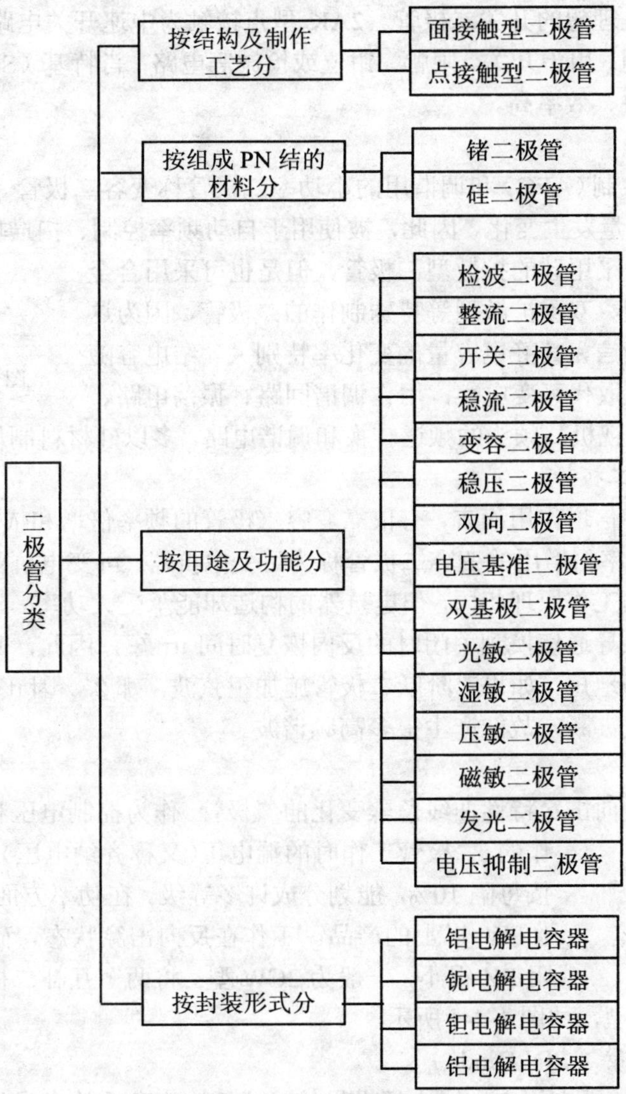

图 1-4-2　二极管的分类

5. **混频用二极管**

使用二极管混频方式时，在 500～10 000Hz 的频率范围内，多采用肖特基型和点接触型二极管。

6. **放大用二极管**

用二极管放大，大致有依靠隧道二极管和体效应二极管那样的负阻性器件的放大，以及用变容二极管的参量放大。因此，放大用二极管通常是指隧道二极管、体效应二极管和变容二极管。

7. **开关用二极管**

有在小电流下（10mA 程度）使用的逻辑运算和在数百毫安下使用的磁芯激励用开关二极管。小电流的开关二极管通常有点接触型和键型等二极管，也有在高温下还可能工作的硅扩散型、台面型和平面型二极管。开关二极管的特长是开关速度快。而肖特基型二极管的开关时间特短，因而是理想的开关二极管。2AK 型点接触为中速开关电路用；2CK 型平面接触为高速开关电路用；用于开关、限幅、钳位或检波等电路；肖特基（SBD）硅大电流开关，正向压降小，速度快、效率高。

8. 变容二极管

用于自动频率控制（AFC）和调谐用的小功率二极管称变容二极管。通过施加反向电压，使其 PN 结的静电容量发生变化。因此，被使用于自动频率控制、扫描振荡、调频和调谐等用途。通常，虽然是采用硅的扩散型二极管，但是也可采用合金扩散型、外延结合型、双重扩散型等特殊制作的二极管，因为这些二极管对于电压而言，其静电容量的变化率特别大。结电容随反向电压 VR 变化，取代可变电容，用作调谐回路、振荡电路、锁相环路，常用于电视机高频头的频道转换和调谐电路，多以硅材料制作，如图 1-4-3 所示。

图 1-4-3 变容二极管

9. 频率倍增用二极管

对二极管的频率倍增作用而言，有依靠变容二极管的频率倍增和依靠阶跃（即急变）二极管的频率倍增。频率倍增用的变容二极管称为可变电抗器，可变电抗器虽然和自动频率控制用的变容二极管的工作原理相同，但电抗器的构造却能承受大功率。阶跃二极管又被称为阶跃恢复二极管，从导通切换到关闭时的反向恢复时间 trr 短，因此，其特长是急速地变成关闭的转移时间显著地短。如果对阶跃二极管施加正弦波，那么，因 tt（转移时间）短，所以输出波形急骤地被夹断，故能产生很多高频谐波。

10. 稳压二极管

稳压二极管是反向击穿特性曲线急骤变化的二极管。作为控制电压和标准电压使用而制作的。二极管工作时的端电压（又称齐纳电压）从 3V 左右到 150V，按每隔 10%，能划分成许多等级。在功率方面，也有从 200mW～100W 以上的产品。工作在反向击穿状态，硅材料制作，动态电阻 RZ 很小，一般为 2CW 型；将两个互补二极管反向串接以减少温度系数则为 2DW 型，如图 1-4-4 所示。

图 1-4-4 稳压二极管

11. PIN 型二极管（PIN Diode）

这是在 P 区和 N 区之间夹一层本征半导体（或低浓度杂质的半导体）构造的晶体二极管。PIN 中的 I 是“本征”意义的英文略语。当其工作频率超过 100MHz 时，由于少数载流子的存贮效应和“本征”层中的渡越时间效应，其二极管失去整流作用而变成阻抗元件，并且，其阻抗值随偏置电压而改变。在零偏置或直流反向偏置时，“本征”区的阻抗很高；在直流正向偏置时，由于载流子注入“本征”区，而使“本征”区呈现出低阻抗状态。因此，可以把 PIN 二极管作为可变阻抗元件使用。它常被应用于高频开关（即微波开关）、移相、调制、限幅等电路中。

12. 雪崩二极管（Avalanche Diode）

雪崩二极管是在外加电压作用下可以产生高频振荡的晶体管。产生高频振荡的工作原理是这样的：利用雪崩击穿对晶体注入载流子，因载流子渡越晶片需要一定的时间，所以其电流滞后于电压，出现延迟时间，若适当地控制渡越时间，那么，在电流和电压关系上就会出现负阻效应，从而产生高频振荡。它常被应用于微波领域的振荡电路中。

13. 隧道二极管（Tunnel Diode）

隧道二极管是以隧道效应电流为主要电流分量的晶体二极管。其基底材料是砷化镓和锗。其P型区的N型区是高掺杂的（即高浓度杂质的）。隧道电流由这些简并态半导体的量子力学效应所产生。发生隧道效应具备如下三个条件：①费米能级位于导带和满带内；②空间电荷层宽度必须很窄（0.01μm 以下）；③简并半导体P型区和N型区中的空穴和电子在同一能级上有交叠的可能性。江崎二极管可以被应用于低噪声高频放大器及高频振荡器中（其工作频率可达毫米波段），也可以被应用于高速开关电路中，如图1-4-5所示。

图 1-4-5 隧道二极管

14. 快速关断（阶跃恢复）二极管（Step Recovery Diode）

快速关断（阶跃恢复）二极管是一种具有PN结的二极管。其结构上的特点是：在PN结边界处具有陡峭的杂质分布区，从而形成“自助电场”。由于PN结在正向偏压下，以少数载流子导电，并在PN结附近具有电荷存贮效应，使其反向电流需要经历一个“存贮时间”后才能降至最小值（反向饱和电流值）。阶跃恢复二极管的“自助电场”缩短了存贮时间，使反向电流快速截止，并产生丰富的谐波分量。利用这些谐波分量可设计出梳状频谱发生电路。快速关断（阶跃恢复）二极管用于脉冲和高次谐波电路中。

15. 肖特基二极管（Schottky Barrier Diode）

肖特基二极管是具有肖特基特性的“金属半导体结”的二极管，其正向起始电压较低。其金属层除半导体材料外，还可以采用金、钼、镍、钛等材料。其半导体材料采用硅或砷化镓，多为N型半导体。这种器件是由多数载流子导电的，所以，其反向饱和电流较以少数载流子导电的PN结大得多。由于肖特基二极管中少数载流子的存储效应甚微，所以其频率响仅为RC时间常数限制，因而，它是高频和快速开关的理想器件。其工作频率可达100GHz。并且，MIS（金属－绝缘体－半导体）肖特基二极管可以用来制作太阳能电池或发光二极管，如图1-4-6所示。

图 1-4-6 肖特基二极管

16. 阻尼二极管

阻尼二极管具有较高的反向工作电压和峰值电流，正向压降小，高频高压整流二极管，用在电视机行扫描电路作阻尼和升压整流用。

17. 瞬变电压抑制二极管

TVS 管，对电路进行快速过压保护，分双极型和单极型两种，按峰值功率（500～5000W）和电压（8.2～200V）分类，如图1-4-7所示。

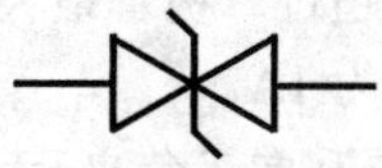

图 1-4-7 双向型瞬态电压抑制二极管

18. 双基极二极管（单结晶体管）

两个基极，一个发射极的三端负阻器件，用于张弛振荡电路，定时电压读出电路中，它具有频率易调、温度稳定性好等优点。

19. 发光二极管

如图1-4-8所示，发光二极管用磷化镓、磷砷化镓材料制成，体积小，正向驱动发光。工作电压低，工作电流小，发光均匀，寿命长，可发红、黄、绿单色光。

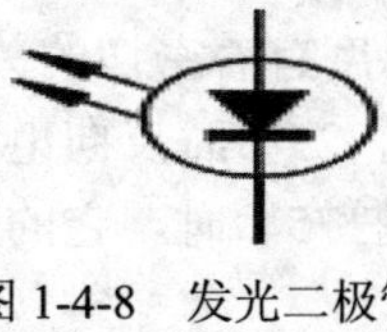

图 1-4-8 发光二极管

第一章 常用电子元器件识别

20. 硅功率开关二极管

硅功率开关二极管具有高速导通与截止的能力。它主要用于大功率开关或稳压电路、直流变换器、高速电机调速及在驱动电路中作高频整流及续流箝拉，具有恢复特性软、过载能力强的优点、广泛用于计算机、雷达电源、步进电机调速等方面。

21. 旋转二极管

主要用于无刷电机励磁、也可作普通整流用。

二、二极管的型号命名

二极管的型号命名规定由五个部分组成，如图 1-4-9 所示。

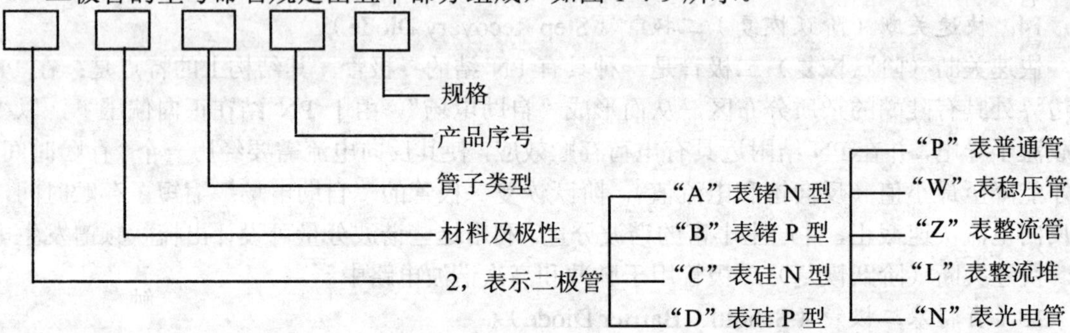

图 1-4-9 二极管的型号命名方法

三、二极管的主要参数

用来表示二极管的性能好坏和适用范围的技术指标，称为二极管的参数。不同类型的二极管有不同的特性参数。对初学者而言，必须了解以下几个主要参数。

1. 最大整流电流

是指二极管长期连续工作时允许通过的最大正向电流值，其值与 PN 结面积及外部散热条件等有关。因为电流通过管子时会使管芯发热，温度上升，温度超过容许限度（硅管为 141 左右，锗管为 90 左右）时，就会使管芯过热而损坏。所以在规定散热条件下，二极管使用中不要超过二极管最大整流电流值。例如，常用的 IN4001－4007 型锗二极管的额定正向工作电流为 1A。

2. 最高反向工作电压

加在二极管两端的反向电压高到一定值时，管子会击穿，失去单向导电能力。为了使用安全，规定了最高反向工作电压值。例如，IN4001 二极管反向耐压为 50V，IN4007 反向耐压为 1000V。

3. 反向电流

反向电流是指二极管在规定的温度和最高反向电压作用下，流过二极管的反向电流。反向电流越小，管子的单方向导电性能越好。值得注意的是反向电流与温度有着密切的关系，大约温度每升高 10℃，反向电流增大一倍。例如 2AP1 型锗二极管，在 25℃时反向电流若为 250μA，温度升高到 35℃，反向电流将上升到 500μA，依此类推，在 75℃时，它的反向电流已达 8mA，不仅失去了单方向导电特性，还会使管子过热而损坏。

4. 动态电阻 R_d

二极管特性曲线静态工作点 Q 附近电压的变化与相应电流的变化量之比。

四、二极管的实验检测

半导体二极管是由一个 PN 结构成的器件，其主要特性是单向导电性。二极管在正向偏置时导通，呈低阻；反向偏置时截止，呈高阻。利用万用表不仅能判定二极管的正、负极性，还能测量管子的正向导通压降 V_F，并判别出硅管与锗管。

数字万用表的电阻挡不宜检查二极管，这一点不同于模拟式万用表。其原因是数字万用表的电阻挡所提供的测试电流太小，通常为 100nA～0.5mA（视所选的电阻挡位而定），而二极管属非线性器件，正、反向电阻值与测试电流有很大关系，因此测出来的阻值与正常值相差很大，有时难以判定。例如，用 20MΩ 挡测二极管的正向电阻可达几兆欧，反向电阻常在 20MΩ 以上（超出仪表量程），使单向导电性并不明显。因此，推荐使用数字万用表的二极管挡来检测二极管，这不仅准确可靠，而且显示直观。

（1）用数字万用表的二极管挡检测二极管

数字万用表的二极管挡用标识，在使用数字万用表的二极管挡时，红表笔为高电位，黑表笔为低电位。数字万用表二极管挡的工作原理是，当两支表笔分别接触被测元件的两个电极时，万用表通过+2.8V 基准电压源向被测元件提供大约 1mA 的测试电流，同时会以 mV 为单位显示出测试电流流过被测元件时产生的压降。

用数字万用表的二极管挡检测二极管的过程如图 1-4-10 所示。先用两支表笔分别接触被测二极管的两个电极，同时观察显示值；然后，为进一步确定管子的好坏，交换表笔再测一次。如果被测二极管是好的，在两次测量中，一次显示值应该在 1V 以下，这时管子处于正向导通状态，红表笔接的是正极，黑表笔接的是负极；另一次则应该显示溢出符号 1 ，这时管子处于反向截止状态，黑表笔接的是正极，红表笔接的是负极。若两次测量都显示溢出符号，则说明管子内部已开路。测试时若显示 000 ，说明管子已击穿短路。

在用数字万用表的二极管挡检测二极管的过程中，如果二极管处于正偏导通状态，万用表就直接显示出了管子的正向压降 V_F，如图 1-4-11（a），V_F ＝0.653V。对于硅管，正向导通时的压降一般应显示 0.500～0.800V，而对锗管则应显示 0.150～0.300V。根据正向压降的差异，很容易区分硅二极管与锗二极管。

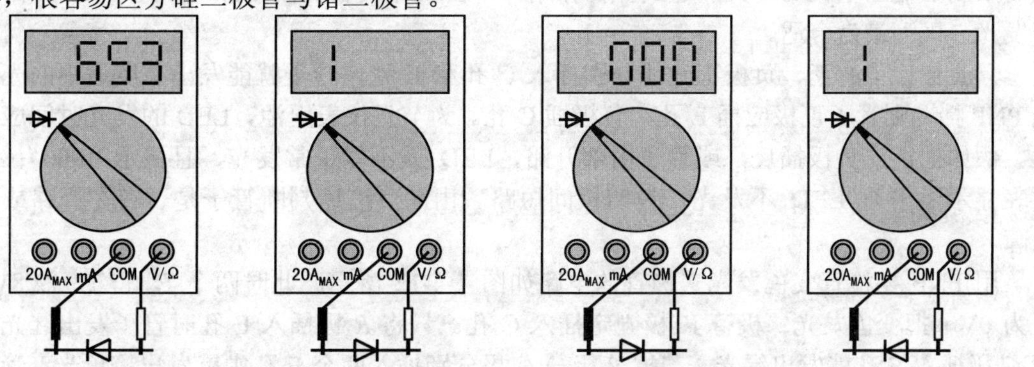

（a）正向导通　（b）反向截止　（c）管子短路　（d）管子开路

图 1-4-10　用数字万用表的二极管挡测量普通二极管

(2) 用数字万用表的 h_{FE} 挡来判定二极管的正、负极

此外，还可以用数字万用表的 h_{FE} 挡来判定二极管的正、负极。在使用数字万用表测 NPN 管的 h_{FE} 挡时，h_{FE} 插口中的 C 孔为高电位，E 孔为低电位。

检测方法如图 1-4-11 所示。把被测二极管的两个电极分别插入 C 孔和 E 孔，若显示溢出，说明管子正偏导通，C 孔接正极，E 孔接的是负极；若显示“000”，说明管子反偏截止，E 孔接正极，C 孔接负极。

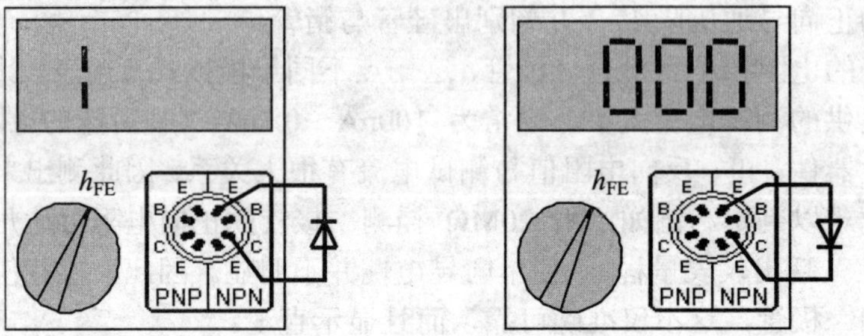

(a) 二极管正偏，显示溢出　　(b) 二极管反偏，显示“000”

图 1-4-11　用 h_{FE} 档检测二极管正负极

其判定理由如下：将二极管的正、负极分别插入 C 孔、E 孔时，+2.8V 的基准电压源可使管子迅速导通。因正向电阻很小，正向电流较大。h_{FE} 挡取样电阻 R_0（10Ω）上的压降 V_{R0}，亦即仪表的输入电压 V_{IN}＞200mV，故仪表显示溢出。假如把正、负极插反，管子呈截止状态，R_0 上无电流通过，$V_{IN} = V_{R0}$ =0V，仪表就显示“000”。

3. 用数字万用表检测发光二极管和 LED 显示器

(1) 数字万用表检测发光二极管

用数字万用表检查发光二极管（LED）时，可选择二极管挡或者 h_{FE} 挡。前者的优点是可测量 LED 的 V_F 值，缺点是二极管挡所提供的工作电流仅 1mA 左右，只能使管子稍微发光。而 h_{FE} 挡能提供较大的电流，更适合检查 LED 能否正常发光。

将数字万用表拨至 h_{FE} 挡时，h_{FE} 插口的 C-E 间即接有 2.8V（$3^1/_2$ 位仪表）或 3.2V（$4^1/_2$ 位仪表）的基准电压源 E_0。因为 h_{FE} 测量电路中的限流电阻（即取样电阻）很小，所以从 C-E 孔可提供最大 20mA 左右的电流。当输出电流超过 20mA 时，h_{FE} 挡过载，E_0 迅速下降，从而限制了输出电流的增大，起到保护作用，不会损坏仪表及被测件。因此，使用 h_{FE} 挡检查发光二极管最为合适。

只要把管子的正、负极正确地分别插入 C 孔和 E 孔，管子就能发出亮度适中的光。若选 PNP 挡，则管子正极应插 E 孔，负极插 C 孔。为节省仪表电池，LED 的发光时间应尽量短。假如把正、负极插反，或管子内部开路，LED 就不能正常发光，且显示“000”；倘若仪表显示溢出而 LED 不发光，说明极间短路。由此可迅速判断管子是否存在开路或短路故障。

用 PNP 挡检查变色发光二极管的电路如图 1-4-12 所示。此时两个 E 孔均为+2.8V，C 孔为 0V。把变色发光二极管 K 极固定插入 C 孔。只将 R 极插入 E 孔时管子发出红光，只把 G 极插入 E 孔就发出绿光，若把 R 极与 G 极分别插入两个 E 孔中就发出橙色光。管子正常发光时显示溢出符号。

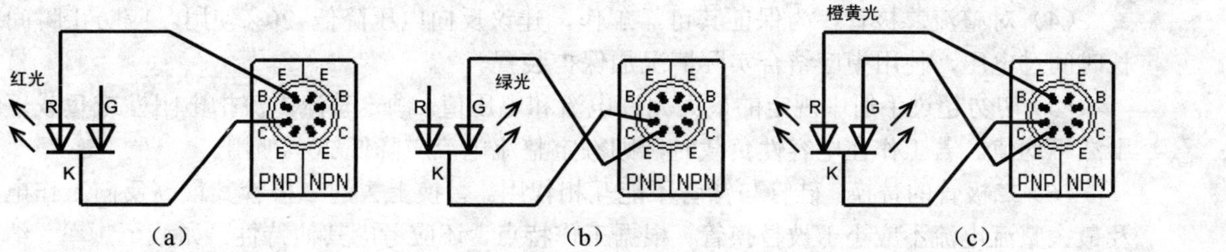

图 1-4-12　检查变色发光二极管

（2）数字万用表检测 LED 显示器

利用数字万用表的 h_{FE} 插口，能检查 LED 数码管的发光情况。选择 NPN 挡，这时 C 孔为高电位+2.8V，E 孔为低电位 0V。例如在检查 LTS547R 型共阴极 LED 数码管时，如图 1-4-13 所示，从 E 孔插入一根单股细导线，导线引出端接数码管的公共阴极；再从 C 孔引出一根导线依次接触各笔段电极，可分别显示所对应的笔段。若按图中所示电路，将第 5、9、1、2 脚短路后再与 C 孔引出线接通，则能显示数字“4”。把 a～g 段全部接 C 孔引线，就显示全亮笔段“8”，否则属于笔段残缺。

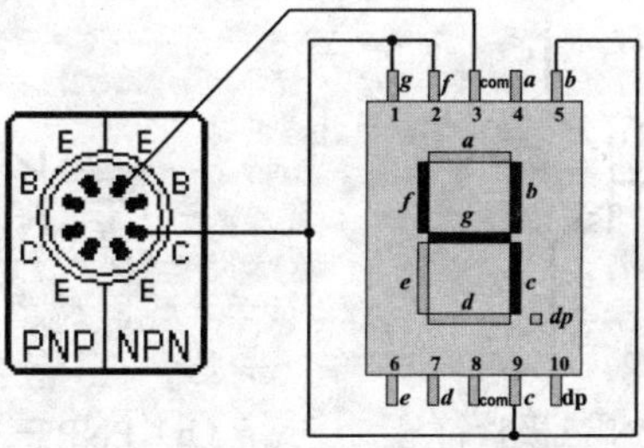

图 1-4-13　检查共阴极 LED 数码管

注意事项：

①假如被测 LED 数码管的型号不明，又无管脚排列图，那么用 h_{FE} 插口可完成下述测试任务：判定数码管结构形式（共阴或共阳）、识别管脚、检测全亮笔段。方法是：预先可假定某个电极为公共极，然后根据笔段发光或不发光情况加以验证。当笔段电极接反或公共极判断错误时，该笔段就不能发光。

②检查共阳极 LED 数码管时应改变电源电压的极性。

③h_{FE} 插口所提供的正向工作电流约 20mA，上述检查安全可靠。但是不适合检查大型 LED 数码管，这种管子由多只发光二极管串、并联后构成一个字形笔段，h_{FE} 插口不足以驱动其发光。

五、二极管使用注意事项

（1）在电路中应按注明的极性进行连接。

（2）应根据需要正确地选择型号。同一型号的整流二极管方可串联、并联使用。在串联或并联使用时，应视实际情况决定是否需要加入均衡（串联均压、并联均流）装置（或电阻）。

（3）应避免靠近发热元件，并保证散热良好。工作在高频或脉冲电路的二极管引线，要尽量短，不能用长引线或把引线弯成圈来达到散热目的。

（4）对整流二极管，为保证其可靠工作，建议反向电压降低 20%使用。应防止瞬间或长时间过电压，使用中应结合实际情况加保护装置。

（5）切勿超过手册中规定的最大允许电流和电压值。额定整流电流指电阻性或负载下的半波平均值。若工作在电容性负载时，则额定整流电流应降低 20%使用。

（6）二极管的替换。硅管与锗管不能互相代用。替换上去的二极管其最高反向工作电压及最大整流电流不应小于被替换管。根据工作特点，还应考虑其他特性，如截至频率、结电容、开关速度等。

1.5 三 极 管

三极管的全称应为半导体三极管，也称为双极型晶体管或晶体三极管，是一种电流控制电流的半导体器件。其作用是把微弱信号放大成辐值较大的电信号，也用作无触点开关。三极管的电路符号如图 1-5-1 所示。各种三极管图片如图 1-5-2 所示。

（a）NPN 三极管符号　　（b）PNP 三极管符号

图 1-5-1　三极管电路符号

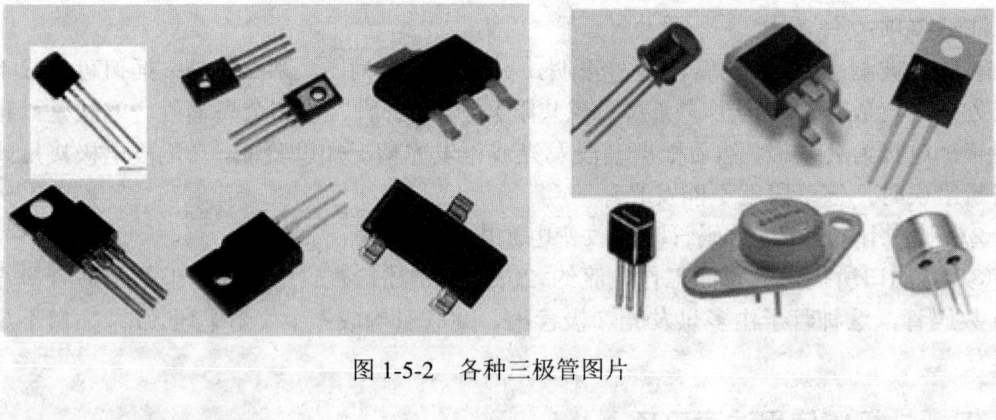

图 1-5-2　各种三极管图片

一、三极管的分类

三极管的分类种类很多，按半导体材料和导电极性来分有硅材料的 NPN 管、PNP 管和锗材料的 NPN 管、PNP 管；按半导体三极管耗散功率来分，有小功率、中功率和大功率管；按结构工艺分平面管和合金管；按安装方式分插件三极管和贴片三极管；按半导体的功能和用途可分为放大管、开关管、复合管（达林顿管）和高反压管等；按半导体三极管的工作频率可分为低频管、高频管及超过频率管等。具体分类见图 1-5-3。

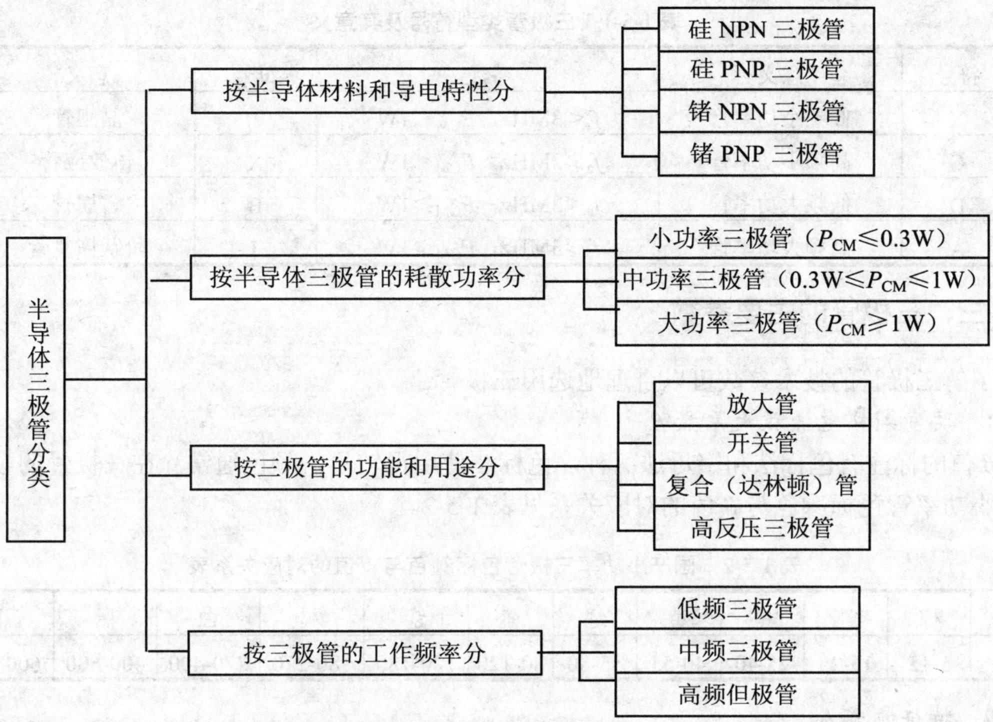

图 1-5-3　三极管的分类

二、三极管的型号命名

根据国家标准，三极管的型号由五部分组成，如图 1-5-4 所示。

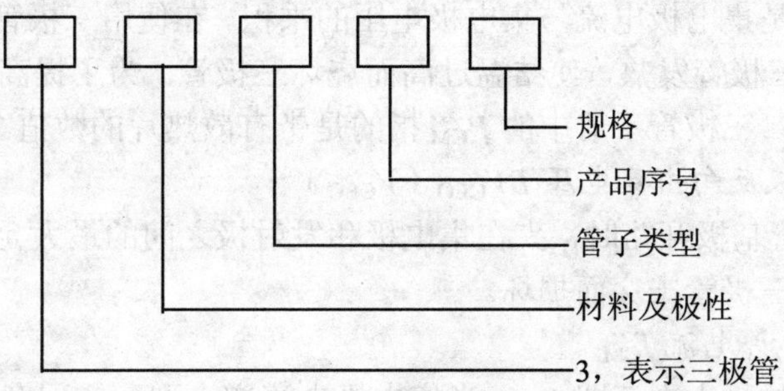

图 1-5-4　三极管的型号命名方法

第一部分用“3”表示为三极管。

第二部分和二极管的一致用字母 A、B、C、D 分别表示 PNP 型锗管、NPN 型锗管、PNP 型硅管和 NPN 型硅管。

第三部分用字母表示三极管的类型，其含义如表 1-5-1 所示。

第四部分表示产品序号，用阿拉伯数字表示。

第五部分表示产品规格，用汉语拼音字母表示。

例如 3DA××表示硅高频大功率管。

表 1-5-1　三极管类型符号及其意义

符号	意义	备注	符号	意义
X	低频小功率管	f_a<3MHz，P_{CM}<1W	T	晶闸管
G	高频小功率管	f_a≥3MHz，P_{CM}<1W	X	体效应管
D	低频大功率管	f_a<3MHz，P_{CM}≥1W	B	雪崩管
A	高频大功率管	f_a≥3MHz，P_{CM}≥1W	J	阶跃恢复管

三、三极管的主要参数

了解三极管的技术参数可以合理地选用三极管。

1. 共发射极电流放大系数 β

β 值的标注有色标法和字母法两种，色标法使用得较早，颜色通常涂在三极管的顶部。国产小功率管色标颜色与 β 值的对应关系见表 1-5-2。

表 1-5-2　国产小功率三极管色标颜色与 β 值的对应关系表

颜色	棕	红	橙	黄	绿	蓝	紫	灰	白	黑	黑橙
β	5-15	15-25	25-40	40-55	55-80	80-120	120-180	180-270	270-400	400-600	600-1000

2. 特征频率 f_T

特征频率是指，三极管工作频率增加导致 β 值下降为 1 时，所对应的频率。此时，三极管完全失去了电流放大功能。由于 $f\cdot\beta=f_T$，所以也称为 f_T 增益带宽乘积。如，在频率为 5MHz 时，测得某三极管的 β 是 6，则该三极管的特征频率 f_T 为 30MHz。

3. 集电极最大允许耗散功率 P_{CM}

集电极耗散功率是集电极电流与集电极电压的乘积。在使用三极管时，实际功耗不应超过 P_{CM}，否则会引起三极管发热，使结温过高而烧坏三极管。为了提高 P_{CM} 值，大功率三极管都要求加装散热片，三极管手册中的 P_{CM} 指的是带有散热片的数值。

4. 集电极-发射极反向击穿电压 BV_{CEO}（V_{CEO}）

BV_{CEO} 是指三极管基极开路时，夹在集电极和发射极之间的最大允许电压。使用时，若 $V_{CE}>BV_{CEO}$，会导致三极管击穿而损坏。

5. 集电极最大允许电流 I_{CM}

三极管允许通过的最大电流即 I_{CM}。当集电极电流增大到一定程度时，β 值会明显下降，当 β 值下降到额定值的 2/3 时，所对应的集电极电流即 I_{CM}。

四、三极管的实验检测

这里简单介绍使用万用表对普通双极型晶体管（BJT 晶体管）进行检测的方法。

利用数字万用表不仅能判定晶体管电极、测量管子的共发射极电流放大系数 h_{FE}，还可鉴别硅管与锗管。与模拟式万用表相比，它具有操作简便、迅速、准确、显示直观等优点。由于数字万用表电阻挡的测试电流很小，不适于检测晶体管，建议使用二极管挡和 h_{FE} 挡进行检测。

（1）确定基极 B 并判断管型

①判定基极 B

将数字万用表拨至二极管挡，红表笔固定接某个电极，用黑表笔依次接触另外两个电极，两次显示值基本相等（或均在 1V 以下，或都显示溢出）证明红表笔所接的就是基极。如果两次显示值中一次在 1V 以下，另一次溢出，证明红表笔接的不是基极，应改换其他电极重新测量。

②鉴别 NPN 管与 PNP 管

若用红表笔接触基极 B，黑表笔依次接触另外两个电极，如果两次显示均在 1V 以下，则为 NPN 管。

若用黑表笔接触基极 B，红表笔依次接触另外两个电极，如果两次显示均在 1V 以下，则为 PNP 管。

（2）判定集电极和发射极，同时测量 h_{FE} 值

为进一步判定集电极与发射极，需借助于 h_{FE} 插口。假定被测管是 NPN 型，需将仪表拨至 NPN 挡。把基极插入 B 孔，剩下两个电极分别插入 C 孔和 E 孔中。测出的 h_{FE} 为几十至几百，说明管子属于正常接法，放大能力较强，此时 C 孔接的是集电极，E 孔接的是发射极。参见图 1-5-5（a）。倘若测出的 h_{FE} 值只有几至十几，证明管子的集电极与发射极插反了（图 1-5-5（b））。

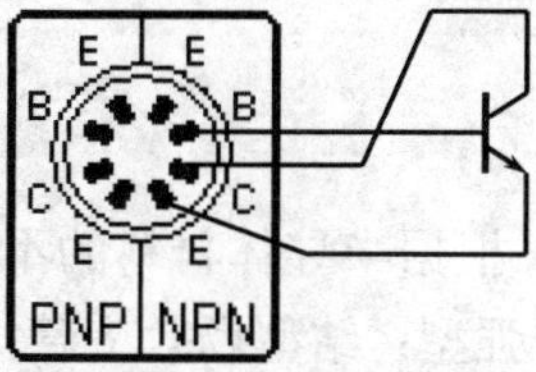

（a）正确接法

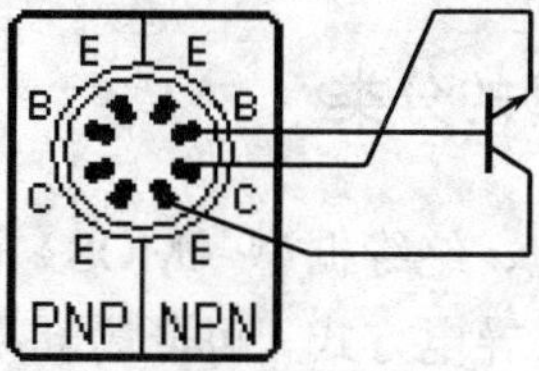

（b）错误接法

图 1-5-5　判定 NPN 管的 E、C 电极

检测 PNP 管的步骤同上，但须选择 PNP 管的 h_{FE} 挡。

五、三极管使用注意事项

1．当环境温度高于 30℃时，耗散功率应降额使用 P_{CM}。

2．当三极管的耗散大于 5W 时，应加装散热片，以减少温度对三极管参数变化的影响。

3．三极管的有些参数容易受温度影响。温度每升高 6℃，硅管的 I_{CEO} 将增一倍；每升高 10℃，锗管的 I_{CEO} 将增加一倍。硅管的 U_{BEO} 随温度的变化约为 1.7mV/I_{CEO}。

4．为了减少温度对三极管 β 值的影响，应选用有电流负反馈功能的偏置电路，或选用热敏电阻补偿功能的偏置电路。

5．在甚高频或脉冲电路中使用的三极管，引出线尽可能的短。

6．在满足整体放大参数的前提下，不要选用直流放大系数 h_{FE} 过大的三极管，以防止产生自激。

7．选用开关三极管时，特征频率要高、开关速度较快、反向电流要小、发射极-基极的饱和电压 V_{BEO} 降要低。

8．三极管的置换原则

（1）一般硅管和锗管不能互换。

（2）置换时，要注意极性应相同，即 NPN 管换 NPN，PNP 管换 PNP。

（3）在置换时，二者参数要相近一般要求用 P_{CM}、I_{CM} 大于或等于原管。击穿电压 BV_{CBO}、BV_{CEO}、BV_{EBO}（对于开关管而言）不应低于原管。

（4）对于小功率管，置换时要注意给电极引脚的排列顺序，尽量做到置换管与原管一致。

（5）大功率管的外形差异较大，置换时应选择外形相似、安装尺寸相同的三极管，以便于安装和保持正常的散热条件。

1.6 场 效 应 管

场效应晶体管属于电压控制型半导体器件。与三极管相比，场效应管具有输入电阻高（108～109Ω）、噪声小、功耗低、热稳定性好、动态范围大、易于集成、没有二次击穿现象、安全工作区域宽等优点，易于做成大规模集成电路，在高频、中频、低频、直流、开关及阻抗变换电路中有广泛应用。

一、场效应管的分类

场效应管分结型、绝缘栅型（MOS）两大类。根据半导体材料的不同，分为 N 型沟道和 P 型沟道两种。按导电方式，可分为耗尽型与增强型；结型场效应管均为耗尽型，绝缘栅型场效应管既有耗尽型的，也有增强型的。其电路符号如图 1-6-1 所示。

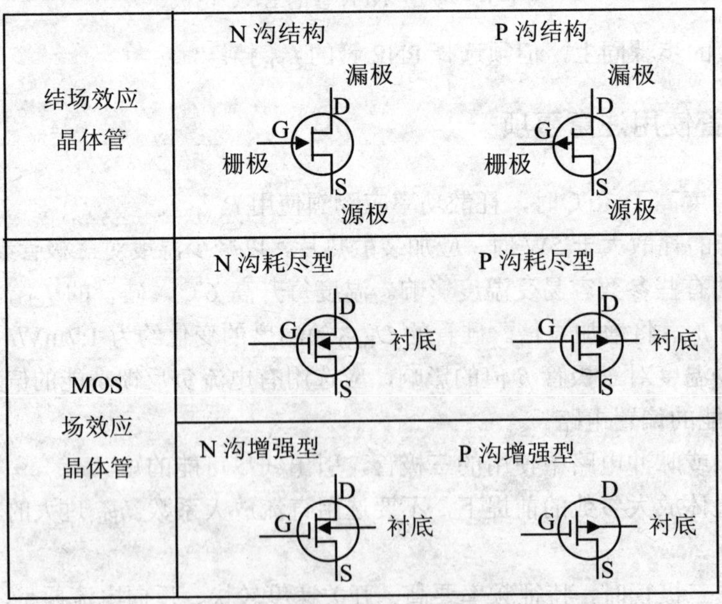

图 1-6-1　场效应管的电路符号

二、场效应管的型号命名

场效应管有两种命名方法。

第一种命名方法与双极型三极管相同，第三位字母 J 代表结型场效应管，O 代表绝缘栅场效应管。第二位字母代表材料，D 是 P 型硅，反型层是 N 沟道；C 是 N 型硅 P 沟道。例如，3DJ6D 是结型 N 沟道场效应三极管，3DO6C 是绝缘栅型 N 沟道场效应三极管。

第二种命名方法是 CS××#，CS 代表场效应管，××以数字代表型号的序号，#用字母代表同一型号中的不同规格。例如 CS14A、CS45G 等。

场效应管的电路符号如图 1-6-1 所示。

三、场效应管的主要参数

1. 夹断电压 V_P

当 V_{DS} 为某一固定数值，使 I_{DS} 等于某一微小电流（几微安）时，栅极上所加的偏压 V_{GS} 就是夹断电压 V_P。

2. 饱和漏电流 I_{DSS}

在源、栅极短路条件下，漏源间所加的电压大于 V_P 时的漏极电流称为 I_{DSS}。

3. 击穿电压 BV_{DS}

指漏、源极间所能承受的最大电压，即漏极饱和电流开始上升进入击穿区时对应的 V_{DS}。

4. 直流输入电阻 R_{GS}

在一定的栅源电压下，栅、源之间的直流电阻，这一特性有以流过栅极的电流来表示，结型场效应管的 R_{GS} 可达 $10^8\Omega$ 而绝缘栅场效应管的 R_{GS} 可超过 $10^{12}\Omega$。

5. 低频跨导 g_m

漏极电流的微变量与引起这个变化的栅源电压微数变量之比，称为跨导，即

$$g_m=\Delta I_D/\Delta V_{GS}$$

它是衡量场效应管栅源电压对漏极电流控制能力的一个参数，也是衡量放大作用的重要参数，此参灵敏常以栅源电压变化 1V 时，漏极相应变化多少微安（μA/V）或毫安（mA/V）来表示。

四、场效应管使用注意事项

1．为了安全使用场效应管，在线路的设计中不能超过管的耗散功率，最大漏源电压、最大栅源电压和最大电流等参数的极限值。

2．各类型场效应管在使用时，都要严格按要求的偏置接人电路中，要遵守场效应管偏置的极性。如结型场效应管栅源漏之间是 PN 结，N 沟道管栅极不能加正偏压；P 沟道管栅极不能加负偏压，等等。

3．为了防止场效应管栅极感应击穿，要求一切测试仪器、工作台、电烙铁、线路本身都必须有良好的接地；管脚在焊接时，先焊源极；在连入电路之前，管的全部引线端保持互相短接状态，焊接完后才把短接材料去掉；从元器件架上取下管时，应以适当的方式确保人体接地如采用接地环等；在未关断电源时，绝对不可以把管插入电路或从电路中拔出。

4．在安装场效应管时，注意安装的位置要尽量避免靠近发热元件为了防管件振动，有必要将管壳体紧固起来；管脚引线在弯曲时，应当在大于根部尺寸 5 毫米处进行，以防止弯

断管脚和引起漏气等。

5．使用 VMOS 管时必须加合适的散热器。

6．多管并联后，由于极间电容和分布电容相应增加，使放大器的高频特性变坏，通过反馈容易引起放大器的高频寄生振荡。为此，并联复合管管子一般不超过 4 个，而且在每管基极或栅极上串接防寄生振荡电阻。

7．结型场效应管的栅源电压不能接反。而绝缘栅型场效应管在不使用时，由于它的输入电阻非常高，须将各电极短路，以免外电场作用而使管子损坏。

8．焊接时，电烙铁外壳必须装有外接地线，以防止由于电烙铁带电而损坏管子。特别在焊接绝缘栅场效应管时，要按源极－漏极－栅极的先后顺序焊接，并且要断电焊接。

9．宜用 25W 内的电烙铁迅速焊接，并用镊子夹住管脚根部以帮助散热。结型场效应管可用万用表电阻挡定性地检查管子的质量（检查各 PN 结的正反向电阻及漏源之间的电阻值），而绝缘栅场效管不能用万用表检查，必须用测试仪，而且要在接入测试仪后才能去掉各电极短路线。取下时，则应先短路再取下，关键在于避免栅极悬空。

10．在要求输入阻抗较高的场合使用时，必须采取防潮措施，以免由于温度影响使场效应管的输入电阻降低。如果用四引线的场效应管，其衬底引线应接地。陶瓷封装的场效应管有光敏特性，应注意避光使用。

11．对于功率型场效应管，要有良好的散热条件。因为功率型场效应管在高负荷条件下运用，必须设计足够的散热器，确保壳体温度不超过额定值，使器件长期稳定可靠地工作。

1.7 集成电路

集成电路（Integrated Circuit）是现代电子电路的重要组成部分，在电路中用字母“IC”表示。它具有体积小、重量轻、耗电少、寿命长、工作性能好等一系列优点。集成电路是采用一定的工艺，把一个电路中所需的晶体管、二极管、电阻、电容和电感等元件及布线互联在一起，制作在一小块或几小块半导体晶片或介质基片上，然后封装在一个管壳内，成为具有所需电路功能的微型结构。其中所有元件在结构上已组成一个整体，这样，整个电路体积大大缩小，且引出线和焊接点的数目也大为减少，从而使电子元件向微小型化、低功耗和高可靠性方面迈进了一大步。

集成电路发展到今天生产成本降低，便于大规模生产。它不仅在工、民用电器电子设备等方面得到广泛应用，同时也在军事、通信、遥控等方面得到广泛应用。

一、集成电路的分类

1．按制造工艺分类

集成电路按制造工艺，可分为半导体集成电路、膜集成电路和由二者组合而成的混合集成电路。膜集成电路又分为厚膜集成电路和薄膜集成电路。

2．功能和结构分类

集成电路按功能来分，有模拟集成电路和数字集成电路。模拟集成电路又称线性集成电路，是一种输出信号与输入信号成比例关系，而内部放大器件工作在线性区的集成电路。线性集成电路有运算、音频、中频及宽带放大器，还包括集成稳压器、基准源极线性功率驱动器。这些电路广泛应用于检测、控制、电视、音响、雷达、通信及计算机等系统中；数字集成电路有双极型集成电路（如 TTL、ECL）和单极型集成电路（如 CMOS）两大类，每类中又包含有不同的系列产品。

3．按集成度高低分类

集成电路按集成度分，可分为小规模集成电路、中规模集成电路、大规模集成电路以及超大规模集成电路。

4．按导电类型不同分类

集成电路按导电类型可分为双极型集成电路和单极型集成电路。

双极型集成电路的制作工艺复杂，功耗较大，代表集成电路有 TTL、ECL、LST-TL、STTL 等类型。单极型集成电路的制作工艺简单，功耗也较低，易于制成大规模集成电路，代表集成电路有 CMOS、NMOS、PMOS。

二、集成电路的型号命名

1．集成电路器件的型号由五部分组成，现行国家标准集成电路命名法、各部分符号及意义见表 1-7-1。

表 1-7-1　国标集成电路命名法

第〇部分		第一部分		第二部分	第三部分		第四部分	
用字母表示器件符合国家标准		用字母表示器件的类型		用阿拉伯数字和字母表示器件系列品种	用字母表示器件的工作温度范围		用字母表示器件的封装	
符号	意　义	符号	意　义		符号	意　义	符号	意　义
C	中国制造	T	TTL 电路	TTL 器件：	C	0℃～70℃		封装形式：
		H	HTL 电路	54/74×××[1]	G	–25℃～70℃	F	多层陶瓷扁平
		E	ECL 电路	54/74H×××[2]	L	–25℃～85℃	B	塑料扁平
		C	CMOS	54/74L×××[3]	E	–40℃～85℃	H	黑瓷扁平
		M	存储器	54/74S×××[4]	R	–55℃～85℃	D	多层陶瓷双列直插
		μ	微型机电路	54/74LS×××[5]	M	–55℃～125℃	J	黑瓷双列直插
		F	线性放大器	54/74AS×××[6]			P	塑料双列直插
		W	稳压器	54/74ALS×××[7]			S	塑料单列直插
		D	音响电视电路	54/74F×××			T	金属圆壳
		B	非线性电路	CMOS 器件：			K	金属菱形
		J	接口电路	54/74HC×××[8]			C	陶瓷芯片载体（CCC）
		AD	A/D 转换器	54/74HCT×××[9]			E	塑料芯片载体（PLCC）
		DA	D/A 转换器	54/74HCU×××[10]			G	网格针栅阵列（PGA）
		SC	通信专用电路				SOIC	小引线封装
		SS	敏感电路				PCC	塑料芯片载体封装
		SW	钟表电路				LCC	陶瓷芯片载体封装
		SJ	机电仪表电路					
		SF	复印机电路					

① 74：国际通用 74 系列（民用），54：国际通用 54 系列（军用）；② H：高速系列；③ L：低速系列；④ S：肖特基系列；⑤ LS：低功耗肖特基系列；⑥ AS：先进肖特基系列；⑦ ALS：先进低功耗肖特基系列；⑧ HC：高速 CMOS，输入输出 CMOS 电平；⑨ HCT：高速 CMOS，输入 TTL 电平，输出 CMOS 电平；⑩ HCU：高速 CMOS，不带输出缓冲级。

标记举例：CF 741ED　型集成器件

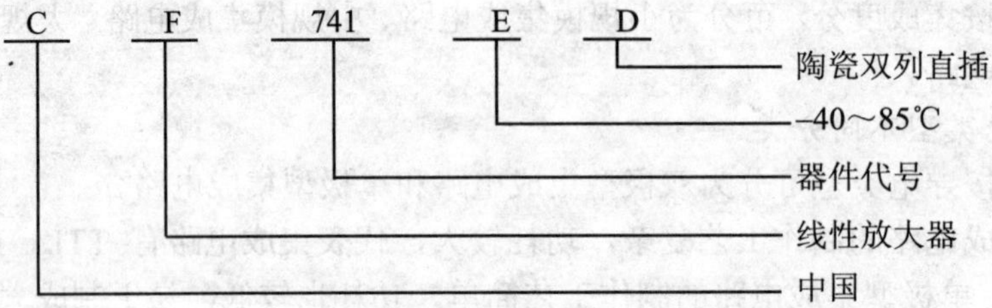

2．国外部分公司及产品代号，如表 1-7-2 所示。

表 1-7-2　国外部分公司及产品代号

公司名称	代号	公司名称	代号
美国无线电公司（BCA）	CA	美国悉克尼特公司（SIC）	NE
美国国家半导体公司（NSC）	LM	日本电气工业公司（NEC）	μPC
美国摩托罗拉公司（MOTA）	MC	日本日立公司（HIT）	RA
美国仙童公司（PSC）	μA	日本东芝公司（TOS）	TA
美国得克萨斯公司（TII）	TL	日本三洋公司（SANYO）	LA，LB
美国模拟器件公司（ANA）	AD	日本松下公司（MAT）	AN
美国因特西尔公司（INL）	IC	日本三菱公司（MIT）	M

目前，国内外生产集成电路的厂家很多，各厂家都在产品上标印下自己公司标志，如芯片 C4511 种的 CD 是美国仙童公司。

三、集成电路引脚的判别

1．各类集成电路引脚排列

集成电路器件常用的封装结构形式有圆形、双列直插型和扁平型，使用时必须认真查对识别器件的引脚，确认电源、地、输入、输出、控制等端的引脚号，以免因错接而损坏元件。集成电路器件的引脚一般都按一定规律来排列，以便识别。

识别圆形集成电路时，面向引脚正视，从定位销顺时针方向依次为 1，2，3，4，5，…如图 1-7-1（a）所示。圆形多用于模拟集成电路。

使用双列直插和扁平型集成电路，在识别时，将文字符号标记正放（一般集成电路上有一圆点或有一缺口，将缺口或圆点置于左方），由顶部俯视，从器件的左下角开始，按逆时针方向依次为 1，2，3，4，5，…如图 1-7-1（b）所示。双列直插型广泛应用于模拟和数字集成电路，扁平型多用于数字集成电路。

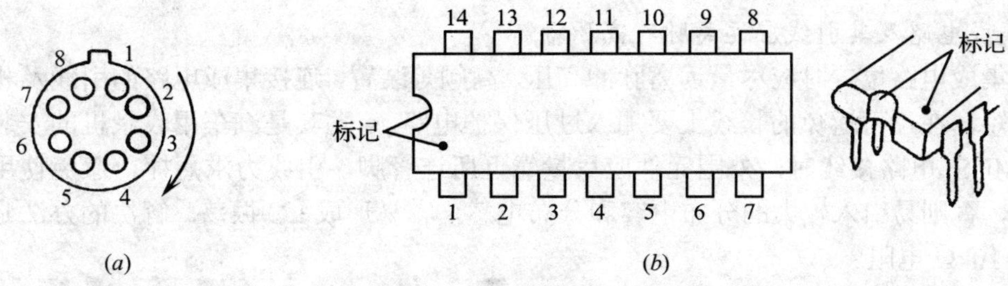

图 1-7-1　集成电路引脚的识别

2. 部分模拟集成电路引脚排列

（1）集成运算放大器引脚如图 1-7-2。

（2）集成音频功率放大器引脚如图 1-7-3 所示。

（3）集成稳压器引脚如图 1-7-4 所示。

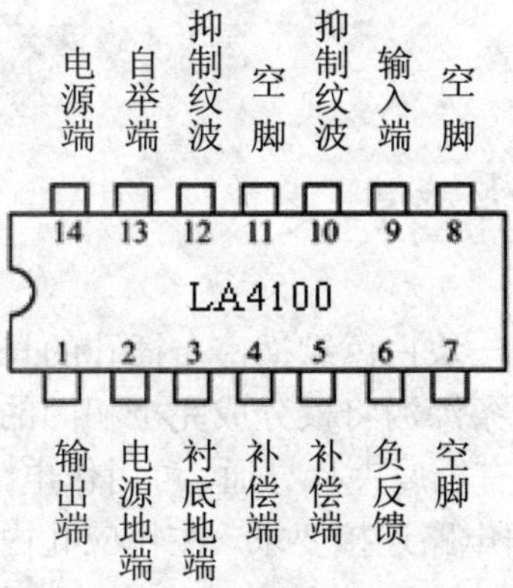

图 1-7-2　运算放大器

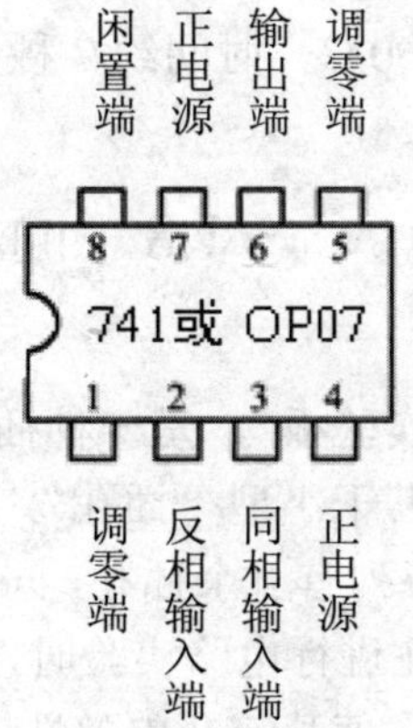

图 1-7-3　功率放大器

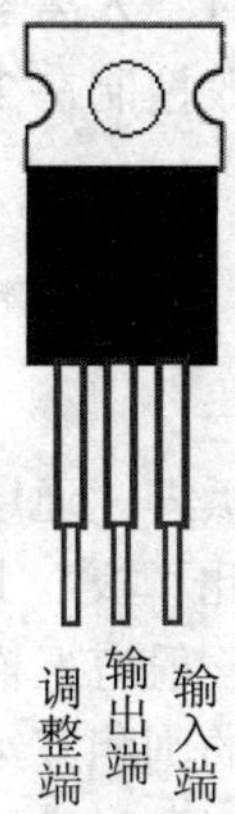

图 1-7-4　集成稳压器

四、集成电路使用注意事项

1. 使用前对集成电路要进行一次全面了解

使用集成电路前，要对该集成电路的功能，内部结构、电特性、外形封装以及与该集成电路相连接的电路作全面分析和理解，使用时各项电性能参数不得超出该集成电路所允许的最大使用范围，否则将导致性能下降或损坏器件。

2. 集成电路引脚加电时要同步

集成块各引脚施加的电压要同步，原则上集成块的 V_{cc} 与地之间要最加上电压。CMOS 电路尚未接通电源时，决不可以将输入信号加到 CMOS 电路的输入端。如果信号源和 CMOS 电路各用一套电源，则应先接通 CMOS 电源，再接通信号源的电源；关机时，应先切断信号源电源，再关掉 CMOS 电源。

3. 注意引脚能承受的应力与引脚间的绝缘

集成电路的引脚不要加上太大的应力，在拆卸集成电路时要小心，以防折断。对于耐高压集成电路，电源 V_{cc} 与地线以及其他输入线之间要留有足够的空隙。

4. 集成电路及其引线应远离脉冲高压源

设置集成电路位置时应尽量远离脉冲高压、高频等装置。连接集成电路的引线及相关导线要尽量短，在不可避免的长线上要加入过压保护电路，尤其是汽车用收录机的安装更要注意。CMOS 电路接线时，外围元件应尽量靠近所连管脚，引线力求短捷，避免使用平行的长引线，否则易引入较大的分布电容和分布电感，容易形成 LC 振荡。解决的办法是在输入端串入 10kΩ 电阻。

5. 不应带电插拔集成电路

带有集成电路插座或电路间连接采用接插件，以及组件式结构的音响设备等，应尽量避免拔插集成块或接插件。必要拔插前，一定要切断电源，并注意让电源滤波电容放电后进行。

6. 要防止超过最高温度

一般集成电路所受的最高温度是 260℃、10 秒或 350℃、3 秒。这是指每块集成电路全部引脚同时浸入离封装基底平面的距离大于 1～1.5mm 所允许的最长时间，所以波峰焊和浸焊温度一般控制在 240～260℃，时间约 7 秒。

1.8 面 包 板

面包板即“通用电路实验板”，是一种插件板，为一块白色纵横密布插孔的长方形电路模拟板。此“板”上具有若干小型“插孔”，中间有一条深沟将板分成完全相同的两边。就单边来说一般有五横行，每列有五个插孔，同列插孔下有金属夹片导通，可用作电路中电线。而不同列的则相互绝缘。在进行电路实验时，可以根据电路连接要求，在相应孔内插入电子元器件的引脚以及导线等，使其与孔内弹性接触簧片接触，由此连接成所需的实验电路。

面包板的方便之处在于通过相互导通或绝缘的插孔插上元器件和导线，构成电路，可在制电路板前先行验证电路是否可靠，在试验结束后拔下板上物件还可重复使用，节约试验成本。

面包板是专为电子电路的无焊接实验设计制造的。由于各种电子元器件可根据需要随意插入或拔出，免去了焊接，节省了电路的组装时间，而且元件可以重复使用，所以非常适合电子电路的组装、调试和训练。

一、常用面包板的结构

面包板由 3 部分组成：上部分是电源区，中间为元器件区，下面是电源区。

元器件区：所有厂家的产品都一样，由若干个 5 孔竖立的“孤岛”组成，孤岛在内部是一个铜条，保证 5 个孔之间是相通的。每个孔内是一个有弹性的铜片，当元器件的管脚插入孔内，就和孤岛有了电连接。注意，当频繁插拔或者将较粗的管脚硬插入孔内，可能造成铜片失去弹性，此时，即便元器件管脚插入孔内，也可能没有与孤岛连接，这就造成了开路故障。

电源区的布局，有可能随不同的产品而不同,因此，对待一个没有使用过的面包板，在电源区使用前，我们一般都先用万用表测量一下。

以面包板 SYB—130 型为例，如图 1-8-1 所示。插座板中央有一凹槽，凹槽两边各由 65 列小孔，每一列的五个小孔在电气上相互连通，即是元器件区。集成电路或者其他器件的引脚就分别插在凹槽两边的小孔上。插座上、下边各一排（即 X 和 Y 排）在电气上是分段相连的 55 个小孔，分别作为电源与地线插孔用，属于电源区。对于 SYB—130 插座板，X 和 Y 排的 1-15 孔、16-35 孔、36-50 孔在电气上是连通的。（其他型号的面包板使用时应参看使用说明）

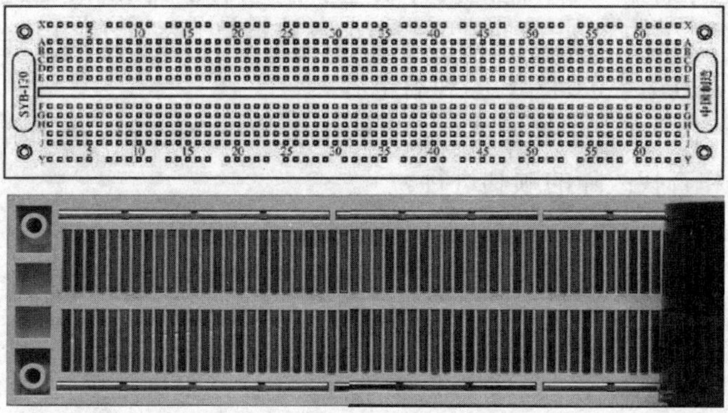

图 1-8-1　面包板结构

二、布线用的工具

布线用的工具主要有剥线钳、偏口钳、扁嘴钳和镊子。偏口钳与扁嘴钳配合用来剪断导线和元器件的多余引脚。钳子刃面要锋利，将钳口合上，对着光检查时应合缝不漏光。剥线钳用来剥离导线绝缘皮。扁嘴钳用来弯直和理直导线，钳口要略带弧形，以免在勾绕时划伤导线。镊子是用来夹住导线或元器件的引脚送入面包板指定位置的。

三、面包板的使用方法及注意事项

1．面包板不可使用在高电压的情况下（如：110V、220V 的电压），这样会有跳电现象。

2．安装分立元件时，应便于看到其极性和标志，将元件引脚理直后，在需要的地方折弯。为了防止裸露的引线短路，必须使用带套管的导线，一般不剪断元件引脚，以便于重复使用。一般不要插入引脚直径大于 0.8mm 的元器件，以免破坏插座内部接触片的弹性。

3．对多次使用过的集成电路的引脚，必须修理整齐，引脚不能弯曲，所有的引脚应稍向外偏，这样能使引角与插孔可靠接触。要根据电路图确定元器件在面包板上的排列方式，目的是走线方便。为了能够正确布线并便于查线，所有集成电路的插入方向要保持一致，不能为了临时走线方便或缩短导线长度而把集成电路倒插。

4．根据信号流程的顺序，采用边安装边调试的方法。元器件安装之后，先连接电源线和地线。为了查线方便，连线尽量采用不同颜色。例如，正电源一般采用红色绝缘皮导线，负电源用蓝色，地线用黑线，信号线用黄色，也可根据条件选用其他颜色。

5．面包板宜使用直径为 0.6mm 左右的单股导线。根据导线的距离以及插孔的长度剪断导线，要求线头剪成 45° 斜口，线头剥离长度为 6mm 左右，要求全部插入底板以保证接触良好。裸线不宜露在外面，防止与其他导线断路。

6. 连线要求紧贴在面包板上，以免碰撞弹出面包板，造成接触不良。必须使连线在集成电路周围通过，不允许跨接在集成电路上，也不得使导线互相重叠在一起，尽量做到横平竖直，这样有利于查线，更换元器件及连线。

7. 最好在各电源的输入端和地之间并联一个容量为几十微法的电容，这样可以减少瞬变过程中电流的影响。为了更好地抑制电源中的高频分量，应该在该电容两端再并联一个高频去耦电容，一般取 0.01～0.047μF 的独石电容。

8. 在步线过程中，要求把各元器件在面包板上的相应位置以及所用的引脚号标在电路图上，以保证调试和查找故障的顺利进行。

9. 所有的地线必须连接在一起，形成一个公共参考点。

10. 面包板应该在通风、干燥处存放，特别要避免被电池漏出的电解液所腐蚀。要保持面包板清洁，焊接过的元器件不要插在面包板上。

第二章　常用电子测量仪器的使用

2.1　万 用 表

万用表是电子测量技术领域中最早出现的一种仪表，早期以测量电压、电流、电阻三大参量为主，所以也称为三用表。随着测量技术的发展，万用表的功能也得到扩展，还可以对交流电流、电容、电感及半导体三极管的穿透电流和直流电流放大倍数等许多电参量进行直接测量。万用表具有用途广泛、操作简单、携带方便、价格低廉等优点。

万用表种类繁多，根据其测量原理及测量结果的显示方式进行分类，一般可分为模拟式万用表和数字式万用表两大类。模拟式万用表的测量过程是先将被测模拟电量经测量电路转换成电流信号，再由电流信号去驱动微安表头的指针偏转，在刻度盘上即指示出被测量的大小，如图 2-1-1（a）所示。数字式万用表是先由模/数转换器将被测模拟量变换成数字量，然后通过电子计数器计数，最后把测量结果用数字直接显示在显示器上，如图 2-1-1（b）所示。

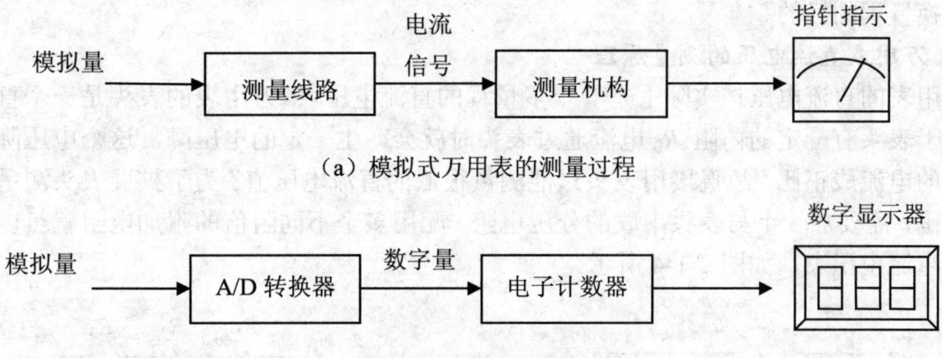

（a）模拟式万用表的测量过程

（b）数字式万用表的测量过程

图 2-1-1　万用表的测量过程

一、模拟式万用表的基本原理及使用

模拟式万用表由表头、测量电路及转换开关组成。表头是一个高灵敏度的磁电式直流电流表，用以指示被测量的值，是模拟式万用表的关键部件，它的性能是决定万用表性能指标的重要因素。测量线路将被测量转换成适合于表头指示的微小直流电流。一般万用表的测量电路实质上就是由多量程的直流电流表、多量程的直流电压表、多量程的交流电压表以及多量程的欧姆表等几种测量电路组合而成的。转换开关用以选择不同的测量电路和量程档级，以适应各种测量项目和量程的要求。

如图 2-1-2 所示为 MF500B 型万用表的电路原理图。

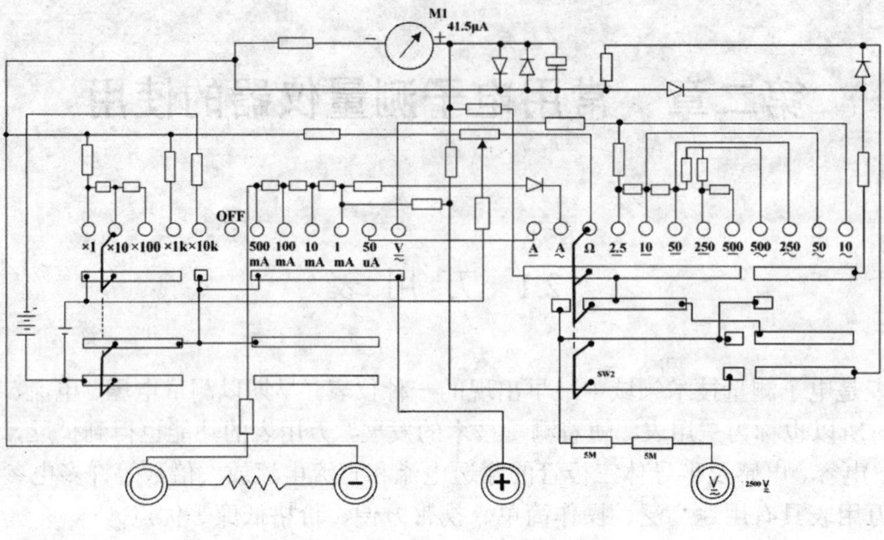

图 2-1-2　MF500B 型万用表原理图

1. *万用表直流电流的测量原理*

万用表的直流电流挡实际上是一个多量程的直流电流表。一般万用表采用如图 2-1-3 所示电路。该电路叫闭路抽头转换式分流电路，电路中的各分流电阻彼此串联，然后再与表头并联，从而形成一个闭合回路。当转换开关 SW 换接到不同位置时，可以改变分路电阻阻值，达到变换量程的目的。

2. *万用表直流电压的测量原理*

万用表的直流电压挡实际上是一个多量程的直流电压表。万用表的表头是一个直流电流表，由于表头有一定的内阻 R_0 电流通过表头时就会产生一定的电压降，这个电压降的大小与通过的电流成正比，故直接用表头只能测量很低的直流电压值。为了扩展表头测量直流电压的范围，需要加一个与表头串联的分压电阻。配用多个不同阻值的附加电阻就可以构成多量程的直流电压表，如图 2-1-4 所示。

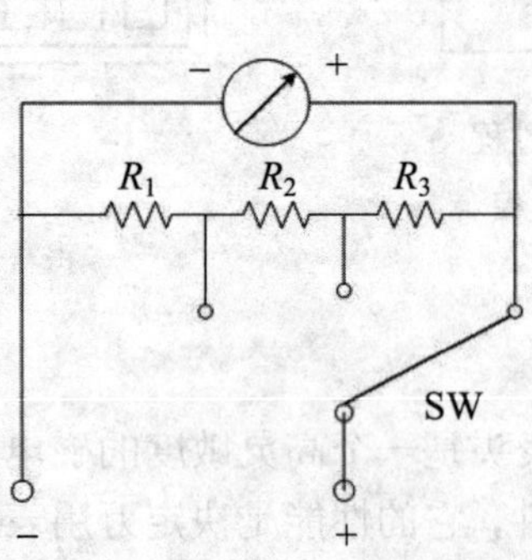

图 2-1-3　闭路抽头转换式分流电路

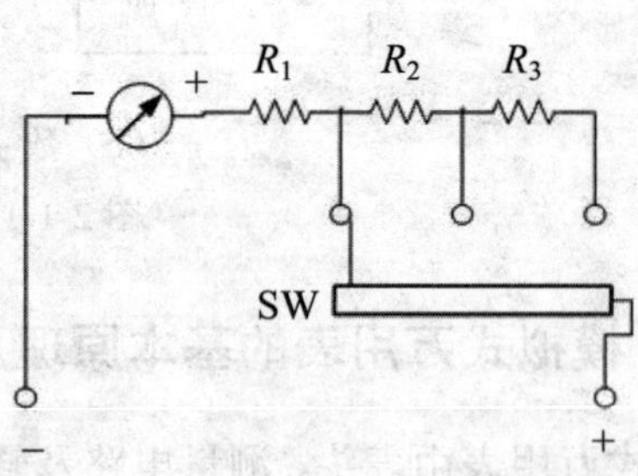

图 2-1-4　多量程直流电压表电路原理图

3. *万用表交流电压的测量原理*

万用表的交流电压挡是一个多量程的整流式交流电压表。由于万用表的测量装置为直流微安表头，故测量交流电压时，必须引入整流元件，构成整流式的交流电压表。万用表中采用的整流电路有半波整流和全波整流两种，实际万用表的交流电压测量电路多采用半波整流方式，如图 2-1-5 所示。

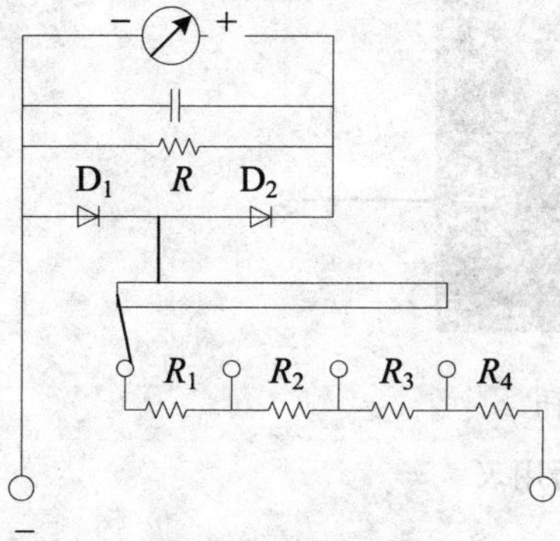

图 2-1-5　半波整流式交流电压测量电路

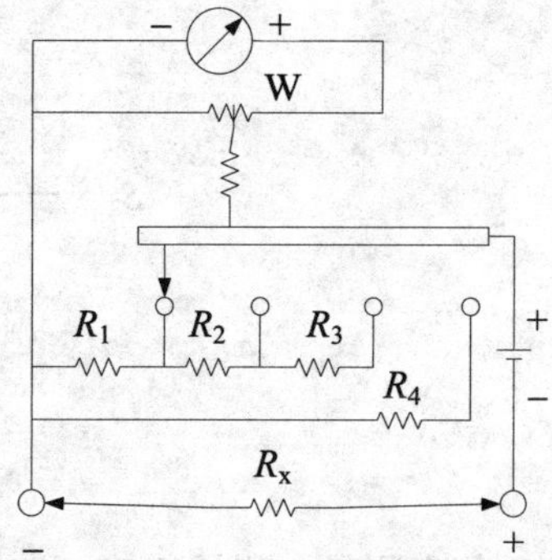

图 2-1-6　电阻测试电路

图中二极管 D_2 作半波整流用。当交流电压正半周时，D_2 导通，于是在表头和分流电阻 R 上产生整流电流，使表针偏转。二极管 D_1 为反向保护二极管。如果没有 D_1，则当负半周时反向电压几乎全部加在 D_2 上，很可能将其击穿。接入 D_1 后，负半周输入时，D_1 导通，使其两端电压很低，不至于将 D_2 击穿。

4. 万用表电阻测量原理

万用表的电阻挡是一个多量程的欧姆表。万用表测量直流电阻的原理电路如图 2-1-6 所示。万用表测量电阻，实质上是测量流过被测电阻 R_x 的电流。图中 E 为电池电压，W 为调零电位器，R_x 为被测电阻。当 R_x=0 时，调整 W 使表针指向满刻度，即零欧姆，此时流过表头的电流达到最大值 I_0，表头指针示于满刻度（即 0 欧姆）处。当被测电阻 $R_x=\infty$（即输入端两点开路）时，电路中电流 I 为零，表头指针不偏转，指在起始位置（即∞欧姆）。当电路中接入某一确定的被测电阻 R_x 时，电路中就有一个相应的直流电流，使表头的指针有一个确定的偏转角度。

5. MF500B 的技术指标

表 2-1-1　MF500B 的技术指标

	测量范围	精度	灵敏度及电压降
直流电流	0-50μA-1mA-10mA-100mA-500mA-5A	±2.5%	0.75V
交流电流	0-1mA-10mA-100mA-500mA-5A	±5.0%	0.75V
直流电压	0-2.5V-10V-50V-250V-500V-2500V（4k/V）	±2.5%	20kΩ/V
交流电压	0-10V-50V-250V-500V-2500V	±5.0%	4kΩ/V
电阻	×1-×10-×100-×1k-×10k	±2.5%	10 中心值

6. MF500B 万用表的使用方法（如表图 2-1-7 所示）

在使用前应检查仪表指针是否指在机械零位上，若不在则旋转表盖上的调零器，使指针指在零位上。

图 2-1-7　MF500B 万用表

直流电流测量：测量 0.05～500mA 时，将左旋钮 S_2 转到 A 挡，右旋钮 S_1 转动到所需电流挡位。将测试棒串接于被测电路中测量。表盘读数为第三条 V A 刻度线。测量 5A 时应将+插头（红色）插至 5A 插孔内，右旋钮 S_1 置于 500mA 挡位。

交流电流测量：将左旋钮 S_2 转到 A，表盘读数为第四条 ACA 刻度线。

直流电压测量：将右旋钮 S_1 选转到 V 挡，左旋钮 S_2 旋至所需测试挡位，从表盘第三条刻度线读数。测量 2500V 时，将+插头（红色）插入 2500V 插孔内，左旋钮 S_2 置于 500V 挡位即可进行测试。

交流电压测量：将右旋钮 S_1 置于 V 挡，左旋钮 S_2 旋至所需测试档位，测量值从表盘第三条刻度线读出（交流电压 10V 挡从第二条红色刻度线读数），测量 2500V 时，将+插头（红色）插入 2500V 插孔内，左旋钮 S_2 置于 500V 挡位即可进行测试，测试频率范围为 45Hz～1000Hz，示值为正弦有效值。

电阻测量：将左旋钮 S_2 旋至Ω挡，右旋钮旋至所需挡位。测量前先将正负表棒短路，调节Ω调零钮 R_1，使指针指在 0 刻度线上。测量值从表盘第一条刻度线读出，并乘以相应挡位倍数。

二、数字式万用表的使用

数字万用表测量的基本量是直流电压，由核心电路 A/D 转换器、计数器、显示电路等组成，其他量的测量则由相关电路转换成直流电压后再作测量。其基本原理结构框图如图 2-1-8 所示。

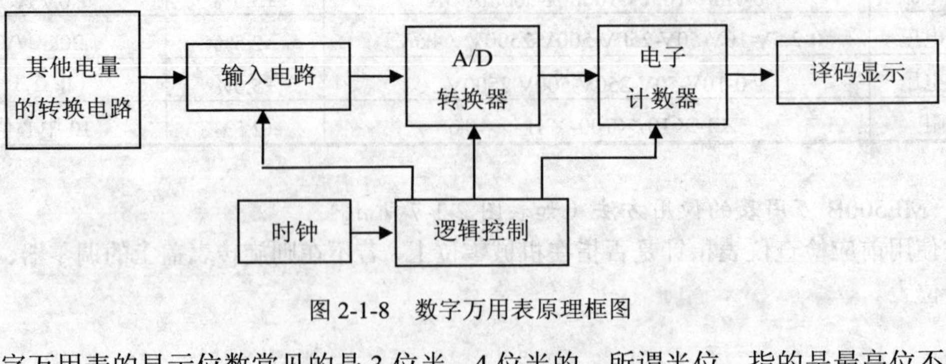

图 2-1-8　数字万用表原理框图

数字万用表的显示位数常见的是 3 位半、4 位半的。所谓半位，指的是最高位不能显示从 0~9 的所有数字，称为半位。

1. 常用数字万用表 DT890D/UT58C 简介

DT890D 和 UT58C 数字万用表都是 1999 计数 3½位的万用表，采用大屏幕液晶屏显示，具有全量程过载保护，电压测试输入阻抗 10MΩ。

两种万用表的面板图如图 2-1-9 所示。

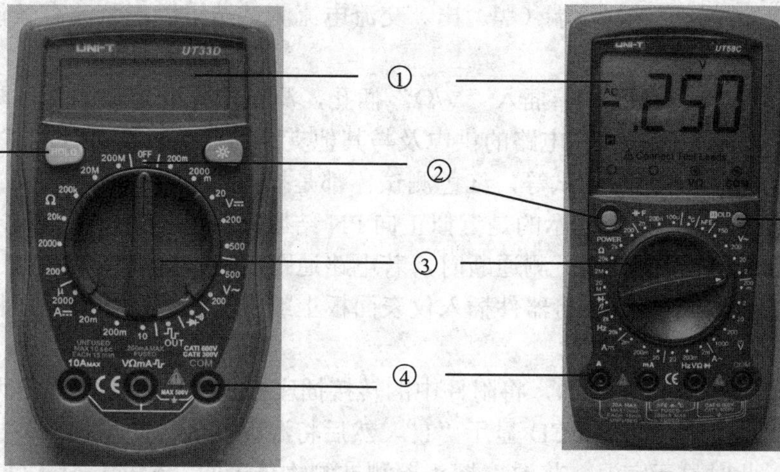

DT890D　　　　　　　　　　UT58C

图 2-1-9　UT33D（将黑色图片替换成上图）和 UT58C 的面板示意图

①液晶显示屏：最大显示值 1999，按所选测试项自动显示单位及极性。

②电源开关。

③量程转换开关，两者相同的有直流电压测量、交流电压测量、直流电流测量、交流电流测量、电阻测量、电容测量、电路通断测量、三极管放大倍数测量。UT58C 还另有频率测量、温度测量、数据保持等功能。

④测试插孔，有 1 个公共插孔（COM）、1 个电压、电阻等通用测试插孔及两个电流测试插孔 A 级和 mA 级。

⑤数据保持开关，测试过程中，按下此按钮，仪表的显示随即保持测量结果，再按一下，则保持的数据自动解锁，显示当前的测量结果。

2. 数字式万用表的基本技术指标

准确度：±（%读数+字数）

直流电压：200mV~200V，±（0.5%+1）；1000V，±（0.8%+2）

交流电压：2V~200V，±（0.8%+3）；750V（700V），±（1.2%+3）；频率响应范围，40Hz～1kHz（＜500V），40Hz～400Hz（＞500V），示值为正弦有效值

直流电流：2mA、20mA，±（0.8%+1）；200mA，±（1.5%+1）；20A，±（2%+5）

交流电流：2mA，±（1.0%+3）；200mA，±（1.8%+3）；20A，±（3.0%+5）

电阻：200Ω，±（0.8%+3）+表笔短路电阻；2kΩ~2MΩ，±（0.8%+1）；20MΩ，±（1.0%+2）；200MΩ，±[5%（读数−10）+10]。

3. 数字万用表的基本使用方法

红色测试棒插入测试所需项目对应的功能插孔，黑色测试棒始终插在“COM”插孔。

（1）电压测试（含直流及交流电压）：红色测试棒应插入“V/Ω”插孔，两测试棒并联在被测端。若已知被测电压的大致范围，就选择合适的量程进行测试，从屏幕上的显示值直接读取即可。若不知道被测电压的值，就应该先选择最大量程进行试测，由测试结果来决定是否减小量程。注意，减小量程时，应离开测试点。

（2）电流测试：红色测试棒应插入“A”或“mA”插孔，测试棒串联进测试电路，并使电流从表的正端（红）进，负端（黑）出。交流电流测试结果以正弦波有效值显示，所以对于其他波形不是正确的有效值。

（3）电阻测试：红色测试棒插入“V/Ω”插孔，测试棒并联与被测元件两端，若是测试电路中的元件，则应断开被测电路的供电及与其他支路的连接，再进行测试。

（4）二极管测量、通断测试等，红色测试棒都是插入“V/Ω”插孔，接二极管正极，黑色测试棒接负极，显示器上显示的是近似正向 PN 结压降值，单位 mV。对硅二极管而言，此值一般 500~800mV 为正常值。测通断时，若电路通路良好，则蜂鸣器发出连续声响。

（5）测试电容、三极管，将器件插入仪表面板上或附加的测试插座上，将量程开关转到相应量程，从屏幕上直接读数。

（6）温度测量（仅 UT58C），将附件中的转接插座插入“V”和“mA”两个插孔，量程开关置于“℃”挡位，此时 LCD 显示“1”，然后将温度探头（K 型插头）插入转接插座对应温度插孔，此时显示室温。将温度探头探测被测物体表面，数秒后从 LCD 上读取温度值。

（7）频率测量（仅 UT58C），红色测试棒插入“Hz”插孔（就是电压测试插孔），量程开关置于频率测量挡，将表笔并联到待测信号源上。从显示屏上读取所测频率值。

（8）数据保持（HOLD）（UT58C），在任何测量情况下，当按下 HOLD 键时，仪表显示随即保持测量结果，再按一次时，保持结果被解除，显示当前的测量结果。

2.2 直流稳压电源

大部分电子电路都需要直流电源提供能量，即在稳定的直流电源下工作。虽然有些情况下可以用化学电池作为直流电源，但多数情况是利用电网提供的交流电源经过转换得到的直流稳压电源。后者具有良好的性能指标，可保证电路正常工作。

直流稳压电源由电网提供的交流电源供电，经整流、滤波后将交流电变为直流电。考虑到在电网电压波动（220V±10%范围内）和输出电流变化时，仍需保持输出的直流电压恒定不变，通常在整流和滤波后设置稳压电路。

一、直流稳压电源的基本组成

实验室常用的都是单相小功率（通常在 1000W 以下）的直流稳压电源，其任务是提供幅值稳定的直流电压（通常为几伏或几十伏），同时提供一定的直流电流（通常为几安）。其内部的基本构成如图 2-2-1 所示。

（1）输入变压器，由于通常所需的直流电压数值与交流电压数值相差较大，常利用变压器降低或升高得到较为合适的交流电压。

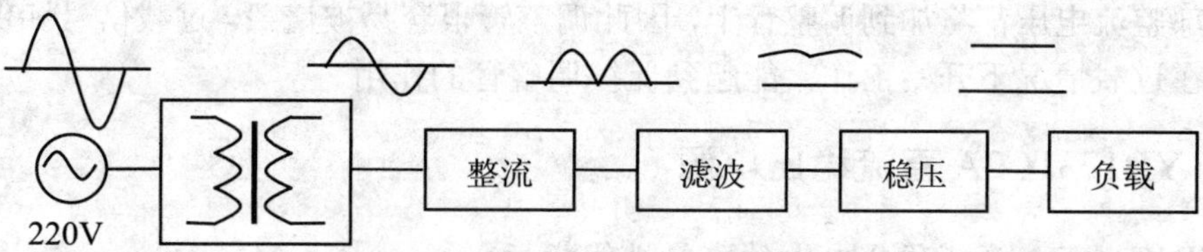

图 2-2-1 直流稳压电源组成框图

（2）整流部分。经过变压器变换后的交流电通过整流电路变换成单相脉动的直流电压。这种直流电幅值变化很大，若供给电子电路使用，电路的工作状态会随之变化而影响电子电路的性能，甚至使其无法正常工作。

（3）滤波部分。滤波的目的是将整流电路输出的脉动大的直流电处理成平滑的、脉动小的直流电。滤波电路通常由电容或电感等电抗元件组成，可将脉动大的直流电中的交流成分滤掉，保留其中的直流成分。

（4）稳压部分。一般来说，经整流滤波后就得到了较为平滑的直流电，已可以作为某些电子电路的电源。然而，这种直流电压值受电网电压波动和负载电流变化的影响，是不稳定的直流电。在滤波电路和负载之间接入稳压电路，可获得基本上不受外界影响的、稳定的直流电。稳压电路一般由硅稳压二极管及其他有关的晶体管电路组成。

稳压电路从电路原理上分，有串联型稳压电路、并联型稳压电路和开关型稳压电路几种。用得最为广泛的，是串联型晶体管稳压电路。

二、串联型稳压电源工作原理

串联型直流稳压电源一般由电源变压器、整流滤波电路、调整管、比较放大电路、基准电源和取样电路 6 个部分组成，如图 2-2-2 所示。

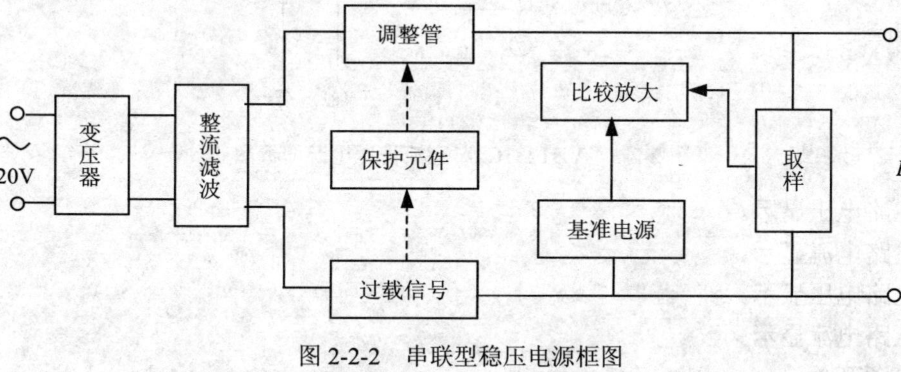

图 2-2-2 串联型稳压电源框图

它的基本工作过程是：当输出电压 E_o 因干扰发生变化时，取样电路就会取出变化了的电压信号，将其与基准电压相比较，得到误差电压。此误差电压经比较放大电路放大后，送入调整管的基极。调整管的压降受基极电压的控制，基极电压改变，调整管的管压降就会有相应的改变。调整管与输出电压是串联关系，它的管压降的变化使输出电压保持了稳定。

在如图 2-2-2 所示的方框图中还有过载信号和保护元件两个组成部分，这是为使电路具有过载保护而设置的。串联型稳压电路的调整管与负载相串联，全部负载电流都将流过调整管。在实际工作过程中，如果不慎将输出端短路或过载时，调整管中将流过很大的电流，同时几乎全部整流电压都将加到调整管上，因此调整管很容易被烧毁。过载信号和保护元件这两个部分在过载情况下开始工作，能起到保护调整管的作用。

三、YB1731C2A 直流稳压电源

1. YB1731C2A 直流稳压电源的主要性能指标

（1）输出直流电压值：0~30V 连续可调，固定输出 5V。

（2）输出电流：0~2A。

（3）纹波及噪声：1mVrms（C.V），1mArms（C.C）。

（4）输出调节分辨率：20mV（C.V），30mA（C.C）。

（5）显示精度：2.5 级（机械表头），±1%+2 个字（数字式电压表头），±2%+2 个字（数字式电流表头）。

2. YB1731C2A 直流稳压电源的面板介绍及基本使用方法（如图 2–2-3 所示）

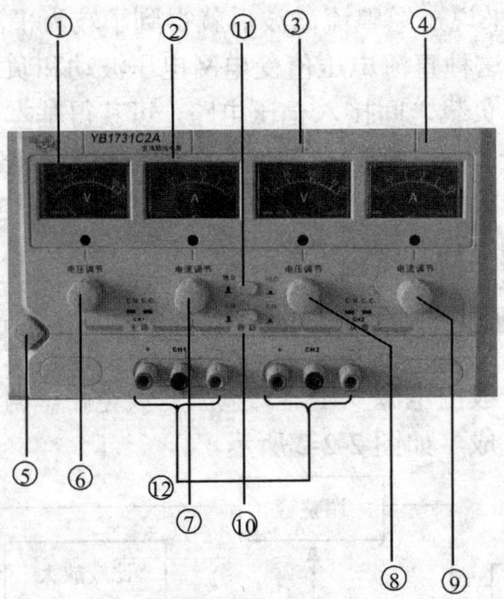

图 2-2-3　YB1731C2A 直流稳压电源面板图

① 主路电压显示。

② 主路电流显示。

③ 从路电压显示。

④ 从路电流显示。

⑤ 电源开关。

⑥ 主路电压调节旋钮：顺时针调节，输出电压增大。恒压输出时，电流调节旋钮应顺时针调到最大，旁边的 C.V 指示灯会亮，这时输出的电压是恒压的。

⑦ 主路电流调节旋钮：顺时针调节，输出电流增大。恒流输出时，电压调节旋钮顺时针调到最大，旁边的 C.C 指示灯会亮，这时输出的电流是恒流的。

⑧ 从路电压调节旋钮：使用方法同⑥。

⑨ 从路电流调节旋钮：使用方法同⑦。

⑩ 电源串联、并联选择开关。

⑪ 电源独立组合控制开关：弹出时，主路与从路可分别独立使用。

按下时，电源进入跟踪状态，从路的电压、电流调节旋钮不再起作用，而是严格跟踪主路输出电压。当“电源串联、并联选择开关”弹出时，是串联跟踪，输出电压最高可达两路电压的额定值之和；当“电源串联、并联选择开关”按下时，为并联跟踪，输出电压最高仍为额定值，但输出电流最高可达两路电流的额定值之和。

⑫ 输出端口：“+”“−”端为电压、电流输出端，中间的接地端为机壳接地端。

2.3 示 波 器

示波器能够将人们无法直接看到的电信号转换成可直接观察的波形，从而能够在示波管的荧光屏上对电信号的波形进行分析并测量其参数。

示波器以短暂扫描的方式显示电量的瞬时值，它对电信号的分析是按时域法进行的，可直接显示信号的波形，还可测量信号的瞬时值，具有良好的直观性。现代示波器还具有数字显示功能。输入阻抗高（MΩ级），对被测量电路的影响小。配用传感器或换能设备后，可以观测非电量的变化过程。同时也是一种良好的信号比较器，可显示和分析任意两个量之间的函数关系。

示波器的种类型号繁多，根据目前示波器的发展现状，可分为以下几类：

（1）通用示波器——它们应用基本显示原理，可对电信号进行定性和定量的观测。

（2）取样示波器——采用取样技术将高频信号转换成模拟的低频传号，再应用通用示波器的基本显示原则观测信号。取样示波器一般用于观测频率高、速度快的脉冲信号。

（3）数字存储示波器——具有存储信息功能，能对单次瞬变过程、非周期现象、低重复频率信号进行观测。

（4）逻辑示波器——又称逻辑分析仪，主要用于分析数字系统的逻辑关系。

（5）数字智能化示波器 ——带有微处理器的示波器通称为数字化、智能化示波器。

（6）电视专用示波器 ——主要用于电视和电视设备的科研生产厂家及电视台、电视转播车、卫星转播站。

示波器的种类和功能还在不断增多，今后的发展方向是扩展频带、提高灵敏度、增加使用功能，做到多用化、数字化、程序化，以实现测试的自动化。

一、示波器原理简介

1. 示波管的基本原理

示波管（或称阴极射线管，CRT）——电子示波器的核心组件，是一种将被测电信号转换成光信号的显示器件，是示波器的一个重要组成部分。示波管主要由电子枪、偏转系统和荧光屏三大部分组成。如图 2-3-1 所示是示波管的基本原理图。

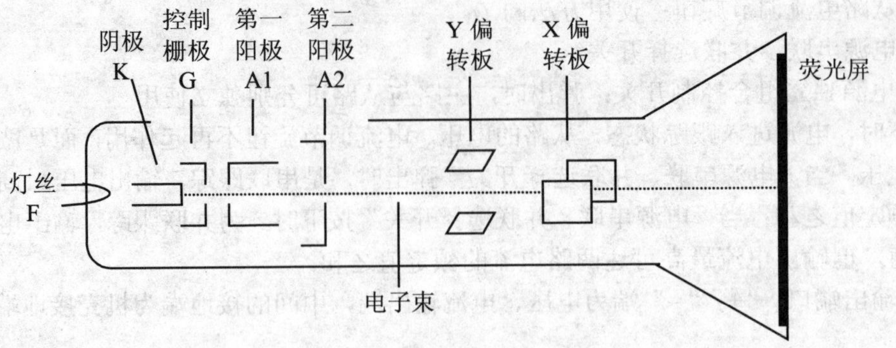

图 2-3-1　示波管的基本原理图

（1）电子枪

包括灯丝 F、阴极 K、控制栅极 G、第一阳极 A1、第二阳极 A2 等。阴极被灯丝加热后，可沿轴向发射电子；控制栅极是个金属圆筒，相对阴极来说是负电位，改变其电位可以改变通过控制极小孔的电子数目，也就是控制荧光屏上光点的亮度。

第一阳极 A1 对阴极而言加有约几百 V 的正电压，第二阳极 A2 上加有比第一阳极更高的正电压。穿过控制极小孔的电子束，在 A1 和 A2 高电位的作用下，得到加速，高速射向荧光屏。由于同性电荷相斥、电子束会逐渐散开。通过第一阳极、第二阴极之间的电场的聚焦作用，使电子重新聚集起来汇交于一点，适当控制第一阳极和第二阳极之间电位差的大小，即可使焦点正好落在荧光屏上，显现出一个小圆点。改变第一阳极和第二阳极之间的电位差，即可改变聚焦点的位置，达到调节聚焦的作用，这就是示波器的“聚焦”的原理。

（2）偏转系统

在第二阳极和荧光屏之间有两对互相垂直的偏转板，分别称为水平偏转板（X 偏转板）和垂直偏转板（Y 偏转板）。前者水平放置，后者垂直放置，它们分别控制电子束在水平方向和垂直方向的移动。

从电子枪射出的电子束，若不受电场的作用，则将沿直线前进并在荧光屏上显示出静止的光点。若电子束受到偏转板上所加电场的作用，则其运动方向就会偏离中心轴线，即荧光屏上的光点位置就会产生位移。

（3）荧光屏

位于示波管的终端，是示波管的显示部分。在荧光屏的内壁涂有一层或几层荧光粉，荧光屏受到高速电子冲击的地方会显现出荧光。为了观察亮点移动的轨迹，要求荧光物质发出的亮点有一定的余辉，以便于亮点的轨迹构成连续曲线。

光点的亮度决定于电子束电子的数目、密度及其速度。改变控制栅极的电压时，电子束中电子的数目将随之改变，光点亮度也将改变。在使用示波管时不宜让很亮的光点固定出现在一个位置上，否则该点的荧光物质将因长期受电子冲击而烧坏，从而失去发光能力。

2. 波形显示的基本原理

若示波管的垂直偏转板和水平偏转板上所加电压为零，则荧光屏上显示一个光点。若在示波管的 X 偏转板上加如图 2-3-2（a）所示的锯齿波电压，电子束就会沿水平方向偏转，荧光屏上将显示出一条水平扫描线，又称为时基线，如图 2-3-2（b）所示。若 X 偏转板上不加锯齿波，Y 偏转板上加上被测电压信号，荧光屏上显示一条竖线。若此时在 X 偏转板上加上扫描锯齿波，电子束就会因受到两个互相垂直的电场的作用而向合力方向偏转，描绘出波形。

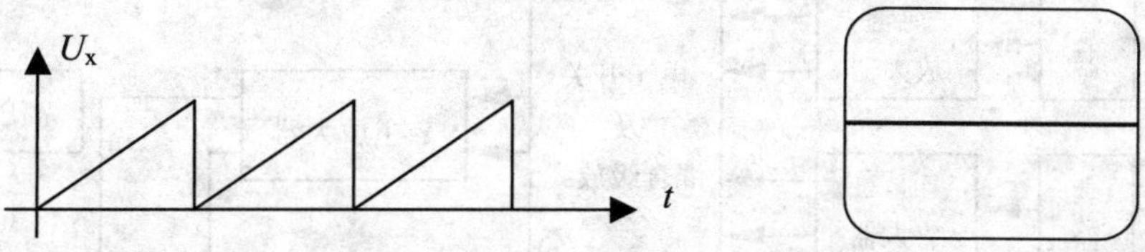

（a） 锯齿波电压　　　　（b）只有锯齿波时的显示

图 2-3-2 扫描锯齿波电压信号

波形的基本显示原理如图 2-3-3 所示，以正弦波的显示为例，当 t=0 时，Y 偏转板上电压为零，X 偏转板上电压为负的最大值，则光点停在荧光屏的左边位置“0”点处；当 t=1 时，X 偏转板上电压减小，Y 偏转板上的正弦电压正向增加，使光点向右上方运动到位置“1”；当光点移到位置“4”时，X、Y 偏转板上电压均为零，光点定在荧光屏的中心位置“4”处；……其余依次类推。由于荧光粉的残留效应，这些光点的移动在荧光屏上看起来就连成一条正弦波的图形。

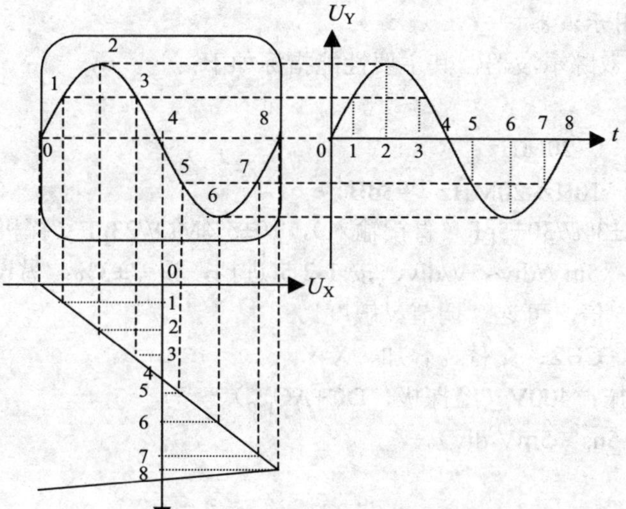

图 2-3-3 波形显示原理示意图

当被测信号电压的频率等于锯齿波电压频率的整数倍时，荧光屏上将显示出周期为整数的被测信号的稳定波形；而当被测信号电压的频率与锯齿波电压的频率不成整数倍时，相对于被测信号来说，每次扫描的起始点就不同，其结果是造成波形不断地水平移动而不稳定。保证被测信号频率与扫描频率成整数倍的过程称为同步。

二、通用示波器的使用

通用示被器是最早发展起来的示波器，主要由三个主要部分组成：Y 轴系统（主要是垂直放大）、X 轴系统（主要是扫描和水平放大）和主机（主要是低、高压电源和显示电路）。

现在的通用一般是双踪示波器，为了能同时观测两个信号波形，一般采用单束示波管组成的应用电子开关的电路组成框图如图 2-3-4 所示。

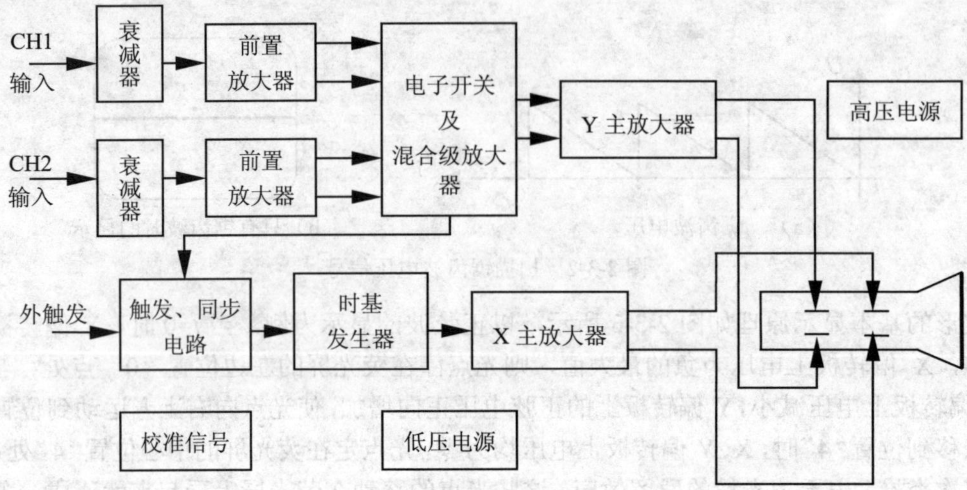

图 2-3-4　通用示波器的原理框图

1. YB43020 通用示波器

YB43020 是通用双踪示波器，其主要性能指标如下：

（1）*Y* 轴系统

频带宽度：DC　0~20MHz

AC　10Hz~20MHz　−3dB

输入阻抗：1MΩ±3%//30±5pF（直接输入），10±5%MΩ//23pF（探极输入）

垂直输入灵敏度：5mV/div~5V/div，按 1-2-5 进挡，误差±3%；另设有“微调”旋钮，增益变化范围大于 2.5 倍，可连续调节灵敏度。

工作方式：CH1、CH2、交替、叠加、X-Y。

最大安全输入电压：400V（经探极，DC+$AC_{p\text{-}p}$）。

上升时间：≤17.5ns（5mV/div）。

上冲量：≤5%。

（2）*X* 轴系统

扫描速度：0.1μs/div~0.2s/div，按 1-2-5 进挡；误差±3%；另设有“微调”装置，其微调扫速变化范围大于 2.5 倍，可连续调节扫速。

扩展×5：处于扩展×5 挡时，其最快扫速可达 20ns/div。扩展后的允许误差为±5%。

扫描方式：自动、触发、锁定、单次。

（3）触发同步性能

同步频率范围：自动——50Hz~20MHz；

触发——5Hz~20MHz。

最小同步电平：内触发——1div；外触发——0.2$V_{p\text{-}p}$。

2. YB43020 面板布置及功能

YB43020 型双踪示波器面板布置如图 2-3-5 所示。各种开关旋钮主要包括三大部分：示波器显示部分、*Y* 轴偏转系统控制部分和 *X* 轴偏转系统控制部分。

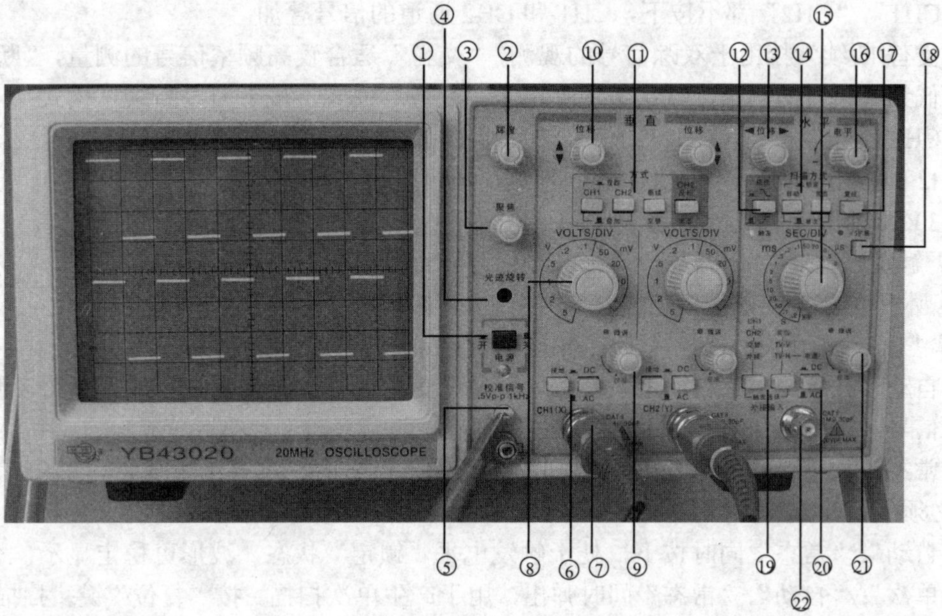

图 2-3-5　YB43020 型双踪示波器面板

（1）示波管显示部分

① 电源开关及指示灯：开关接通后，指示灯发光，表示仪器已接通电源。

② 辉度：用于调节波形或光点的亮度，顺时针转动时，亮度增加；逆时针转动时亮度减弱直至显示亮度消失。

③ 聚焦：用于调节波形或光点的清晰度。

④ 光迹旋转：调节扫描线光迹与水平线平行。

⑤ 校准信号输出插座：示波器校正信号输出端。提供的是 lkHz、0.5V 的方波信号。

（2）*Y* 轴偏转系统

⑥ CH1 输入耦合方式选择（AC-GND-DC）开关："AC/DC" 按钮按下时为 "DC" 挡，用于观测含直流电压的交流信号，弹起时为 "AC" 挡，用于观测交流传号："GND" 挡按下时，输入端接地，无信号输入，用于确定零电位时扫描线的位置。

⑦ 输入通道 1 插座（CH1）：常规使用时，作为垂直输入通道 1 的输入端；在 X-Y 方式时，作为水平轴信号输入端。

⑧ CH1 灵敏度选择（V/div）开关：调节 *Y* 轴电压偏转系数，范围为 2mV/div～10V/div，分 12 挡，可按被测信号的幅度来选择最适当的挡级。

⑨ CH1 微调：用以连续调节输入信号增益的装置，调节范围≥2.5 倍；作定量测试时，应使该旋钮逆时针旋转至 "校准" 处。

⑩ CH1Y 轴位移旋钮：用于调节波形在垂直方向的位移。

⑪ CH1 垂直方式开关：选择垂直系统的工作方式。

"CH1" 按下：只显示 CH1 的信号；

"CH2" 按下：只显示 CH2 的信号；

“CH1”、“CH2”同时按下：工作于双踪模式；

“CH1”、“CH2”都不按下，CH1 和 CH2 通道的信号叠加；

“交替/断续”挡用于双踪信号的观测，“交替”适合较高频率信号的测量，“断续”适用于较低频率信号的测量，默认按键弹出为“交替”模式，按下为“断续”模式；

“CH2 反相”按下，CH2 的信号被反相；

CH2 的各个开关功能与 CH1 相同，这里不再赘述。

（3）X 轴偏转系统

⑫ 触发极性（+ –）开关：选择被测信号在上升沿或下降沿触发扫描。

⑬ 水平位移旋钮：调节信号在水平方向的移动。

⑭ 扫描方式开关：选择内部扫描电路产生扫描的方式。

“自动”按下：电路自动触发扫描，无输入信号时，屏幕上有扫描线，适合观测 50Hz 以上的信号；

“常态”按下：由输入信号触发扫描，无输入信号时，屏幕上无光迹，被测信号低于 50Hz 必须采用此方式；

“自动”、“常态”同时按下，处于触发电平“锁定”状态，波形可稳定显示；

“单次”：“自动”、“常态”同时弹出，用于产生单次扫描。按“复位”键，扫描电路处于等待状态，触发信号输入时，触发产生一次扫描。下次扫描时，需再次复位。

⑮ 扫描速度选择开关（T/div）：调节范围为 0.1μs/div～0.2s/div，分 20 挡，扫描微调校准后，由此读取水平轴单位格的时间值。

⑯ 电平：用来调节触发信号电平，使触发信号在某一电平启动扫描。

⑰ 复位：单次扫描的复位。

⑱ ×5 扩展：按下时扫描速度扩展 5 倍。

⑲ 触发源选择开关：选择不同的触发源。

第一组：（由按键依次选择）

CH1：双踪时，触发信号来自 CH1；单踪时，触发信号来自被显示的通道。

CH2：双踪时，触发信号来自 CH2；单踪时，触发信号来自被显示的通道。

交替：双踪交替模式时，触发信号交替地来自两个输入通道，可以用来观测两路不相关的信号。

外接：触发信号来自外部触发信号输入端口。

第二组：（由按键依次选择）

常态：用于常规信号的测量。

TV-V：用于观察电视场信号。

TV-H：用于观察电视行信号。

电源：用于与市电信号同步。

⑳ DC/AC：外触发信号的耦合方式，信号频率低时，将开关置于 DC 位置。

㉑ 扫描微调：可连续调节扫描速度，调节范围≥2.5 倍。逆时针旋到底为校准位置。

㉒ 外触发输入插座：作外触发时，连接外触发信号。

3. VP-5220D 通用双踪示波器主要性能指标

（1）*Y* 轴系统

频带宽度：DC　0~20MHz

×5 扩展　DC　0~10MHz

输入阻抗：1MΩ±2%//25±5pF（直接输入）。

垂直输入灵敏度：5mV/div~5V/div，按 1-2-5 进挡，误差±3%；另设有“微调”旋钮，可连续调节灵敏度，变化范围可达到 VOLT/DIV 指示值的 2.5 倍以上。

工作方式：CH1、CH2、交替、断续、叠加。

最大安全输入电压：400V（经探极，$DC+AC_{p\text{-}p}$）。

上升时间：≤17.5ns（5mV/div）。

（2）X 轴系统

扫描速度：0.2μs/div~0.5s/div，按 1-2-5 进档；误差±3%；另设有“微调”装置，可连续调节扫速，其扫速变化范围是 TIME/DIV 指示值的 2.5 倍以上。

扩展×5：处于扩展×5 挡时，其最快扫速可达 20ns/div。扩展后的允许误差为±5%。

扫描方式：自动、触发、单次。

（3）触发同步性能

触发方式：NORM，AUTO，FIX

同步频率范围：自动——50Hz~20MHz；

触发——AC，30Hz~5MHz（振幅 0.6div）~20MHz（振幅 2div）

DC，DC~5MHz（振幅 0.5div）~20MHz（振幅 2div）。

同步灵敏度：AC、DC——1.5div（50Hz~5MHz）3div（~20MHz）。

触发源：INT（CH1、CH2），LINE，EXT，EXT÷10。

4. VP-5220D 通用双踪示波器面板结构（如图 2-3-6 所示）

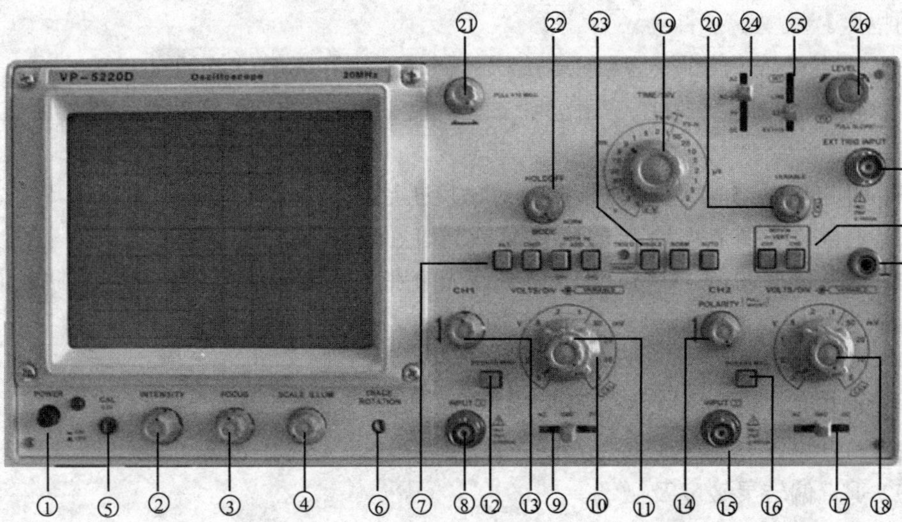

图 2-3-6　VP-5220D 通用双踪示波器面板

（1）显示部分

① 电源开关。

② 光迹亮度调节。

③ 光迹聚焦调节。

④ 标尺亮度，用于屏幕的表面照明。

⑤ 本机校准信号输出，波形是方波，f=1kHz，V_{pp}=0.3V，直流电压 0.15V。

⑥ 光迹旋转，扫描线由地磁等影响发生倾斜时进行调整。

（2）垂直通道部分

⑦ 垂直工作方式：选择垂直信道（CH1、CH2）的工作方式。

ALT——双踪交替显示方式，适合观测频率较高的信号（一般大于 500Hz）；

CHOP——双踪断续显示方式，适合观测频率较低的信号；

CH1——CH1 的信号显示在屏幕上；

CH2——CH2 的信号显示在屏幕上；

ADD——CH1、CH2 同时按下，可实现两个通道的信号的相加。

⑧ CH1 信号输入端口（INPUT），当 X-Y 方式时，作为 X 轴信号输入端。

⑨ CH1 垂直输入方式（AC　GND　DC）：选择信号耦合进入测试通路的方式。

AC——输入信号的交流部分进入测试通道；

GND——输入端接地，输入为零，用于定位基准线零电位位置；

DC——输入信号的直流和交流部分进入测试通道。

⑩ CH1 垂直偏转灵敏度（VOLT/DIV）：5mV/div~5V/div，共 10 挡，调节改变波形显示的 Y 轴偏转系数（电压单位），使波形在屏幕上显示为适当的大小。在微调校准时，定量测量信号的幅度。

⑪ CH1 垂直灵敏度微调（VARIABLE）：微调旋钮和灵敏度旋钮是套轴结构，调节微调旋钮，可以使灵敏度连续变化，变化范围是当前灵敏度值的 2.5 倍以上，顺时针旋转到底为校准位置。

⑫ CH1 的 PUSH ×5 MAG，按下时，灵敏度扩展 5 倍。

⑬ CH1 垂直位移调节：调节 CH1 信号或光迹在垂直方向的位置。

⑭ CH2 垂直位移调节：调节 CH2 信号或光迹在垂直方向的位置；拉出旋钮式 CH2 的信号的显示极性反转。

⑮ CH2 信号输入端口。

⑯ CH2 的 PUSH ×5 MAG。

⑰ CH2 垂直输入方式。

⑱ CH2 垂直偏转灵敏度及微调。

（3）水平通道部分

⑲ 扫描速度选择开关（T/div）：调节范围为 0.2μs/div～0.5s/div，分 20 挡，扫描微调校准后，由此读取水平轴单位格的时间值。

⑳ 扫描微调：可连续调节扫描速度，调节范围≥2.5 倍。顺时针旋到底为校准位置。

㉑ 水平位置调节：在水平方向上调节波形的位置，拉出旋钮，扫描速度提高 10 倍。

㉒ 释抑时间调节：调节内部扫描信号的释抑时间，配合 LEVEL 旋钮使不易触发的复杂波形稳定的显示。通常置于 NORM 位置。

㉓ 系统扫描方式：

单次（SINGLE）——单次扫描，还作为单扫描的复位开关来使用。

触发（NORM）——输入通道有输入波形，且耦合方式不是“GND”，触发扫描，波形显示在屏幕上，无波形时，不触发扫描，屏幕上无显示。

自动（AUTO）——无波形时，自激产生扫描，屏幕上显示扫描线；有触发波形时，显示波形。

㉔ 触发信号耦合开关：

AC —— 触发信号经电容耦合进入触发电路；

AC-LF —— 高频抑制，将触发信号中 50kHz 以上的成分衰减；

TV —— 使电视信号中的同步信号作为触发信号；

DC —— 触发信号直接接入触发电路。

㉕ 触发源选择：

INT —— 内部触发方式；

LINE —— 用主电源信号作为触发信号；

EXT —— 用外部信号触发；

EXT÷10 ——外部信号的幅度除以 10 后触发

㉖ 触发电平旋钮（LEVEL）：调节扫描信号的触发电平，左旋到底置于“FIX”时，触发电路以固定电平自动触发扫描电路。该旋钮按下是用触发信号的上升沿触发，拉出是用下降沿触发。

㉗ 外部触发信号输入端。

㉘ 内触发信号源选择：触发源选择“INT”时，内部触发信号可有 3 个选择：

CH1：扫描电路只被 CH1 信号触发；

CH2：扫描电路只被 CH2 信号触发；

VERT：显示在屏幕上的信号去触发扫描电路。

㉙ 测试用接地端。

5. DL—4330 双踪示波器

DL—4330 双踪示波器的频带宽度是 0~40MHz（DC），面板结构和 VP—5220D 基本相同。

三、示波器的基本使用方法及测试

1. 使用前的预备工作

（1）接通电源后预热几分钟。

（2）将各相关控制件置于如下所列的作用位以后，寻找扫描线。

辉度：适当

聚焦：适当

垂直工作方式：CH1 或 CH2

输入耦合方式：GND

扫描方式：AUTO

触发源：INT

X、*Y* 轴位移：居中

扫描速度开关：1ms/div 左右位置

若看到光点或水平扫描线，可调节辉度、聚焦等旋钮，使其清晰、亮度适当。调节 *Y* 轴和 *X* 轴的位移旋钮，将扫描线移至屏幕的中心部位，并调节清晰。扫描线的位置就是系统的零电平参考基准线，即 *X* 轴。

2. 调节测试信号

以测试 VP-5220D 示波器校准信号为例，用同轴电缆将校准信号的输出端与 CH1 通道的输入端相连接。垂直工作方式开关置于"CH1"，使其显示 CH1 信道的波形；CH1 通道的输入耦合选择开关置于"AC"位置；垂直灵敏度"微调"开关转至"校准"的位置。调节垂直偏转灵敏度及扫描速度，直到屏幕上显示矩形波。通常，在观测周期信号时，将波形调节为屏幕上显示 1~2 个周期，幅度占 4~8 个单位格。

2.4 函数发生器

函数信号发生器是一种多波形的信号源。它能产生正弦波、方波、三角波、锯齿波及脉冲波等多种波形的信号，同时它能产生重复频率很低的信号，目前最低频率可做到几兆赫兹（MHz），但频率上限不大，一般在 20MHz 以下。有的函数信号发生器还具有调制的功能，可以进行调幅、调频、调相及脉宽调制等。在实验教学中它是一种不可缺少的适用信号源。

EE1641（SP1641B）型函数信号发生器是实验室常用的一款仪器，具有连续信号、扫频信号、函数信号、脉冲信号等多种输出和外部测频功能。整机采用大规模单片集成精密函数发生器电路，进行整周期测量和智能化管理，输出信号的频率和幅度有直观的显示。

一、主要技术参数

（1）输出频率：0.3Hz~3MHz，按十进制分 7 挡，每挡均以频率微调旋钮实现频率细调。

（2）输出阻抗：50Ω（函数输出）；600Ω（TTL 输出）。

（3）输出信号波形：正弦波、三角波、方波（函数对称或非对称输出）；TTL 输出方波。

（4）输出信号幅度。

① 函数输出：不衰减时，$1V_{p-p}$~$10V_{p-p}$，10%连续可调；
衰减 20dB 时，$0.1V_{p-p}$~$1V_{p-p}$，10%连续可调；
衰减 40dB 时，$10mV_{p-p}$~$100mV_{p-p}$，10%连续可调。

② TTL 输出："0"电平，≤0.8V；"1"电平，≥1.8V。

（5）函数输出直流电平调节范围：关或（–5V~+5V）±10%。

（6）函数输出非对称性调节范围（SYM）：关（输出波形为对称波形）或 20%~80%。

（7）频率显示：有效位数是 5 位，显示范围是 0.2Hz~10000kHz。

(8) 幅度显示：3 位显示位数（小数点自动定位），单位 V_{p-p} 或 mV_{p-p}（负载 50Ω）。

(9) 扫描方式：线性/对数扫描方式（内扫描方式）；由 VCF 输入信号决定（外扫描方式）。

(10) 内扫描特性：扫描时间 10ms~5s±10%，扫描宽度≥1 频程。

(11) 外扫描特性：输入阻抗约 100kΩ，输入信号幅度−2V<V<2V，输入信号周期 10ms~5s。

(12) 频率测量范围：0.2Hz~10000kHz。

(13) 输入电压范围（衰减 0dB）：50mV~2V（10Hz~10000kHz），100mV~2V（0.2~10Hz）。

(14) 输入阻抗：500kΩ/30pF。

(15) 波形适应性：正弦波、方波。

(16) 滤波器截止频率：大约 100kHz。

(17) 时基：标称频率 10MHz，频率稳定度 $\pm 5\times 10^{-5}$/d。

二、面板结构及基本使用方法

该函数发生器输出及输入测试均使用 50Ω的测试电缆，如图 2-4-1 所示。

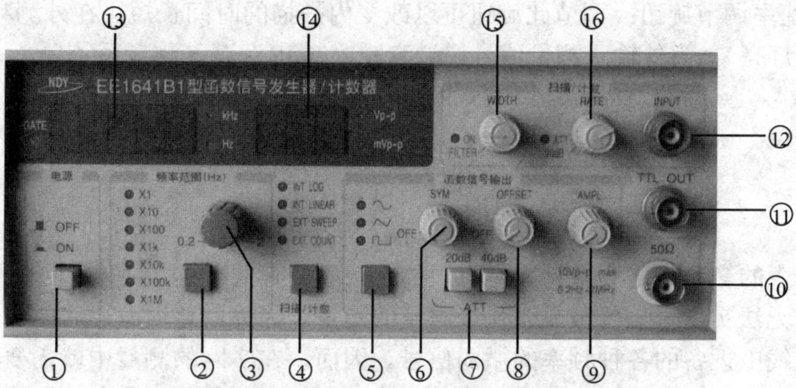

图 2-4-1 EE1641B1 函数发生器面板图

① 电源开关。

② 频段选择按钮，每按一次频段变换 1 个频段，所选频段由旁边的 LED 显示，频段的变化按频段指示值 10 倍率变化。请注意，该指示值不是加权值。

③ 频率微调旋钮，调节输出频率，调节范围由旋钮左/右下角的范围基数×频段值来决定。

④ 扫描/计数按钮，可选择多种扫描方式和外测频方式。

⑤ 函数输出波形选择按键：按一次切换一种波形，可选择正弦波、三角波、脉冲波输出。

⑥ 输出波形对称性调节旋钮：旋钮逆时针旋转到底，处于“OFF”位置时，输出对称信号；当顺时针打开该旋钮，则可以调节输出信号的对称性。

⑦ 函数信号输出幅度衰减开关：“20dB”、“40dB”均不按下时，输出信号不经衰减，

直接输出到输出口；当分别按下“20dB”、“40dB”，输出幅度分别经衰减 10 和 100 倍输出，若同时按下，则衰减 1000 倍输出。

⑧ 函数信号直流电平偏移调节旋钮：该旋钮处于“OFF”位置时，输出直流电平为 0；打开后，输出直流电平范围是−5V~+5V（50Ω负载）。若按下输出幅度衰减按钮，则直流电平调节范围会减小。

⑨ 输出幅度调节旋钮：调节范围 20dB（50Ω负载），若负载较大，则调节范围可达 $20V_{p\text{-}p}$。

⑩ 函数信号输出端：多种波形受控的函数信号输出端，输出幅度 $20V_{p\text{-}p}$（1MΩ负载），$10V_{p\text{-}p}$（50Ω负载）。外接开路电缆。

⑪ TTL 信号输出端：输出标准的 TTL 幅度的脉冲信号，输出阻抗为 600Ω。

⑫ 扫描/计数输入插座：当扫描/计数选择在外扫描状态或外测频功能时，外扫描控制信号或外测频信号由此输入。

⑬ 频率显示窗口：显示输出的频率或外测频信号的频率，旁边的单位指示灯表明所显示频率的单位。

⑭ 幅度显示窗口：显示函数输出信号的幅度。

⑮ 扫描宽度调节旋钮：调节扫频输出的频率范围。在外测频时，逆时针旋转到底（绿灯亮），外输入测量信号经过低通开关进入测量系统。

⑯ 扫描速率调节旋钮：调节此旋钮可以改变内扫描的时间长短。在外测频时，逆时针旋转到底（绿灯亮），为外输入测量信号经过衰减“20dB”进入测量系统。

2.5 晶体管毫伏表

普通万用表的交流电压测量精度是有限的，一般没有低于 1V 的电压挡设置。因此，用普通的万用表无法实现对毫伏级或微伏级电压的测量。另外，普通万用表的工作频率很低，不适合测量无线电设备的各种频率的微弱信号。因而，在实际的测量中就需要使用毫伏表。

毫伏表的输入阻抗很高，从被测电路上取得的功率非常微弱。因此，将毫伏表并联到测试电路上时，不会影响被测电压的数值。毫伏表的输入电容很小，测量不同频率的电压时误差较小。毫伏表内部均设有放大器，所以它的测量灵敏度很高。

晶体管毫伏表测量正弦交流电压的方式主要有检波-放大式和放大-检波式两大类。前者由于具有较宽的频率响应而被广泛用于超高频毫伏表；后者虽具有较高的灵敏度和稳定度，零点稳定，但是其高频段输入阻抗低、频带窄。因此被用于低频毫伏表。

一、晶体管毫伏表的工作原理

常用低频晶体管毫伏表是放大-检波式，工作频率范围从 20Hz~1MHz，可测信号的幅度从 100μV~300V。表头刻度按正弦有效值刻度。内部电路由高阻分压器、射极输出器、低阻分压器、放大器、检波器和指示器组成，其框图如图 2-5-1 所示。

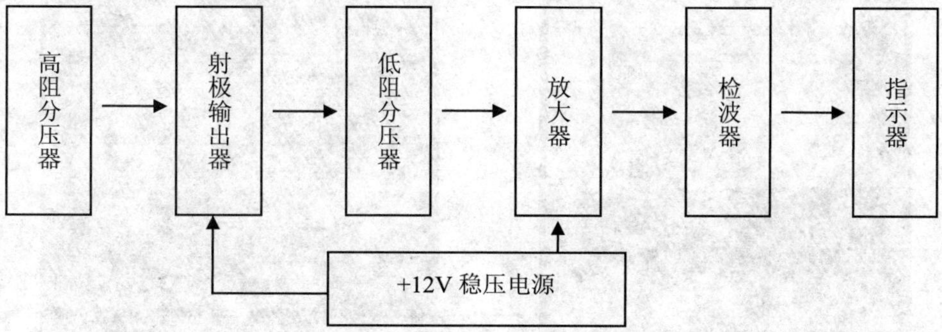

图 2-5-1　晶体管毫伏表原理框图

1. 高阻分压器

毫伏表的最低量程（1mV）的信号不须经衰减器衰减，直接进入放大器，经检波输出后直接推动表头，指示相应的电压值。对于大于 1mV 的电压信号，先经过衰减器衰减，衰减的倍数即是量程扩大的倍数，然后送入放大器，再经检波输出。推动表头指示。

2. 射极输出器

信号经分压器后送入射极输出器，具有高输入阻抗、低输出阻抗的特点，使得毫伏表的输入阻抗高，是它的主要性能之一。

3. 低阻分压器

低阻分压器其工作原理同于高阻分压器。

4. 放大器

放大器由两级放大器构成，要求放大器高增益、高稳定度、宽频带、大动态、线性度好、低噪声，以利于提高毫伏表的灵敏度，便于测量小电压信号。

5. 检波指示器

检波电路由桥式全波整流电路、*RC* 滤波器组成，被测信号经整流滤波后的直流成分通过分流器推动表头指示。

6. 稳压电源

由整流滤波电路、放大管、调整管等组成具有放大环节的串联型稳压电路，输出直流电压+12V，为射极输出器和放大器中的各晶体管提供静态偏置。

二、单通道晶体管毫伏表的主要技术指标

如图 2-5-2 所示为实验室常用的两种单通道型晶体管毫伏表，DA—16 型和 DF2175A 型，两者的指标及使用方法类似。

（1）测量电压范围：100μV～300V。

量程为：1、3、10、30、300mV，1、3、10、30、100、300V 共 11 挡。1 系和 3 系量程各用一条刻度线。

（2）测量电平范围：−72dB+32dB（600Ω）。

（3）被测电压频率范围：20Hz～1MHz。

（4）固有误差：≤±3%（基准频率 1kHz）。

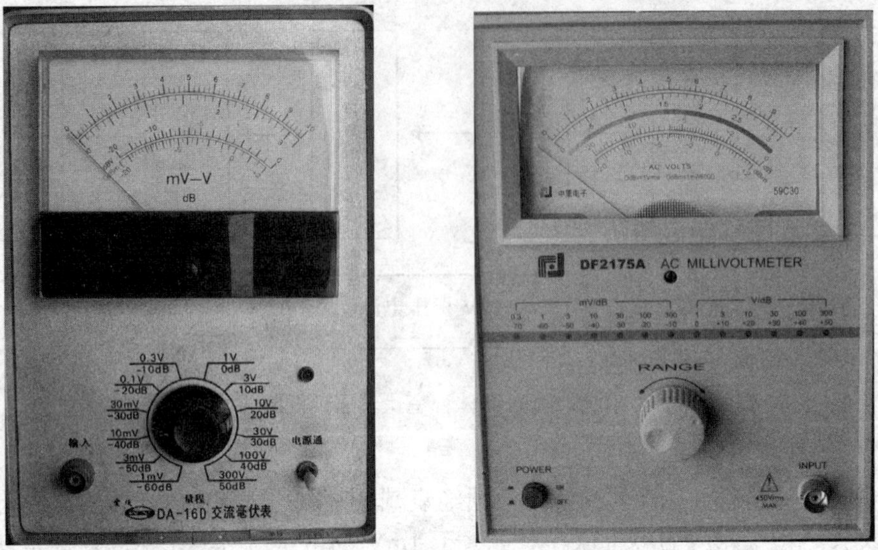

（a）DA-16　　　　（b）DF2175A

图 2-5-2　常用单通道晶体管毫伏表

（5）输入阻抗：在 lkHz 时输入电阻大于 lMΩ；输入电容在 1mV～0.3V 量程，各挡约 70pF，1～300V 量程，各挡约 50pF（包括接线电容在内）。

三、双通道晶体管毫伏表 CA217XA 的主要技术指标

如图 2-5-3 所示为实验室常用的双通道晶体管毫伏表。

图 2-5-3　双通道晶体管毫伏表 CA217XA

（1）测量电压范围：30μV~300V，共 13 个量程，1 系和 3 系量程各用一条刻度线。

（2）测量电平范围：–70～50dB（0dBV=1V，0dBm=0.775V）。

（3）被测电压频率范围：10Hz～2MHz。

（4）固有误差：≤±3%（基准频率 1kHz）。

（5）输入阻抗：在 lkHz 时输入电阻大于 2MΩ；输入电容<20pF。

四、晶体管毫伏表的使用方法

（1）对 DA—16 型，先将量程开关放在量程最高挡（300V 挡），然后接通电源；对 DF2175A 型，由于是采用电子开关的量程转换方式，一开机就自动位于最大量程处。

（2）待毫伏表指针摆动数次达稳定后（此时输入线应短接），即可进行测量。

（3）测量前，应将毫伏表放置在适当的挡位，以免被测电压过高，使毫伏表过载太大，烧坏表内晶体管。

（4）毫伏表的输入阻抗是高阻抗，表头的分贝刻度是按阻抗为 600Ω 时的电压电平值直接刻度的。因此，毫伏表直接使用时，仅适合于被测点阻抗为 600Ω 时的高阻抗测量（即跨路测量）。在此情况下，注意地线端不能接反。被测点的实际分贝数为表头指示的分贝数和量程开关所标的分贝数的代数和。例如，当量程开关放在 30mV（–30dB）挡时，表头指针指在+2dB，则被测点的实际电平值为

$$(-30\text{dB})+(+2\text{dB})=-28\text{dB}$$

在实际使用的过程中，还应注意下面所述的注意事项，以免影响测量精度，或者因为误操作损坏毫伏表。

（5）对 CA217XA，面板上有个“同步/异步”工作方式按钮。“SYNC”灯亮为同步工作方式，CH1 和 CH2 的量程由任一通道控制开关控制，使两通道具有相同的测量量程；“ASYN”灯亮为异步工作方式，两通道各自独立控制工作，同 DA—16 等。

五、使用注意事项

（1）前述性能指标中的各项测量精度均以毫伏表表面垂直放置为准，因此，使用时应当将表面垂直放置。

（2）当毫伏表用于毫伏挡级测量时，应先接地线端，后接另一输入端。测量完毕拆线时应先拆不接地端，后拆接地端，以避免人手触及输入端子时，交流市电通过毫伏表的输入阻抗和人体构成回路，使毫伏表打表，将表针打弯。

（3）毫伏表的输入线应采用设备提供的金属屏蔽线，不能任意用双导线更换。否则外来的感应会增加测量误差。

（4）20Hz 以下或 1MHz 以上频率的交流电压不适合用 DA—16 型毫伏表测量，应采用超低频毫伏表或超高频毫伏表测量，否则将引起很大误差。对于非正弦脉冲电压，该毫伏表也不能测量，因为该表的刻度是以正弦电压的有效值来刻度的。

2.6　半导体管特性图示仪

半导体管特性图示仪是一种半导体器件的测试仪器，它可以模拟显示半导体器件在应用条件下的特性，并对这些特性进行测量。集电极电源和阶梯波信号发生器产生的工作电压和电流，加于待测半导体器件上，显示放大器测量这些外加条件的效应，测试结果便以被测器

件的特性曲线的形式展现在图示仪的荧光屏上。所以图示仪不仅能测量半导体器件的参数，还可以显示被测半导体器件的特性曲线。这是图示仪比一般半导体参数测试仪器优越之处。

一、图示仪的基本原理

1. 图示仪原理框图

为了便于理解半导体管特性图示仪的工作原理，首先理解用点测法测绘晶体管共射输出特性曲线的过程就尤为重要。

晶体管的共射输出特性曲线定义为，当基极电流为某一定值时，集电极和发射极之间的电压 u_{CE} 与集电极电流 i_C 之间的关系，即

$$i_C = f(u_{CE})\Big|_{\Delta i_B=0}$$

可见要确定伏安平面上的一个点，需要三个量来约束，即 i_C 、 u_{CE} 、 i_B ，要采用描点的方式来得到晶体管的输出特性曲线，则测试电路一定要能同时测得这三个量，并且这三个量可以改变，典型的点测电路如图 2-6-1（a）所示。

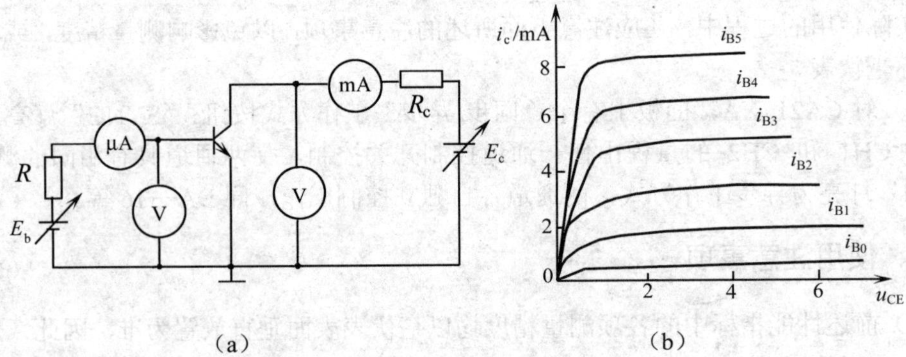

图 2-6-1　晶体管共射输出特性的静态测量

测量过程为：每固定一个 i_B 值，改变 E_c 使 u_{CE} 从零逐步变化到某一定值，测出一组 $u_{CE}-i_C$ 的值，描绘出一条 i_B 为一固定值的 $i_C = f(u_{CE})$ 的曲线；再改变一个 i_B 值，重复上述过程，可得到另一条曲线。依次类推，便可得到不同 i_B 时对应的一簇共发射极晶体管的输出特性曲线，如图 2-6-1（b）所示。

上述这种逐点的静态测试方法，测量手续繁琐，而且不能确切表达晶体管处于动态时的输出特性。为了进行所谓动态测量，可用集电极扫描电压代替可调直流电源 E_c，用一个阶梯波电压发生器代替提供基极电流的可调直流电源 E_b，得到如图 2-6-2 所示的动态测量系统。

用 50Hz 交流电的全波整流电压作为集电极扫描电压，使 u_{CE} 可以自动从零增至最大值，然后又降至零；阶梯波电压每上升一级，相当于改变一次参数 i_B，若集电极扫描电压 u_{CE} 与阶梯波基极电流 i_B 之间保持如图 2-6-3（a）所示的时间关系并满足 $T_B=nT_C$（n 为正整数），那么，测绘输出特性所需的 u_{CE} 和 i_B 就能同步地自动变化。

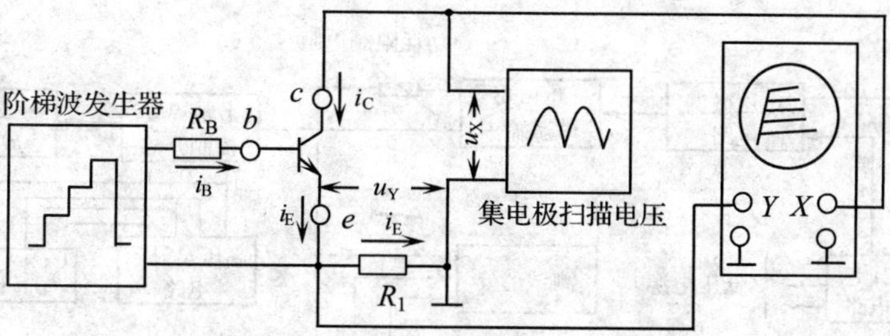

图 2-6-2　晶体管输出特性的动态测量

为了在示波器的荧光屏上显示 i_C 与 u_{CE} 的关系曲线，就要把示波器的 X 轴作为 u_{CE} 轴，而将 Y 轴作为 i_C 轴，也就是要把集电极扫描电压 u_{CE} 和集电极电流 i_C 的取样电压同时分别加到示波器的 X 轴和 Y 轴输入端，此时荧光屏上将显示如图 2-6-3（b）所示的输出特性曲线。每一个扫描电压周期、光点在荧光屏上完成正程和回程各一次，描绘出一条曲线。每个扫描周期对应一级阶梯波，改变阶梯波的级数即可得到所需的曲线数目。

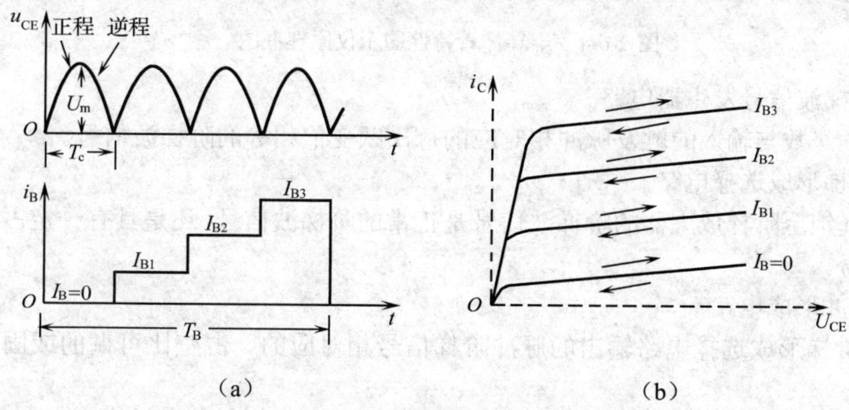

图 2-6-3　输出特性曲线动态显示原理

由图 2-6-2 可知，半导体管特性图示仪的组成框图主要由五个部分组成：阶梯波部分（主要是阶梯波信号发生器和阶梯放大器）、集电极电源部分、显示放大器部分（主要是垂直和水平放大器）、测试部分和主机部分（主要是低、高压电源及显示电路），其电路的基本方框图如图 2-6-4 所示。

2. 各电路模块主要作用

（1）低压电源

给仪器各单元电路提供各挡稳压的直流电源和非稳压的交流电源。

（2）高压电源及显示电路

提供仪器中示波管所需稳定的正、负直流高压，以及辉度、聚焦和辅助聚焦等直流控制电压。

（3）触发脉冲形成电路

输出阶梯波信号发生器电路所需的、与集电极扫描电压有着较为严格的时间对应关系的触发脉冲，其频率为 100Hz 或 200Hz。

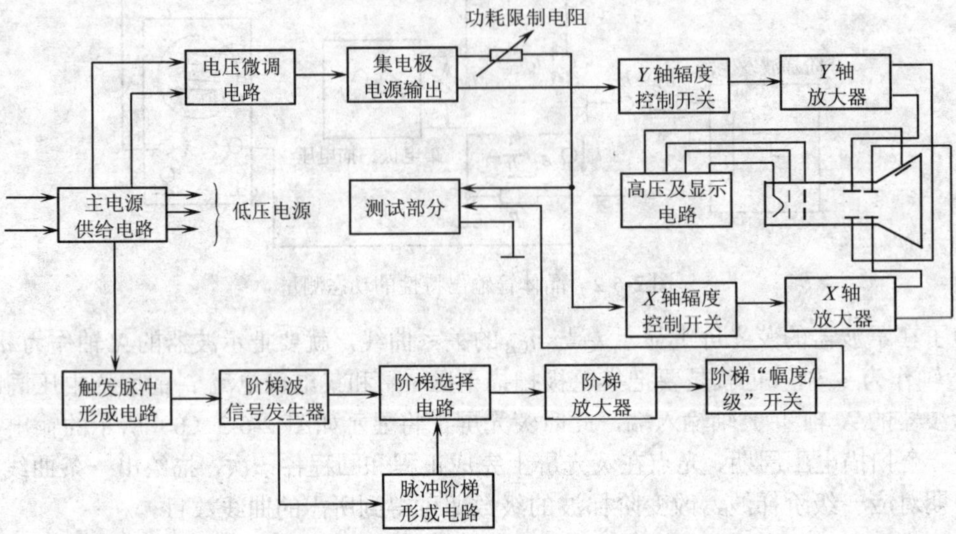

图 2-6-4　半导体管特性图示仪原理框图

（4）阶梯波信号发生器电路

产生每秒级数与输入的触发脉冲相对应的每次跃变值相等的阶梯波信号。

（5）阶梯形成选择电路

用来选择馈至阶梯放大器的阶梯波信号是正常的阶梯波信号，还是具有一定占空比的脉冲阶梯波信号。

（6）脉冲形成电路

产生与阶梯形成选择电路输出的脉冲阶梯信号相对应的、占空比可调的或固定的触发脉冲。

（7）阶梯放大器

使输入的阶梯波信号成为阶梯极性可根据需要进行转换、阶梯波起始电平可调、而且不受负载变化影响的恒定阶梯电流或恒定阶梯电压。

（8）集电极电源

是一个电压值可以连续调整和变换极性的工频全波整流电路，可作为扫描电压源。由于集电极电源输出端对地存在着分布电容，在测试时将会产生所谓电容性电流，因而会引起测试误差，所以集电极电源一般还包括容性电流平衡电路。

（9）X轴、Y轴和阶梯作用开关

为了显示被测半导体器件的各种特性曲线，必须对基极阶梯波、X轴和Y轴放大器等的接法和极性作相应的改变，这些均需通过转换各对应单元的作用开关来实现。

（10）X轴、Y轴放大器

由于从被测半导体器件上检测出来的电信号较弱，需通过X轴、Y轴电压放大器对信号进行放大，再加至示波管的X轴、Y轴偏转板上。

（11）测试部分

用来满足测试时的不同要求而设置的测试装置。一般应具有各种不同的测试管座和引出装置；被测器件测试状态的选择装置；显示被测器件 *A* 或 *B* 特性曲线的测试选择装置；被测器件上施加的测试电压高于某一值时，若不接通测试保护装置仪器即无输出电压的测试安全装置等。

二、XJ4810A 半导体管特性图示仪介绍

不同型号的图示仪将有不同的面板控制件，但所有图示仪的面板控制件都是由 *Y* 轴作用部分、*X* 轴作用部分、集电极电源扫描部分、阶梯信号部分、示波管及其控制部分、半导体管测试台等几个部分组成，这里以实验室常用的 XJ4810A 型半导体管特性图示仪、YB4810A 半导体管特性图示仪为例，对其基本面板控制件作一简要介绍。

1. XJ4810A 晶体管特性图示仪概述

XJ4810A 晶体管特性图示仪是一种用阴极射线示波管显示半导体器件的各种特性曲线，并可测量其静态参数的测试仪器，尤其能在不损坏器件的情况下，测量其极限参数，如击穿电压、饱和压降等。因此该仪器广泛地应用于半导体器件有关的各个领域。XJ4810A 晶体管特性图示仪具有以下主要特点：

（1）本仪器采用集成电路、晶体管电路，体积小、重量轻、携带方便。

（2）增设集电极双向扫描电路，能在屏幕上同时观察到二极管的正、反向特性曲线。

（3）配有双簇曲线显示电路，对于中小功率晶体管各种参数的配对和比较尤为方便，由于在电路中采用了电子开关与左右两管分别显示的特点，使仪器既能达到测试可靠又能获得观察清晰的效果。

（4）配有极性转换开关，可根据被测半导体器件的需要，将 NPN 与 PNP 晶体管的特性曲线转换成同类型的显示方式。

（5）本仪器专为工作于小电流超 β 晶体管测试提高，最小阶梯电流可达 0.2uA/级。

（6）本仪器还专为测试二极管的反向漏电流采取了适当的措施，使测试的 I_R 达 20nA/div。

2. XJ4810A 晶体管特性图示仪主要技术指标

（1）*Y* 轴偏转系数：集电极电流范围为 10μA/div～1A/div，分 16 挡，误差不超过±5%；二极管反向漏电流 0.2μA/div～5μA/div，分 5 挡，2μA/div、5μA/div 误差不超过±3%，1μA/div 误差不超过±5%，0.5μA/div 误差不超过±10%，0.2μA/div 误差不超过±20%；外接输入为 0.1V/div 误差不超过±5%。

（2）X 轴偏转系数：集电极电压范围为 0.05V/div～50V/div，分 10 挡，误差不超过±3%；基极电压范围为 0.05V/div～1V/div，分 5 挡，误差不超过 3%；外接输入为 0.05V/div，误差不超过±3%。

（3）阶梯信号：阶梯电流范围为 0.2μA/级~100mA/级，分 18 挡；1μA/级~100mA/级，误差不超过±5%，0.1μA/级误差不超过±7%；阶梯电压范围为 0.1V/级~2V/级，分 5 挡，误差不超过±5%；串联电阻 0Ω、10kΩ、1MΩ，分 3 挡，误差不超过±10%；每簇级数 1~10 级连续可调。

（4）集电极扫描电源：其峰值电压分为 0～10V、0～50V、0～100V、0～500V 4 挡连续可调；功耗限制电阻 0～0.5MΩ，分 11 挡，误差不超过±10%。

（5）其他参数：电源电压为（220±10%）V；电源频率为（50±5%）Hz；视在功率在非测试状态约 50W；满功率测试状态约 80W。

3. XJ4810A 晶体管特性图示仪面板及各部分功能说明

（1）显示控制及 *X*、*Y* 轴作用部分（如图 2-6-5 所示）

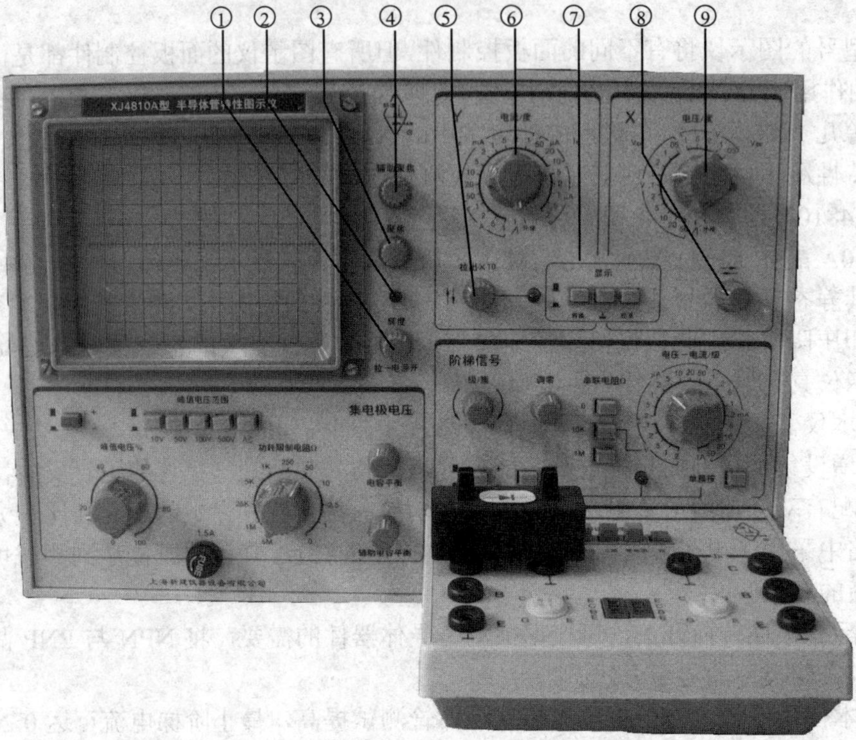

图 2-6-5　XJ4810A 图示仪显示及 *X*、*Y* 控制部分示意图

① 电源开关以及辉度调节（带开关的电位器）

电源开关：拉出用于接通和关断仪器的供电电源。

辉度：调节示波管栅极控制电压，用以改变荧光屏显示波形的明暗程度。

② 电源指示灯

红灯亮时，表示开机，电源接通状态。

③ 聚焦

控制图示仪示波管聚焦极电压，使电子束的焦点汇聚在荧光屏上，使显示清晰的线条。

④ 辅助聚焦

控制图示仪示波管另一聚焦极电压，与“聚焦”相互配合调节，使图像更清晰。

⑤ *Y* 轴移位以及 *Y* 轴拉出×10 开关（带开关的电位器）

Y 轴移位：调节 *Y* 轴放大器输出直流电平，以改变电子扫迹的垂直位置。

Y 轴拉出×10 开关：它是配合 *Y* 轴衰减开关而用的辅助作用开关。通过增益扩展 10 倍，以达到改变电流偏转系数的倍率，拉出后 *Y* 轴（电流/度）×0.1 倍率，则显示的高度扩展 10 倍。

⑥ Y 轴（电流/度）偏转系数开关

它是一种具有二十几挡、四种偏转作用的开关。分别为集电极电流 I_C 偏转系数开关、二极管反向电流 I_R 偏转系数开关、基极源（基极源电流或基极源电压）偏转系数开关、外接输入偏转系数开关。

⑦ 显示开关

转换：通过开关使放大器分差输入端信号相互转换，使图像在第Ⅰ、Ⅲ象限相互转换，便于 NPN 管转测 PNP 管。

接地（⊥）：放大器输入端接地，表示输入为零电位的基准点。

校准：校准电压接入 X、Y 轴放大器，以达到 10°校正。

⑧ X 轴位移

调节 X 轴放大器输出直流电平，以改变电子扫迹的水平位置。

⑨ X 轴（电压/度）偏转系数开关

它是一种具有十几挡、四种偏转作用的开关。分别为集电极电压 V_{CE} 偏转系数开关、基极电压 u_{BE} 偏转系数开关、基极源（基极源电流或基极源电压）偏转系数开关、外接输入偏转系数开关。

（2）阶梯信号部分（如图 2-6-6 所示）

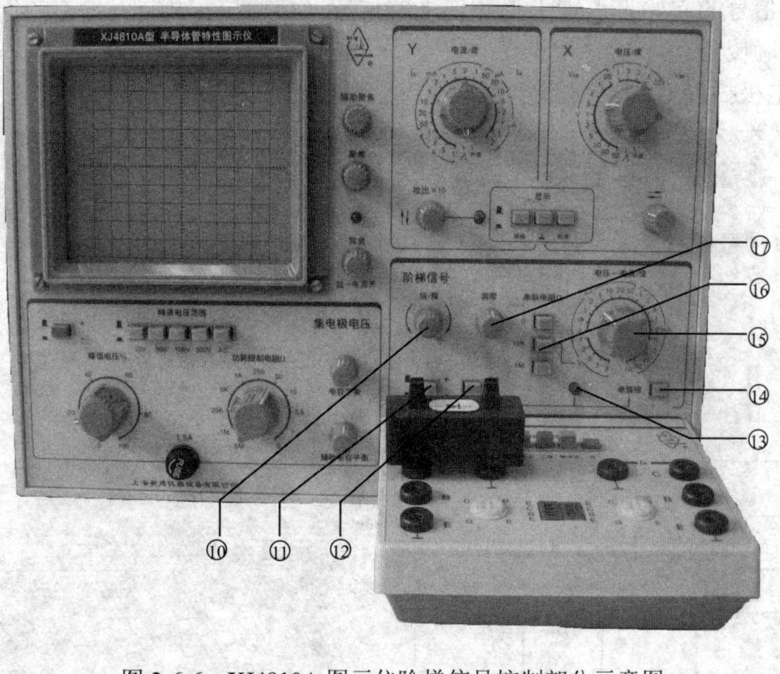

图 2-6-6　XJ4810A 图示仪阶梯信号控制部分示意图

⑩ 阶梯“级/簇”调节

调节阶梯信号的级数，可在 1～10 级范围内连续调节。

⑪ 阶梯极性选择开关

根据被测管的需要，选择阶梯信号的极性为“+”或“－”极性。

⑫ 重复、关开关

第二章　常用电子测量仪器的使用

重复：阶梯信号重复出现，进行正常测试。

关：　阶梯信号处于待触发状态。

⑬ 单簇按指示灯

单簇按动出现一次阶梯信号，曲线显示时指示灯亮。其他状态时指示灯不亮。

⑭ 单簇按开关

单簇的按动其作用是使预先调整好的电压（或电流）/级，出现一次阶梯信号后回到等待触发位置。因此可利用它的瞬间作用的特性来观察被测管的各种极限特性。

⑮阶梯信号选择开关

这是一个具有二十几挡两种作用的开关。分别为阶梯电流选择开关、阶梯电压选择开关。

⑯串联电阻选择开关

当阶梯选择开关置于电压/级的位置时，选择不同的串联电阻串接于被测管的输入电路中。一般为 0、10kΩ、1MΩ 共三挡。

⑰阶梯调零

未测试前，需首先调整阶梯信号起始级零电位的位置。其调整方法为，将 Y 轴置于 I_C 档，X 轴置 u_{BE} 挡，当荧光屏上出现基极阶梯信号后，将测试台的测试选择开关置“零电压”，记下光点停留在荧光屏上的位置（该点为阶梯零电位值）。然后复位，调节“阶梯调零”装置，使其阶梯信号的起始光点置于上述记下的位置（与原位置相同），这样阶梯信号的“零电位”即被准确校正。

（3）集电极扫描信号控制部分（如图 2-6-7 所示）

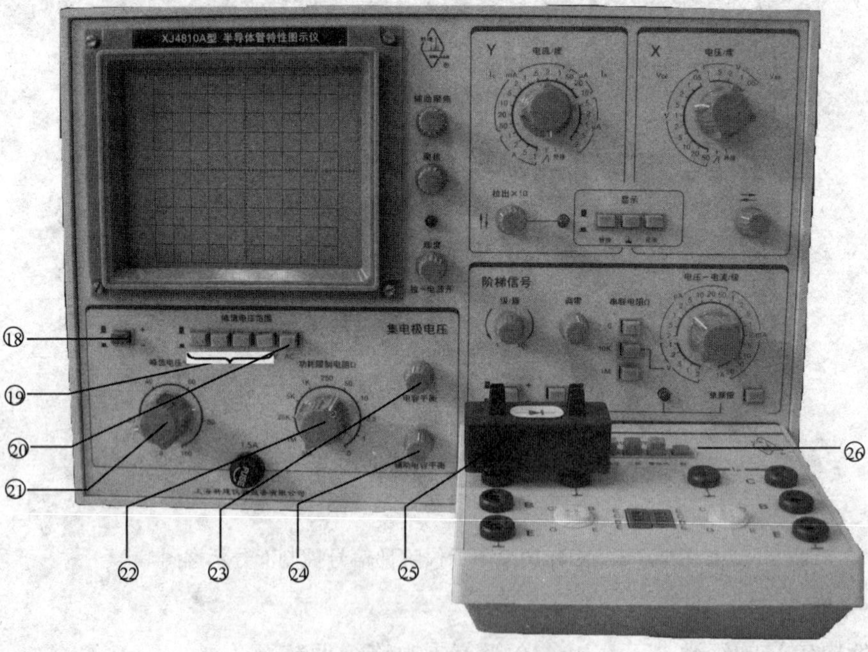

图 2-6-7　XJ4810A 图示仪集电极扫描信号及测试台控制部分示意图

⑱ 极性转换开关

转换集电极电压正、负极性的开关。根据被测晶体管的需要，选择极性“+”或“－”。

⑲ 峰值电压范围选择开关

它是选择集电极扫描峰值电压范围的开关。不同的峰值电压也有不同的峰值电流值。一般为 0～10V（5A）、0～50V（1A）、0～100V（0.5A）、0～500V（0.1A）等等。

⑳ 集电极电压扫描方向（单向/双向扫描）

按下“AC”，集电极电压双向扫描；否则，单向扫描。

㉑ 峰值电压百分比调节

峰值电压范围确定后，它可在此范围内进行连续可变调节。面板标值的百分值作为近似值，其准确读数应根据 *X* 轴偏转系数读测。

㉒ 功率限制电阻选择开关

它是选择串联在被测管集电极电路上限制超过功耗的电阻的开关。该电阻也可以作为被测半导体管集电极负载的电阻。选择不同的负载电阻阻值，可改变图示仪特性曲线簇的斜率。

㉓ 电容平衡

由于集电极电流输出端对地的各种杂散电容的存在（包括各种开关、功耗限制电阻、被测管的输出电容等），将形成电容性电流，而在电流取样电阻上产生电压降造成测量的误差。为了尽量减小电容性电流，测试前应调节电容平衡电位器，使容性电流减至最小状态。

㉔ 辅助电容平衡

对集电极变压器次级绕组对地电容的不对称，再次进行平衡调节。

（4）测试台控制部分（如图 2-6-7 所示）

㉕ 测试台转接口

方便二端器件的测试。

㉖ 测试台选择控制开关

其对应的选择开关一般有五种选择方式：

左：测左面被测管的曲线特性。

右：测右面被测管的曲线特性。

双簇：同时交替显示左、右两个被测管的曲线特性（便于配对使用）。

零电压：用来校正阶梯信号作电压源输出时其起始级的零电压，该钮按入时被测管的栅极接地。与“阶梯调零”配合，可以调整阶梯信号起始级零电位的位置（在⑰阶梯调零中已作介绍）。

零电流：零电流钮按入时，使被测管的基极处于开路状态。

三、YB4810A 半导体管特性图示仪介绍

1. YB4810A 晶体管特性图示仪主要技术指标

（1）Y 轴偏转系数：集电极电流范围为 10μA/div~0.5A/div，分 15 挡，误差不超过±5%；二极管反向漏电流 0.2μA/div~5μA/div，分 5 挡，2μA/div、5μA/div 误差不超过±5%，1μA/div 误差不超过±7%，0.5μA/div 误差不超过±10%，0.2μA/div 误差不超过±20%；外接输入为 0.1V/div，误差不超过±5%。

（2）*X* 轴偏转系数：集电极电压范围为 0.1V/div~50V/div，分 9 挡，误差不超过±5%；基极电压范围为 0.1V/div~5V/div，分 6 挡，误差不超过±5%；外接输入为 0.05V/div，误差

不超过±7%。

（3）阶梯信号：阶梯电流范围为 0.1μA/级~50mA/级，分 18 挡；1μA/级~50mA/级，误差不超过±5%，0.1μA/级误差不超过±7%；阶梯电压范围为 0.05V/级~1V/级，分 5 挡，误差不超过±5%；串联电阻 10Ω、10kΩ、0.1MΩ，分 3 挡，误差不超过±10%；每簇级数 4~10 级连续可调。

（4）集电极扫描电源：其峰值电压分为 0～5V、0～20V、0～100V、0～500V，4 挡连续可调；功耗限制电阻 0.5MΩ，分 11 挡，误差不超过±10%。

（5）其他参数：校正信号为 0.5Vp-p，误差不超过±2%（频率为市电频率），1Vp-p 误差不超过±2%（频率为市电频率）；电源电压为（220±10%）V；电源频率为（50±5%）Hz；视在功率在非测试状态约 50W；满功率测试状态约 80W。

2. YB4810A 晶体管特性图示仪面板及各部分功能说明

YB4810A 晶体管特性图示仪面板如图 2-6-8 所示。

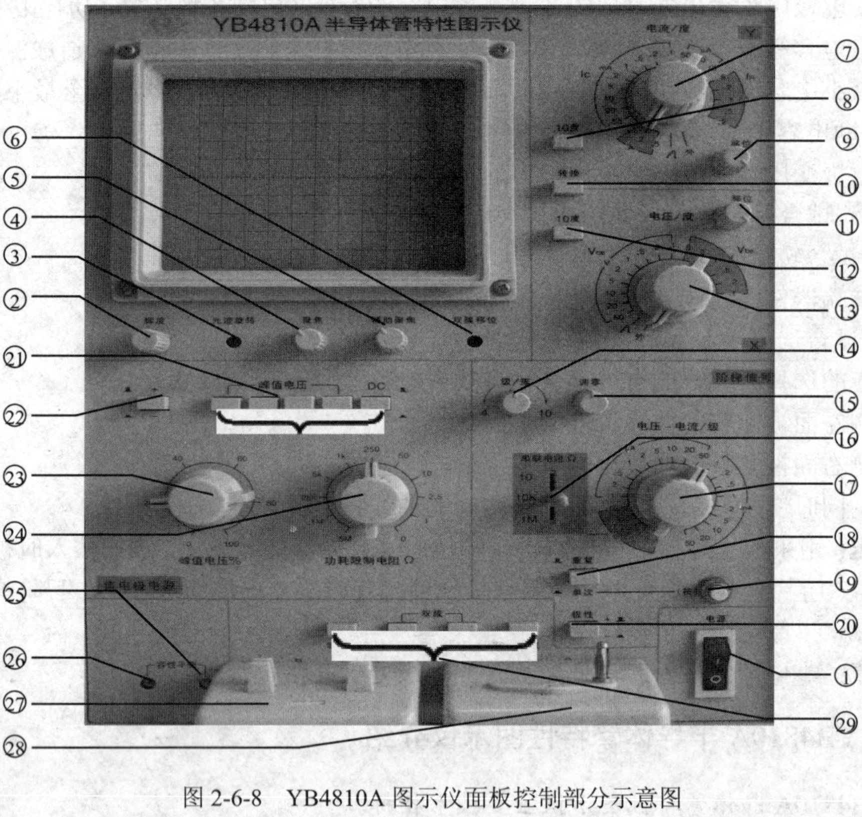

图 2-6-8　YB4810A 图示仪面板控制部分示意图

（1）电源及显示控制部分

① 电源开关以及电源指示灯

电源开关：用于接通和关断仪器的供电电源。

电源指示灯：红灯亮时，表示开机工作状态。

② 辉度

调节示波管栅极控制电压，用以改变荧光屏显示波形的明暗程度。

③ 发光迹旋转

当示波管屏幕上水平光迹与水平内刻度线不平行时，可调节该电位器使之平行。

④ 聚焦

改变示波管第三阳极电压使电子束聚焦。

⑤ 辅助聚焦

控制图示仪示波管另一聚焦极电压，与“聚焦”相互配合调节，使图像更清晰。

⑥ 双簇移位

可使二簇特性曲线显示在合适的水平位置上。

（2）*X*、*Y* 轴作用部分

⑦ *Y* 轴（电流/度）偏转系数开关

它是一种具有二十几挡、四种偏转作用的开关。分别为集电极电流 I_C 偏转系数开关、二极管反向电流 I_R 偏转系数开关、基极源（基极源电流或基极源电压）偏转系数开关、外接输入偏转系数开关。

⑧ *Y* 轴 10°校校正

校准电压接入 *Y* 轴放大器，以达到 10°校正。

⑨ *Y* 轴位移

调节 *Y* 轴放大器输出直流电平，以改变电子扫迹的垂直位置。

⑩ 转换

通过开关使放大器分差输入端信号相互转换，使图像在第Ⅰ、Ⅲ象限相互转换，便于 NPN 管转测 PNP 管。

⑪ *X* 轴位移

调节 *X* 轴放大器输出直流电平，以改变电子扫迹的水平位置。

⑫ *Y* 轴 10°校校正

校准电压接入 *Y* 轴放大器，以达到 10°校正。

⑬ *X* 轴（电压/度）偏转系数开关

它是一种具有十几挡、四种偏转作用的开关。分别为集电极电压 V_{CE} 偏转系数开关、基极电压 V_{BE} 偏转系数开关、基极源（基极源电流或基极源电压）偏转系数开关、外接输入偏转系数开关。

（3）阶梯信号控制部分

⑭ 阶梯“级/簇”调节

调节阶梯信号的级数，可在 4～10 级范围内连续调节。

⑮ 阶梯调零

未测试前，需首先调整阶梯信号起始级零电位的位置。其调整方法为，将 *Y* 轴置于 I_C 挡，*X* 轴置 V_{BE} 挡，当荧光屏上出现基极阶梯信号后，将测试台的测试选择开关置“零电压”，记下光点停留在荧光屏上的位置（该点为阶梯零电位值）。然后复位，调节“阶梯调零”装置，使其阶梯信号的起始光点置于上述记下的位置（与原位置相同），这样阶梯信号的“零电位”即被准确校正。

⑯ 串联电阻选择开关

当阶梯选择开关置于电压/级的位置时，选择不同的串联电阻串接于被测管的输入电路中。一般为 0、1kΩ、1MΩ 共三挡。

⑰ 阶梯信号选择开关

这是一个具有二十几挡两种作用的开关。分别为阶梯电流选择开关、阶梯电压选择开关。

⑱ 重复/单次开关

重复：阶梯信号重复出现，作正常测试。

单次：阶梯信号处于待触发状态。

⑲ 单次按开关

单次按动其作用是使预先调整好的电压（或电流）/级，出现一次阶梯信号后回到等待触发位置。因此可利用它的瞬间作用的特性来观察被测管的各种极限特性。

⑳ 阶梯极性选择开关

根据被测管的需要，选择极性“+”或“－”。

（4）集电极扫描信号部分

㉑ 峰值电压范围选择开关

它是选择集电极扫描峰值电压范围的开关。不同的峰值电压也有不同的峰值电流值。

一般为 0～5V（10A）、0～20V（1A）、0～100V（0.5A）、0～500V（0.1A）等等。

㉒ 极性转换开关

是转换集电极电压正、负极性的开关。根据被测晶体管的需要，选择极性“+”或“－”。

㉓ 峰值电压百分比调节

峰值电压范围确定后，它可在此范围内进行连续可变调节。面板标值的百分值作为近似值，其准确读数应根据 X 轴偏转系数读测。

㉔ 功率限制电阻选择开关

它是选择串联在被测管集电极电路上限制超过功耗的电阻的开关。该电阻也可以作为被测半导体管集电极负载的电阻。选择不同的负载电阻阻值，可改变图示仪特性曲线簇的斜率。

㉕ 容性平衡

由于集电极电流输出端对地的各种杂散电容的存在（包括各种开关、功耗限制电阻、被测管的输出电容等），将形成电容性电流，而在电流取样电阻上产生电压降造成测量的误差。为了尽量减小电容性电流，测试前应调节电容平衡电位器，使容性电流减至最小状态。

㉖ 辅助容性平衡

对集电极变压器次级绕组对地电容的不对称，再次进行电容平衡调节。

（5）测试台控制部分

㉗ A 测试台

左边测试台被称为 A 测试台，与㉙所指的 A 控制按键对应。

㉘ B 测试台

右边测试台被称为 B 测试台，与㉙所指的 B 控制按键对应。

㉙ 测试台控制开关

零电压：用来校正阶梯信号作电压源输出时其起始级的零电压，该钮按入时被测管的栅极接地。与“阶梯调零”配合，可以调整阶梯信号起始级零电位的位置（在⑮阶梯调零中已介绍）。

零电流：零电流钮按入时，使被测管的基极处于开路状态。

A、B 与双簇：按下 A，表示测左面被测管的曲线特性；按下 B，表示测右面被测管的曲线特性；同时按下 A 和 B，表示同时交替显示左右两个被测管的曲线特性（便于管子的配对测试）。

第三章　电子技术基础实验

3.1　直流稳压电源、数字万用表的使用

一、实验目的

1．了解直流稳压电源、数字万用表的基本原理及其性能指标。

2．掌握色环电阻的识别方法。

3．掌握直流稳压电源和数字万用表的正确使用方法。

4．掌握直流电压、电阻的测量方法。

二、实验预习与思考

1．阅读了解直流稳压电源、数字万用表的基本原理、面板的旋钮功能、性能指标。

2．色环电阻上面每环颜色含义是什么？每种颜色的含义是什么？电阻的阻值是任意的吗？实际电路中如何实现非标称值的电阻呢？

3．数字万用表的表笔线应该如何连接？

三、实验原理

1．直流稳压电源的基本原理和面板

直流稳压电源的基本原理和各个面板功能介绍请参考教材第二章2.2节，在此不再赘述。

2．万用表的基本原理和面板

万用表的基本原理和各个面板功能介绍请参考教材第二章2.1节，在此不再赘述。

3．色环电阻的识别

色环电阻的识别方法参考教材第一章1.1节，在此不再赘述。

四、测试方法

1．电阻的测试方法

用数字万用表测量电阻时，应首先确定黑表笔线接“COM”插孔，红表笔线接标识有电阻的插孔；测量时应避免双手同时捏住表笔与电阻，因为人体电阻会对导致错误的测量结果。如图所示3-1-1所示。

测量电阻读数是直接读数，但测量数值的单位是由量程确定，如选用200Ω的量程测量显示值为“198.2”表示所测量电阻的阻值为198.2Ω；如选用200k的量程测量显示为“198.2”，则表示被测电阻的阻值为198.2kΩ。

2. 直流电压的测试方法

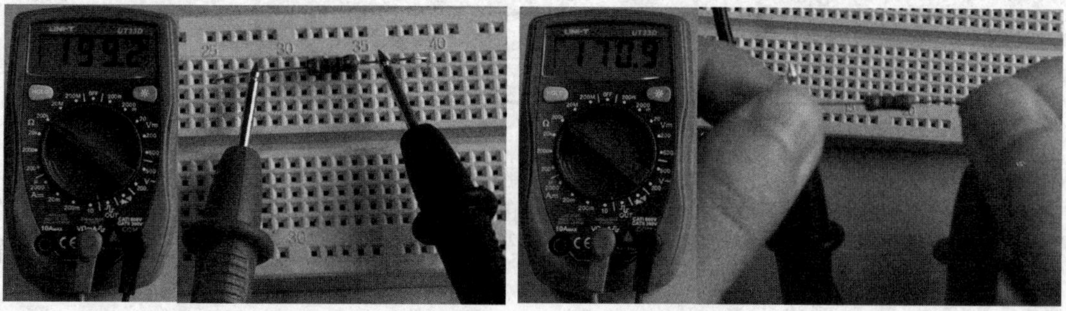

（a）正确测量方法　　（b）错误测量方式

图 3-1-1　万用表测量电阻示意图

用数字万用表测量直流电压时，首先应确认表笔线连接正确与否，黑表笔线应该接“COM”公用端，红表笔线应该接标识有测量电压的插孔；其次要确认万用表的量程应该在直流电压挡范围内；测量未知量值时应该从最大量程起测，然后根据所测数值选择最靠近且大于被测值的量程进行测量。数字万用表读数时是直接读数，若所测量的数值为正值，说明与万用表红表笔连接的端钮为高电位，黑表笔为低电位；反之亦然。

3. 直流电流的测试方法

测量电流时，首先注意电流表应串联在被测电路中；其次，一定要注意量程的选择、表笔线的接孔转换。否则，会烧掉保险，甚至损坏万用表。

4. 直流稳压电源的正确操作

1）打开电源开关，液晶显示部分会有显示。

2）将电流调节旋至最大，保证直流稳压电压源可以向负载提供最大功率。

3）调节电压调节旋钮，液晶的电压显示会随之改变。

4）预热 10 分钟后，便可正常使用。

5. 数字万用表的正确操作

1）打开电源开关，电源接通后液晶显示部分会有显示。

2）黑表笔线插入“COM”接孔，红表笔线插入“Ω”接孔。

3）将量程置于“通断”挡，两只表笔线短路连接，此时如果蜂鸣器鸣叫，液晶显示为“0”，则说明表笔线的正常，显示正常。

五、实验内容

（一）基本实验内容

1. 直流电压的测量

（1）用万用表判断直流稳压电源的输出端口。

图 3-1-2　直流稳压电源输出端钮

直流稳压电源每组输出有 3 个端钮，如图 3-1-2 所示，完成表 3-1-1，并根据测量结果指出哪两个端钮为直流电压的输出端钮。测试条件：直流稳压电源液晶显示输出 12V。

表 3-1-1　直流稳压电源的输出端钮电压值的测量

测量端口	"+"与"地"	"+"与"-"	"-"与"地"
测量值			

根据上表测量结果说明直流稳压电源的输出端为哪两个端钮。

（2）用万用表判断直流稳压电源组合串联的内部连接原理。

选择直流稳压电源工作在"组合串联"状态，完成表 3-1-2。测试条件，CH1 和 CH2 输出 12V。

表 3-1-2　用万用表判断直流稳压电源组合串联的内部连接原理

测量端口	CH1"+"与 CH2"+"	CH1"+"与 CH2"-"	CH1"-"与 CH2"+	CH1"-"与 CH2"-"
测量值				

请根据上表测量数据画出组合串联工作状态时 CH1 与 CH2 两组电源的串联原理图。

2. 电阻的识别与测量

识别并测量元件包中所有电阻的阻值。掌握色环电阻色环以及颜色的含义，并熟练掌握万用表测量电阻的方法，完成表 3-1-3。

表 3-1-3　识别并测量元件包中所有电阻的阻值

色环电阻颜色								
根据颜色判断阻值								
万用表测量值								
误差								

（二）扩展实验内容

用万用表的通断挡判断所有仪器电缆线的通断情况。

万用表红表笔线接电阻插孔，黑表笔线接"COM"插孔，万用表量程调至通断挡。当被测线断开时，万用表显示"1"溢出标志，表明所测试的电缆线内部断开；当被测试线通时，蜂鸣器鸣叫且液晶显示"0"，表明所测试的电缆线内部连接良好。要说明的是，是示波器所连接的探头由于有内部电容补偿电路，所以判断其通断的方法是将探头手柄的开关置于"x 1"，然后用 2000Ω 的电阻量程测量其阻值，如果显示为"百欧姆"量值，表明探头内部接触良好。

六、注意事项

1. 使用万用表测量电压时，应注意使万用表置于相应的量程。
2. 在测量电流时，应注意电流表应串联连接。
3. 仪器在使用时，一定要了解其频响范围，否则会造成错误的测量结果。

七、思考题

1．若要实现一组量值相等方向相反的正负电源应如何连接电源线？

2．根据基尔霍夫电压定律，任意数值的电压源可以串联连接。问直流稳压电源在组合工作状态下，CH1 和 CH2 能不能输出量值不等的两组电压源串联？若不能，请问如何实现两组量值不等的电压源的串联输出？

3．取 100kΩ 的电阻，试用手直接捏住表笔线与电阻的连接端，根据测量结果说明这样测量是否合理？为什么？

4．万用表测量数值和直流稳压电源显示数值之间有没有误差，若要合理避免这种仪器之间的系统误差，试问应该以万用表的测量值作为标称值还是直流稳压电源的显示值作为标称值呢？

八、实验器材

1．万用表一台

2．直流稳压电源一台

3.2 示波器的使用

一、实验目的

1．了解电子技术实验系统的基本组成部分。

2．了解示波器的基本原理及其性能指标。

3．掌握示波器面板旋钮的正确使用；掌握用示波器定量测量周期信号的方法；掌握示波器测量直流电压的方法。

二、实验预习与思考

1．阅读第二章示波器部分，熟悉示波器的基本原理、面板旋钮功能、性能指标。

2．示波器可以测试什么样的信号？其频响范围是多少？

3．你能想象直流电压的形状吗？

三、实验原理

1．电子技术实验系统的框图

基本的电子技术实验系统框图如图 3-2-1 所示，由被测网络、激励源、提供直流偏置的直流电源、测量仪器组成。在本门课程中，采用函数发生器作为激励；直流稳压电源提供直流偏置；用示波器、晶体管毫伏表、万用表等一些测量仪器测试激励或响应信号的参量。

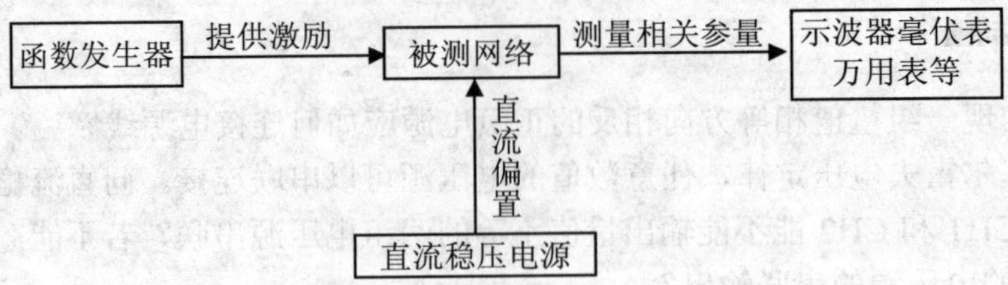

图 3-2-1　基本电子技术实验系统

2. 电缆线结构的介绍

实验室中配有两种与仪器相连的测量线，一种是示波器的 10:1 无源电压探头，一种是开路电缆，可用于其他的常用电子测量仪器；当测试低频信号时，开路电缆也可作为示波器的测量连接线，下面从结构上说明两者之间的异同，先介绍共同点。

探头和开路电缆与仪器相连的部分均称为 Q_9 插头。电缆线均为四层结构，如图 3-2-2 所示。最里面的是一个比较粗的铜导线，作为信号传输通路，连接到 Q_9 插头的探针；第 2 层是白色的聚合物，起绝缘作用；第 3 层是很细的铜线做成的网状层，起屏蔽抑制干扰的作用；最外层是一层黑色的绝缘封装层。

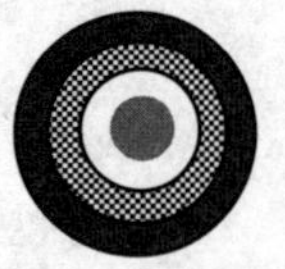

图 3-2-2　电缆线的四层结构

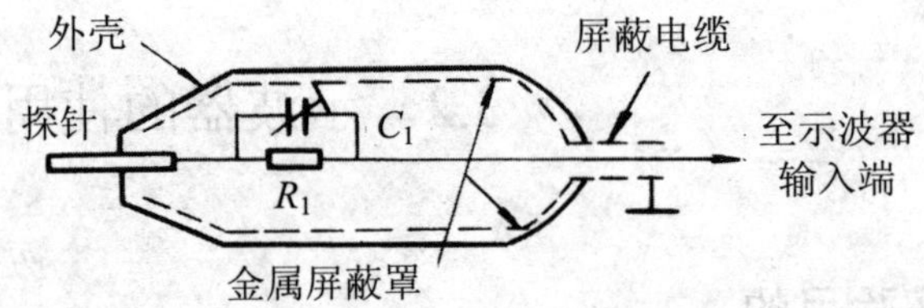

图 3-2-3　探头的结构

两者的不同之处在于测试端：开路电缆的测试端连接一对红黑鳄鱼夹，红色鳄鱼夹通过芯线与 Q_9 插头的探针连通；黑色鳄鱼夹通过屏蔽层与 Q_9 插头的外壳连通。而探头的测试端连接的是一个黑色鳄鱼夹和探头，探头的结构如图 3-2-3 所示。示波器输入电阻一般为 1MΩ，R_1 为探头内的串联电阻，通常为 9MΩ，C_1 为探头的分布电容和微调补偿电容，它们组成一个具有高频补偿的 *RC* 型 10:1 分压器。

所以无论是开路电缆还是探头，在使用黑鳄鱼夹须接电路的公共端钮；而开路电缆的红鳄鱼夹、探头的探探针在使用时是须接信号端。

3. 电子测量中"共地"的概念

保护接地是为防止绝缘损坏造成设备带电危及人身安全而将电气设备的外壳同地之间牢固连接的保护装置，它有接地与接零两种方式。保护接地的目的是为了使设备与大地之间有一条低阻抗的电流通路，以保证人身安全和设施的安全。任何高压电气设备及电子设备的机壳、底座均需要安全接地，以避免高电压直接接触机壳或避免由于内部绝缘损坏造成漏电打火使机壳带电，否则人体触及机壳就会触电。

信号接地就是在系统和设备之间，采用低阻抗的导线为各种电路提供具有共同参考电位的信号返回通路，使流经该地线的各电路信号电流互不影响。

与保护接地的目的不同，信号接地主要是为了消除外界或其他设备对本设备的干扰。电路及设备的各部分都连接到一个共同的等电位点或等电位面，以便有一个共同的参考电位，使各部分电路均执行其正常功能。

四、测试方法

1. 周期信号中周期（频率）和峰-峰值电压的测量方法

用示波器观测周期电压信号的波形时，应尽可能地放大波形：显示在荧光屏上的波峰高度应占 3 格以上，周期宽度应占 5 格以上。

（1）周期和频率的测量方法

读信号一个周期在荧光屏水平方向上所占的格数，记为 H_x（div），查看示波器扫描时间因数旋钮刻度槽所对应的位置，记为 X（sec/div），周期可确定为

$$T = H_x(\text{div}) \cdot X(\text{sec/div})$$

频率可由周期的倒数确定。

（2）电压的测量方法

读信号的波峰到波谷在荧光屏垂直方向上所占的格数，记为 H_y（div），读出垂直灵敏度旋钮刻度槽所对应的位置，记为 Y（volts/div），峰-峰值可确定为

$$u_{pp} = H_y(\text{div}) \cdot Y(\text{volts/div})$$

2. 周期电压波形的定量测量方法

定量的记录波形时，应记录一个完整的周期，并标明坐标、坐标含义、原点、刻度、单位，如图 3-2-4 示例。

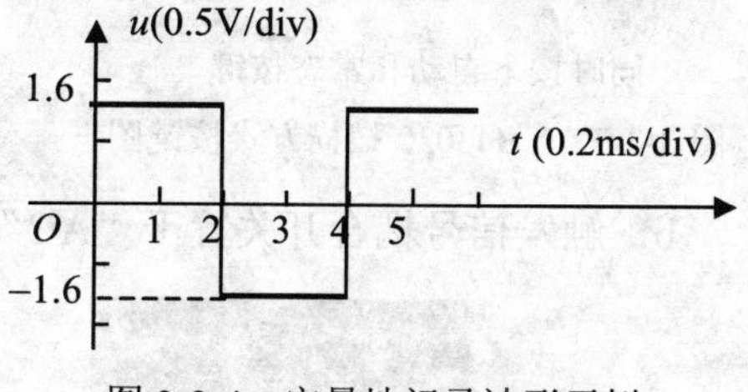

图 3-2-4　定量地记录波形示例

3. 含有直流分量周期电压信号的定量测试方法

含有直流分量的周期信号在测量时，首先应将示波器的垂直耦合方式置于接地（GND），此时示波器的扫描时基线便是零电位线，零电位在荧光屏上的位置可根据垂直位移旋钮确定。零电位的位置确定后，将示波器的垂直耦合开关置于 DC 耦合，其直流分量的大小可由以下公式求解：

$$U_{\text{直流}} = \frac{u_{max} + u_{min}}{2}$$

波形示例如图 3-2-5 所示。

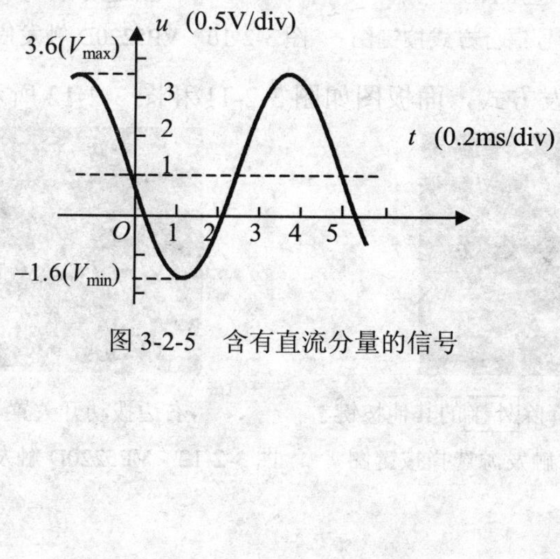

图 3-2-5　含有直流分量的信号

4. 示波器测量直流电压的测试方法

通过前面的学习，我们知道直流电压可以用万用表测量也可以用和示波器测量。

示波器测量直流电压时，首先将垂直通道的耦合方式需置于接地GND耦合，此时，荧光屏上的水平时基线即测量时的零电位线，可使用垂直位移旋钮调节零基线的位置。确定了零基线后，将垂直耦合方式置于DC耦合，可读出时基线上移或下移的格数，该格数乘以垂直灵敏度即为直流电压的大小，如图3-2-6所示。

图 3-2-6　直流电压的测量

5. 示波器正常操作方法

1）按下电源开关，电源指示灯亮，预热10分钟后，即可进行测试。

2）调节出水平时间基准线

a．将水平面板的扫描方式置于自动扫描，触发电平置于锁定状态。面板图如图3-2-7和图3-2-8所示。

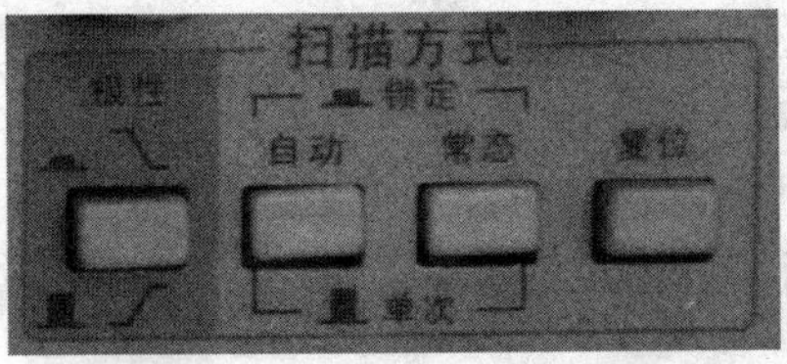

同时按下自动和常态按键

图 3-2-7　YB43020 扫描方式按键图

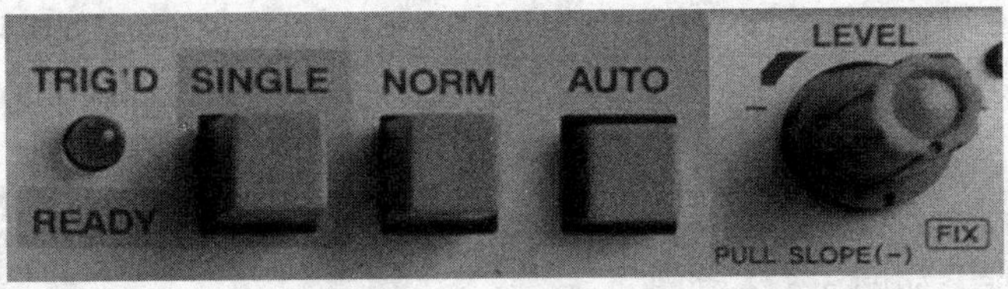

按下 AUTO　且　LEVEL 右旋至 FIX

图 3-2-8　VP5220D 扫描方式按键和电平旋钮图

b．触发信号耦合开关置于“AC”耦合，面板图如图3-2-9和图3-2-10所示。

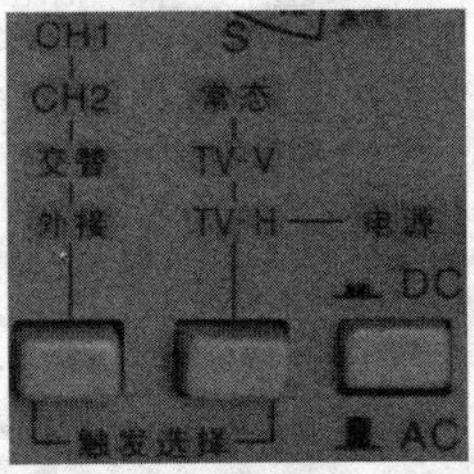

最右边按键选择AC

图 3-2-9　YB43020 触发信号耦合方式按键图

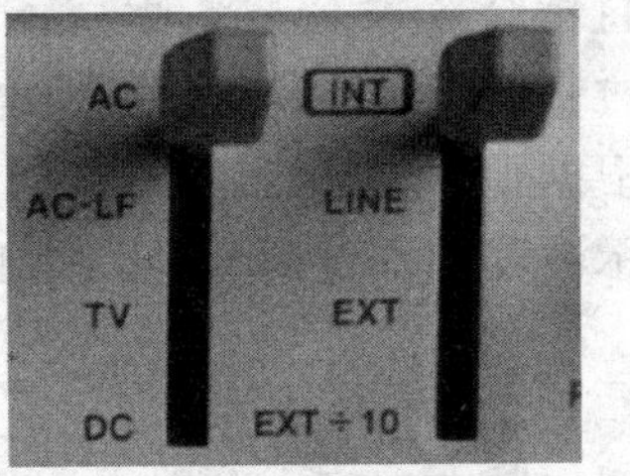

左边拨动开关置于AC

图 3-2-10　VP5220D 触发信号耦合方式按键图

c．触发源选择内触发方式，面板图如图3-2-11和图3-2-12所示。

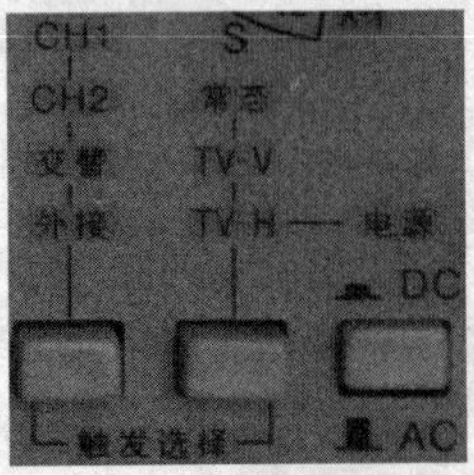

选择常态，并选择除外接的其他按键

图 3-2-11　YB43020 触发源选择按键图

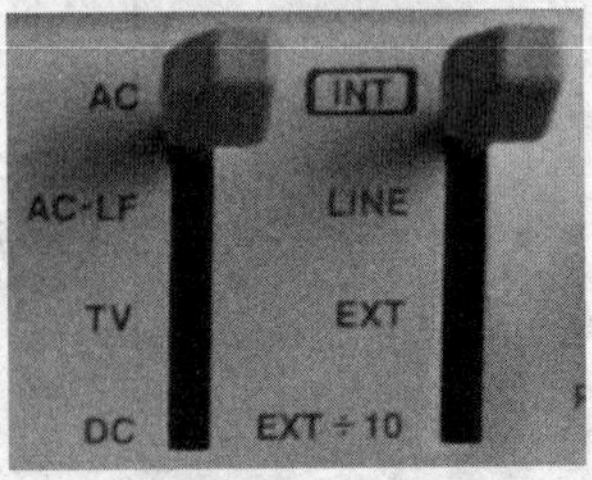

右边拨动开关置于INT

图 3-2-12　VP5220D 触发源选择图

d．将水平面板的水平位移旋钮和 Y 通道的垂直位移旋钮居中，确保看到完整的水平时间基准线。

3）显示部分调节

a．调节辉度旋钮，以观察到光点或光迹亮度舒适为宜。

b．调节聚焦和辅助聚焦旋钮，使得光点尽可能地小，或者光迹尽可能地细。

c．检查示波器的探头是否连接在标识有“CH1”或“CH2”的 Q9 输入端口，并确保探头连接良好。

五、实验内容

（一）基本实验内容

示波器校准信号的测量：

示波器的校准信号是由示波器内部电路产生的一个占空比为 50%的方波，其目的是为了让维护人员对面板的波段开关进行校准。此处测量校准信号目的是为了熟悉示波器的面板。

测试示波器的校准信号，比较 AC 和 DC 耦合下的区别，完成表 3-2-1。

表 3-2-1　示波器校准信号的测量

参数	测量值	波形（定量）
垂直灵敏度（volts/div）		
波峰-波谷所占格数		
峰-峰电压 u_{pp}		
直流分量 $U_{直流}$		
时间因数（sec/div）		
一个周期所占格数		
周期		

（二）扩展实验内容

1. 示波器测量直流电压

用示波器测量直流稳压电源的输出，定量地画出输出波形。测试条件：直流稳压电源输出 12V 电压。

测量时，应先将示波器的耦合方式至于 GND，确定零电压在荧光屏的位置，然后将示波器的探头接直流稳压电源的输出端口，示波器的耦合方式切换至 DC，调节示波器的灵敏度旋钮，即可看观测到直流电压波形。

2. 万用表测量示波器校准信号的直流分量

用万用表测量示波器校准信号的直流分量的大小 $U_{直流}$=________V。

六、注意事项

示波器在进行定量测试时，垂直灵敏度微调和扫描速度微调旋钮应置于校准位置。

七、思考题

1．示波器检测校准信号，调出完整的波形，将示波器的垂直灵敏度调高，再高，再高，请问看到什么现象？若将水平时间因数旋钮旋高，看到什么现象？（说明：数值越小，灵敏度越高。）

2．观测直流电压波形时，若垂直灵敏度过高会看到什么现象？

八、实验器材

示波器一台

万用表一个

3.3　函数发生器、晶体管毫伏表的使用

一、实验目的

1．了解函数发生器、晶体管毫伏表的基本原理及其性能指标。

2．熟悉函数发生器、晶体管毫伏表的面板旋钮及正确使用方法。

3．进一步掌握周期信号波形的定量测试方法，掌握示波器测量交流信号中直流分量的方法。

4．掌握交流信号有效值的测试方法。

二、实验预习与思考

1．阅读理解函数发生器的基本原理、面板旋钮的功能、仪器的性能指标。

2．函数发生器可以输出哪些波形？其频响范围是多少？函数发生器能够输出直流电压吗？能输出含有直流分量的交流信号吗？

3．晶体管毫伏表可以测量什么样的信号？其测试的结果是有效值还是振幅？晶体管毫伏表的频响范围是多少？

4．数字万用表能不能测量函数发生器所输出的交流信号？为什么？数字万用表能测量函数发生器输出的直流分量吗？

三、实验原理

1．函数发生器的基本原理和面板

函数发生器的基本原理和面板功能介绍请参考教材第二章 2.4 节。

2．晶体管毫伏表的基本原理和面板

晶体管毫伏表的基本原理和面板功能介绍请参考教材第二章 2.5 节。

3．电子测量中“共地”的概念

上次实验中有关“共地”的概念，请同学们再熟悉。

四、测试方法

1．本实验中涉及的测试方法有：周期信号的定量测量与波形的定量手绘、含有直流分量的周期信号的定量测量，3.2 中均已作详细讲解，在此不再赘述。

2．函数发生器的操作方法：

1）打开电源开开关，电源接通后液晶显示会有显示，预热 10 分钟。

2）关掉“计数器”部分所有的指示。

3）检查输出电缆线是否连接在标识有“50Ω”的 Q9 输出端口。

4）关掉波形对称旋钮，关掉直流偏移旋钮。

5）将 20dB 和 40dB 的衰减按键弹起来。查看电压幅度是否可调。

6）查看频率是否可调。

五、实验内容

（一）基本实验内容

1．周期信号的定量测量

熟悉函数发生器和示波器的面板旋钮，用示波器测量函数发生器的输出波形，定量地绘制波形，完成表 3-3-1。

表 3-3-1　周期信号的测量

信号	波形（定量）
正弦波（f=10kHz、u_{pp}=3V、$U_{直流}$=−1.5V）	
三角波（f=5kHz、u_{pp}=4V、$U_{直流}$=1V）	
方波（f=1kHz、u_{pp}=3V、$U_{直流}$=−1V）	

2．函数发生器输出范围的测量

通过函数发生器的电压幅度旋钮以及 20dB 与 40dB 两个幅度扩展按键的使用，同学们能够从函数发生器的幅度液晶显示直观地观测到函数发生器的输出幅度范围；请用晶体管毫伏表测量函数发生器的输出幅度范围，测试条件：f=1kHz、输出为正弦波，完成表 3-2-2。

表 3-3-2　函数发生器输出范围的测量

输出波形	输出频率	输出最大时 U_{omax}	输出最小时 U_{omin}
正弦	f=1kHz		

（二）扩展实验内容

了解电子测量仪器的频率响应范围：

该内容主要目的是根据测试结果加深对示波器、晶体管毫伏表、数值万用表的性能指标——频响范围的了解。用函数发生输出峰峰值为 8V 的正弦信号，在不同的频率下，分别用示波器、晶体管毫伏表、万用表去测量，完成表 3-3-3。

表 3-3-3 电子测量仪器频响范围的测量

测试条件（正弦波）	示波器（V）	晶体管毫伏表（V）	万用表（V）
400Hz			
10kHz			
400kHz			
2MHz			

六、注意事项

1. 在定量测试时，所有仪器的地线应该和地线相连，信号线和信号线相连。
2. 晶体管毫伏表在使用时，尽可能地保证指针大于三分之二偏转时读数。

七、思考题

1. 在用示波器观察正弦信号时，因面板旋钮使用不当，示波器荧光屏显示如图 3-3-1 所示现象或波形，你能分析出是因为哪些面板使用不当造成的吗？

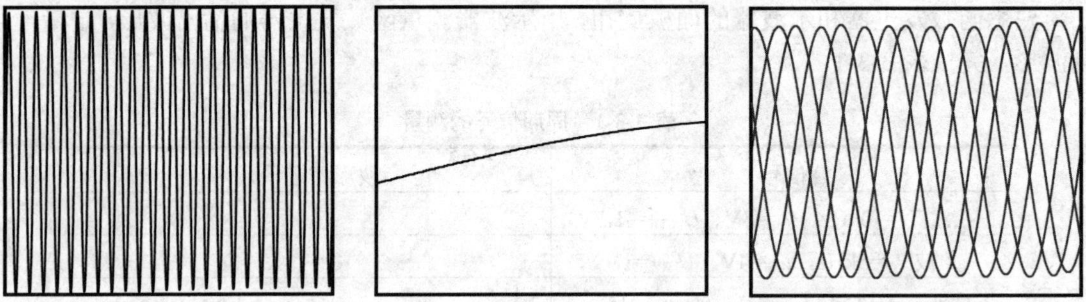

（a） （b） （c）

图 3-3-1 示波器面板使用不当时，观测波形图

2. 示波器在观测波形时，当垂直耦合方式置于 AC 耦合时，可以看到完整的波形，而置于 DC 耦合时，示波器显示波形却消失了，为什么？

3. 函数发生器的频率范围选择 10k 的指示灯亮，液晶显示频率数值为 1.0312，请问此时函数发生器的输出频率为多少？

4. 若要求函数发生器输出的振幅为 0.5V，而输出幅度旋钮已经旋至最小，函数发生器显示和示波器测量幅度均大于 0.5V，请问应该调节函数发生器的哪里，可以得到 0.5V 输出？

5. 函数发生器输出正弦波，液晶显示输出幅度为 2.82V，可是用晶体管毫伏表测量出的幅度为 1V，请问测量结果正确吗？为什么？

八、实验器材

1. 示波器一台
2. 函数发生器一台
3. 晶体管毫伏表一台

3.4　叠加定理的验证

一、实验目的

1．进一步掌握直流稳压电源和万用表的使用方法。

2．掌握直流电压和直流电流的测试方法。

3．进一步加深对叠加定理的理解。

二、实验预习与思考

1．叠加定理中，某一源单独作用时，其他源应置零。问实验中如何实现电压源置零？可否将电压源直接短路？

2．对于非线性电路，叠加定理可否成立？

3．请自拟电路实现叠加定理的验证，并自拟表格记录数据。

4．面包板的哪些孔之间是连接的？哪些孔之间断开的？

三、实验原理

1．叠加定理

叠加定理指出，全部电源在线性电路中产生的任一电压或电流，等于每一个电源单独作用产生的相应电压或电流的代数和。

如图 3-4-1（a）所示的电路，电路中的各支路电流、电压等于图 3-4-1（b）中 u_{1S} 单独作用产生的电流、电压与图 3-4-1（c）中 u_{2S} 单独作用产生的电流、电压的代数和。

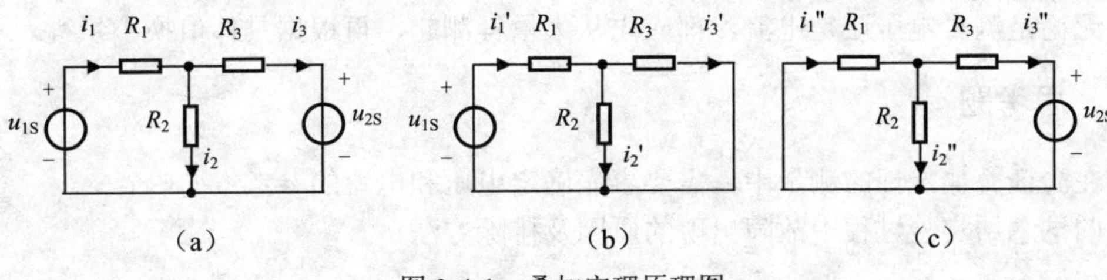

图 3-4-1　叠加定理原理图

2．面包板的识别

面包板背面绝缘胶皮撕开后，金属铜片的连接如图 3-4-2 所示，从图中可以清晰地看出来面包正面的孔与孔之间的连、断关系。

图 3-4-2　面包板背面金属弹片连接图

四、测试方法

直流电压、电流的测试方法在本章的上个实验中已有介绍，在此也不再赘述。

五、实验内容

（一）基本实验内容

叠加定理的验证：

根据元件包中所提供元件，自拟实验电路，在面包板上实现实验电路的搭建；并根据自拟的实验电路设计表 3-4-1，记录相关数据，验证叠加定理。

表 3-4-1　叠加定理的验证

参数	I_{R1}	I_{R2}	I_{R3}	U_{R1}	U_{R2}	U_{R3}
U_{S1} 单独作用						
U_{S2} 单独作用						
共同作用时的测量值						
验证叠加定理						

（二）扩展实验内容

根据上表中的数据验证基尔霍夫定理。

六、注意事项

1．在验证叠加定理时，电压源不能直接置零，而应用短路线替代电压源，否则可能会损坏直流稳压电压。

2．在测试电流时，电流表应串联在电路中，否则会损坏电流表。

3．无论是测量电压还是电流，都应先从大量程测起，再根据具体值换小量程。

七、思考题

1．在验证叠加定理的测量中，需要事先确定电压和电流的参考方向吗？

2．归纳总结实验过程中故障出现的原因及排除方法。

八、实验器材

1．直流稳压电源一台

2．万用表一只

3．面包板一个

4．电阻、电位器、导线若干

3.5　一阶电路时域响应的测量

一、实验目的

1．进一步掌握一阶 *RC* 电路的零输入响应，零状态响应和全响应。

2．掌握一阶电路的时间常数的测量方法。

3．进一步掌握示波器、函数发生器的使用方法。

4．掌握示波器的双踪观测方法，以及双踪状态下，波形的手绘方法。

二、实验预习与思考

1．能不能加直流激励用手动开关实现三种状态响应波形的观测？如果不行，用什么样的激励信号能够实现暂态响应波形的观测？

2．激励信号的周期、电路的时间常数以及三种状态响应之间有什么样的关系？

三、实验原理

描述含有储能元件的电路方程为微分方程。用一个一阶微分方程描述的电路，称为一阶电路，典型的一阶电路为 *RC* 和 *RL* 电路。

1．零状态响应

储能元件的初始状态为零，仅仅由激励引起的响应，称为零状态响应。如图 3-5-1 所示的电路，电路达到稳态，$t = 0$ 时，开关换路至 1 端，$t \geqslant 0$ 后，电路的响应为零状态响应，电容电压的响应为

$$u_C(t) = U_S\left(1 - e^{\frac{-t}{\tau}}\right) \qquad t \geqslant 0$$

式中，$\tau=RC$ 称为时间常数，τ 反映了电容充放电的快慢，经过 5τ 后，电容电压可充至电源电压的 99.3%，因此工程上认为经过 5τ 后充电结束。电容的电压响应是随指数规律上升的充电波形，如图 3-5-2 所示。

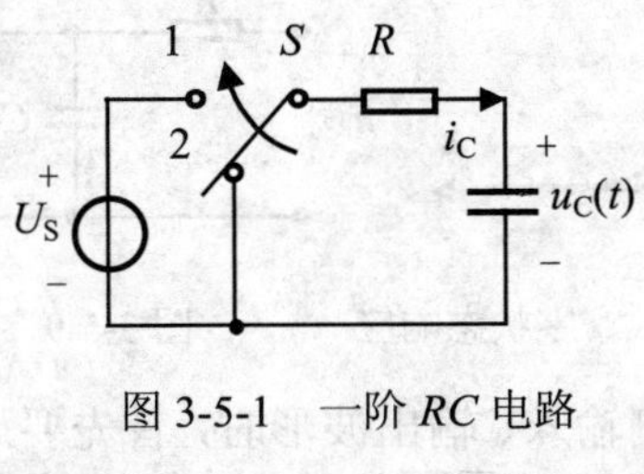

图 3-5-1　一阶 *RC* 电路

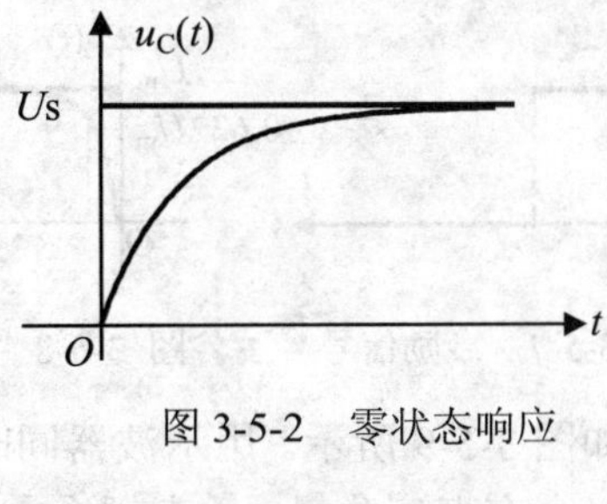

图 3-5-2　零状态响应

2．零输入响应

仅仅由储能元件的初始状态引起的响应为零输入响应。如图 3-5-3 所示电路，电路达到稳态，$t=0$ 时，开关换路至 2 端，$t \geqslant 0$ 后，电路的响应为零输入响应，电容的电压响应为：

第三章　电子技术基础实验

$$u_C(t)=U_S e^{\frac{-t}{\tau}} \qquad t\geqslant 0$$

电容的电压响应是随指数规律下降的放电波形，如图 3-5-4 所示。

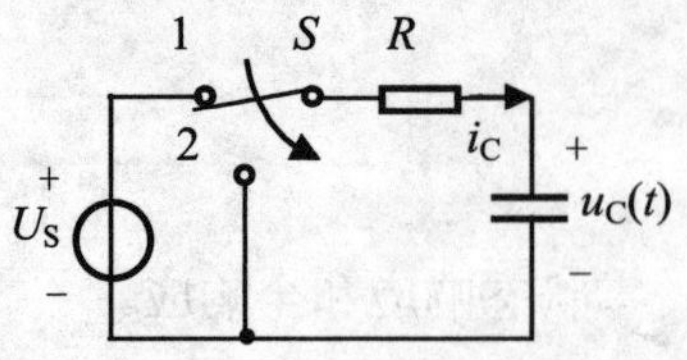

图 3-5-3　一阶 *RC* 电路

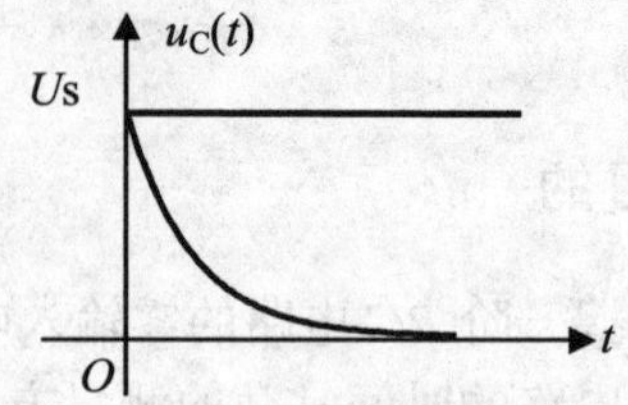

图 3-5-4　零输入响应

3. 全响应

由储能元件的初始状态和激励共同引起的响应，称为全响应。如图 3-5-5 所示的电路，电路达到稳态，$t = 0$ 时，开关换路至 1 端，$t\geqslant 0$ 后，电路的响应为全响应，电容的电压响应为

$$u_C(t)=(U_0-U_S)e^{\frac{-t}{\tau}}-U_S \qquad t\geqslant 0$$

电容的电压响应波形如图 3-5-6 所示。

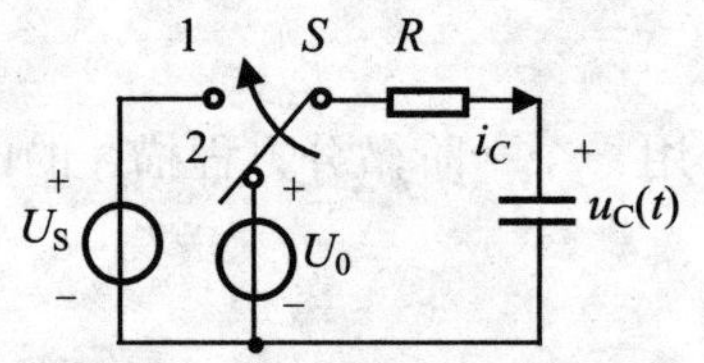

图 3-5-5　一阶 *RC* 电路

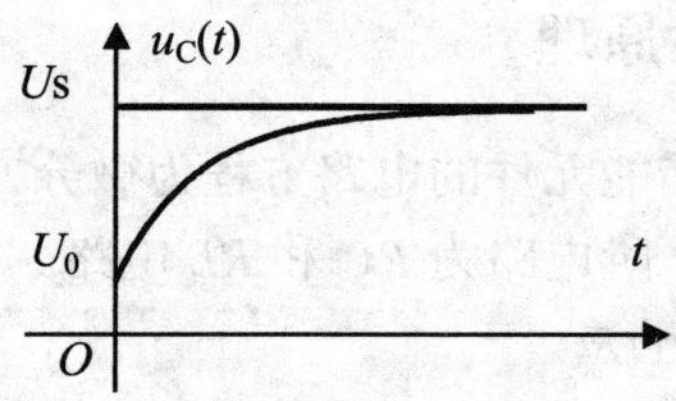

图 3-5-6　全响应

四、测试方法

1. 零输入响应和零状态响应的测试

为了用示波器观测稳定的一阶电路暂态响应波形，将直流电源激励改成如图 3-5-7 所示的方波信号，该方波信号含有峰值大的直流分量。可以理解成，正半周期时，相当于有直流激励，下降沿时相当于开关动作，负半周期时，相当于无直流输入。因此当方波信号的周期 $T\geqslant 10\tau$ 时，可通过示波器观测到电容电压的零输入和零状态响应，如图 3-5-8 所示。

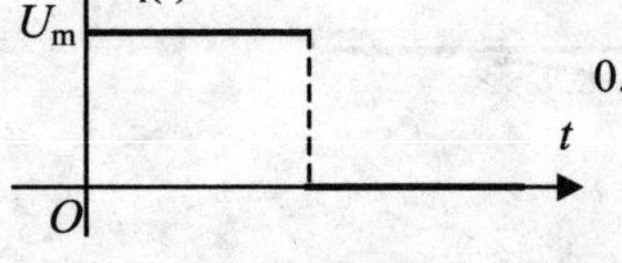

图 3-5-7　激励信号

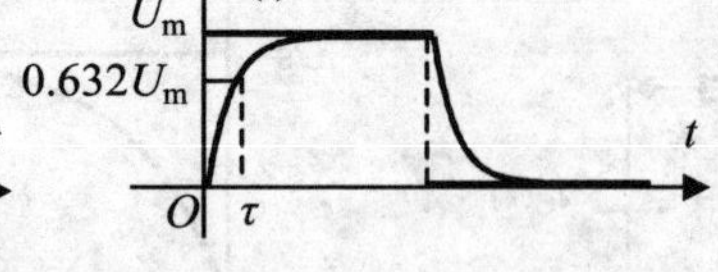

图 3-5-8　零输入、零状态响应

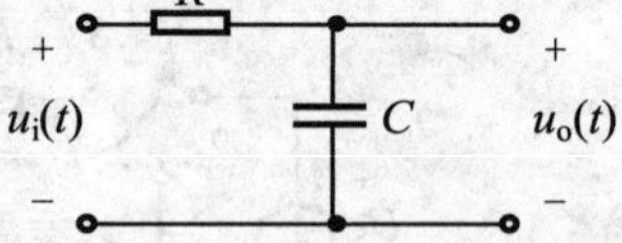

图 3-5-9　测试电路

测试电路如图 3-5-9 所示。用示波器同时观测输入、输出波形时，首先要选择双踪显示；其次要注意波形含有直流分量，垂直耦合方式应该选用 **DC** 耦合，并先确定好零基线在荧光屏上的位置。要强调的是不可以单踪观测一个波形，再单踪观测另一个波形后，将其记录在同一坐标系下，这种记录出的波形不能如实反映出两者之间的相位关系。

2. 全响应的测试

若取方波信号的周期 $T=2\tau$ 时，可通过示波器观测到电容电压的零输入和全响应，如图 3-5-10 所示。

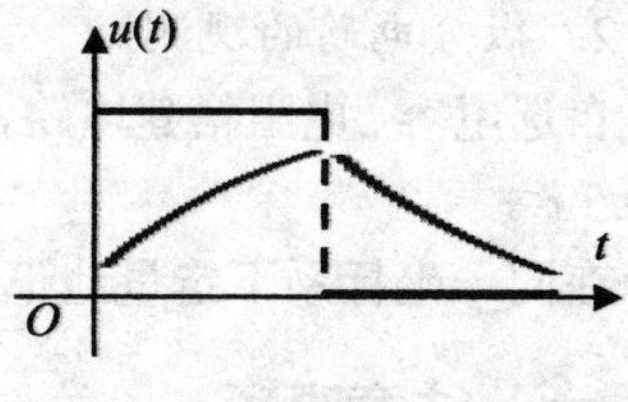

图 3-5-10　零输入、全响应

3. 时间常数 τ 的测试

电容充电经过一个时间常数 τ，可充至稳态的 63.2%，经过一个时间常数 τ 可放掉 63.2%。因此可根据充放电电压的大小，从零输入、零状态波形上测试出时间常数 τ，如图 3-5-8 所示。

在测量时间常数 τ 时，应尽可能地将波形在水平通道上拓展放大观测，并将示波器水平通道的触发电平旋钮打开，调节其触发电平，确保能够观测到 0～τ 的这段完整又放大的曲线，保证测量结果的正确性。

4. 微分电路的测试

RC 电路中，以电阻两端的电压作为输出，当方波的周期 $T \gg \tau$ 时，可实现近似的微分运算，如图 3-5-11 所示。

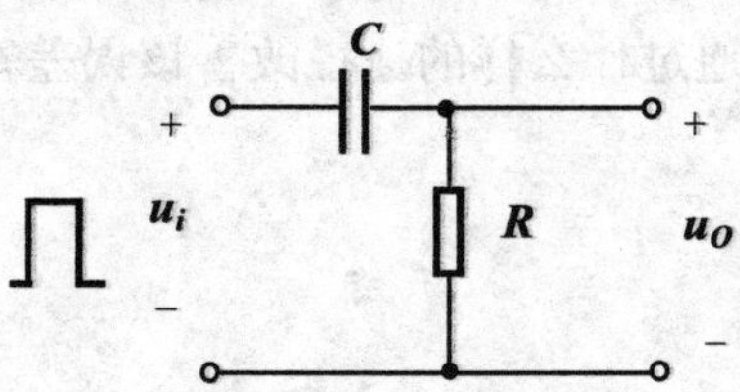

图 3-5-11　微分电路

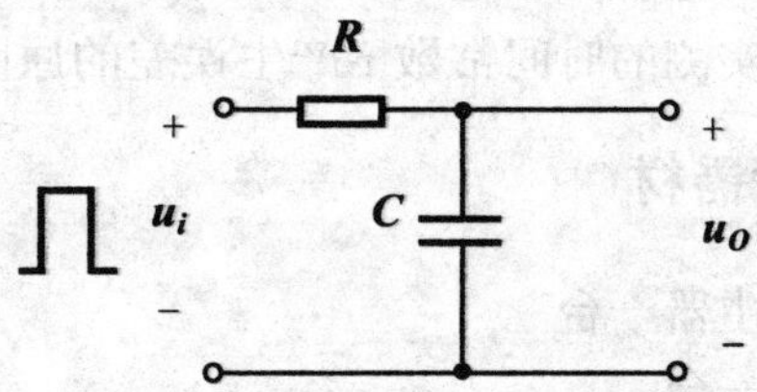

图 3-5-12　积分电路

5. 积分电路的测试

RC 电路中，以电容两端的电压作为输出，当方波的周期 $T \leqslant \tau$ 时，可实现近似的积分运算，如图 3-5-12 所示。

五、实验内容

（一）基本实验内容

1. 零输入响应和零状态响应的测量

自选电容、电阻搭建如图 3-5-9 所示电路，观测零输入和零状态响应波形。输入条件为：方波信号，幅值 U_{PP}=4V，直流分量 $U_{直}$=2V，$T=10\tau$。

在同一坐标系下定量地记录激励和电容电压响应的波形，并根据波形测出时间常数 τ。

2. 全响应的测量

自选电容、电阻搭建电路，观测全响应波形。输入条件为：方波信号，幅值 U_{PP}=4V，直流分量 $U_{直}$=2V，$T=2\tau$。

在同一坐标系下定量地记录激励和电容电压响应的波形。

（二）扩展实验内容

1. 积分电路的观测

自选电容、电阻搭建电路，观测积分电路的波形。输入条件为：方波信号，幅值 U_{PP}=4V，$T=0.5\tau$。

在同一坐标系下定量地记录激励和电容电压响应的波形。

2. 微分电路的观测

自选电容、电阻搭建电路，观测电阻的电压波形。输入条件为：方波信号，幅值 U_{PP}=4V，T=0.5 τ 。

在同一坐标系下定量地记录激励和电阻电压响应的波形。

六、注意事项

1. 由于信号源含有 50Ω 内阻，在选取参数时，不能取大电容、小电阻（如 R=100Ω，C=0.1μF）。

2. 双踪观测激励和响应波形时，务必将两个通道的零基线调重合，且应选择 DC 耦合方式观测波形。

七、思考题

1. 若选取大电容、小电阻（如 R=100Ω，C=0.1μF），会出现什么现象？试分析原因。
2. 试分析实测的时间常数 τ 产生误差的原因，可以通过什么样的途径改善该误差？

八、实验器材

1. 函数发生器一台
2. 示波器一台
3. 电阻、电容、导线若干
4. 面包板一个

3.6 串联 *RLC* 电路时域响应的测试

一、实验目的

1. 进一步掌握二阶 *RLC* 串联电路暂态响应的基本规律和特点。
2. 研究二阶 *RLC* 串联电路参数对响应的影响。
3. 进一步掌握示波器、函数发生器的使用方法。

二、实验预习与思考

1. 对于 *RLC* 串联电路，当元件满足什么样的关系时，可实现欠阻尼、过阻尼暂态波形的观测？

2. 为了用示波器观测欠阻尼和过阻尼响应，给 *RLC* 串联电路什么样的激励信号？该激励信号的周期对响应有没有影响？

3. 请自拟电路实现欠阻尼和过阻尼的响应波形的观测，并自拟表格记录数据。

三、实验原理

可以用一个二阶微分方程描述的电路称为二阶电路。对于如图 3-6-1 所示的二阶 RLC 串联电路，根据基尔霍夫电压定律可得以 $u_C(t)$ 为变量的微分方程为

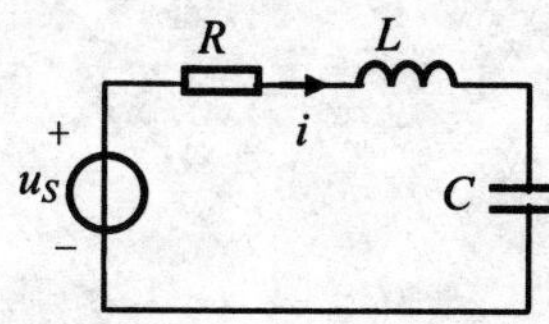

图 3-6-1　二阶 RLC 串联电路

$$LC\frac{d^2u_C}{dt^2}+RC\frac{du_C}{dt}+u_C=u_S$$

若输入为零，即为零输入响应，电路方程为

$$LC\frac{d^2u_C}{dt^2}+RC\frac{du_C}{dt}+u_C=0$$

电路的特征方程为　$LCP^2+RCP+1=0$

其解为　$$P_{1,2}=-\frac{R}{2L}\pm\sqrt{(\frac{R}{2L})^2-\frac{1}{LC}}$$

$P_{1,2}$ 是特征方程的根，由电路的结构和参数决定，称为电路的固有频率。当电路参数 R、L、C 取值不同时，电路的固有频率可能出现三种情况：

（1）当 $R>2\sqrt{\frac{L}{C}}$ 时，电路的固有频率是两个不相等的负实数，响应是非振荡性的，称为过阻尼情况。

（2）当 $R=2\sqrt{\frac{L}{C}}$ 时，电路的固有频率是两个相等的负实数，响应处于临界状态，称为临界阻尼情况。

（3）当 $R<2\sqrt{\frac{L}{C}}$ 时，电路的固有频率是共轭复数，响应将形成衰减振荡，称为欠阻尼情况。可表示为

$$P_{1,2}=-\frac{R}{2L}\pm\sqrt{(\frac{R}{2L})^2-\frac{1}{LC}}=-\alpha\pm j\sqrt{\omega_0^2-\alpha^2}=-\alpha\pm j\omega_d$$

其中：$\alpha=\frac{R}{2L}$ 称为衰减系数；

$\omega_0=\frac{1}{LC}$ 称为谐振角频率；

$\omega_d=\sqrt{\omega_0^2-\alpha^2}$ 称为阻尼振荡角频率。

上述三种情况输出的电压 $u_C(t)$ 的波形图如图 3-6-2 所示。

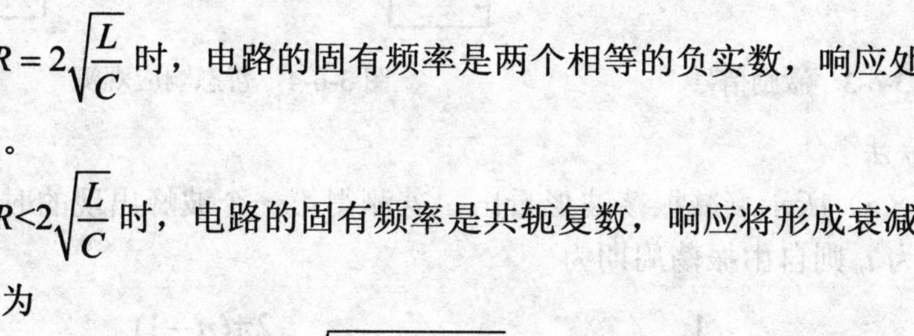

（a）欠阻尼响应　　（b）临界阻尼响应

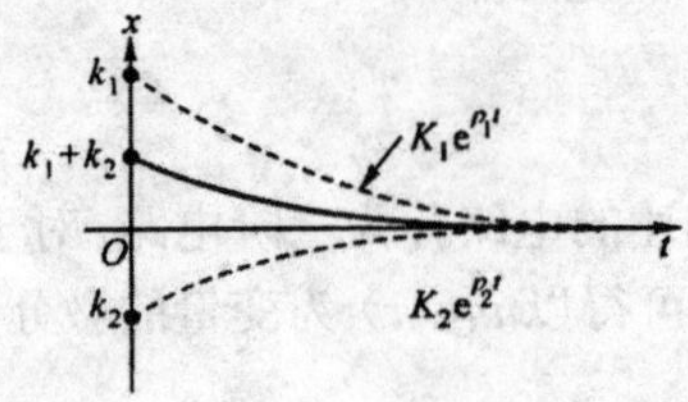

（c）过阻尼响应

图 3-6-2　二阶电路的暂态响应波形

四、测试方法

为了用示波器观测到稳定的二阶暂态响应，将直流电源激励改成如图 3-6-3 所示的方波信号，该方波信号含有峰值大的直流分量。可以理解成，正半周期时，相当于有激励，负半周期时，相当于无输入。当方波信号的周期 $T \geqslant 10/\alpha$ 时，可通过改变电路中电阻 R 大小，在示波器观测到二阶电路的过阻尼和欠阻尼响应。测试电路如图 3-6-4 所示。

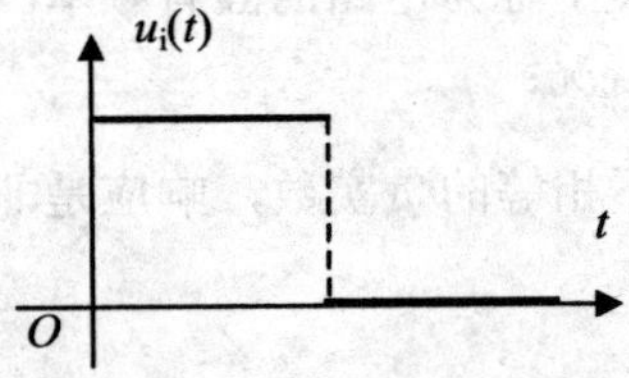

图 3-6-3　激励信号

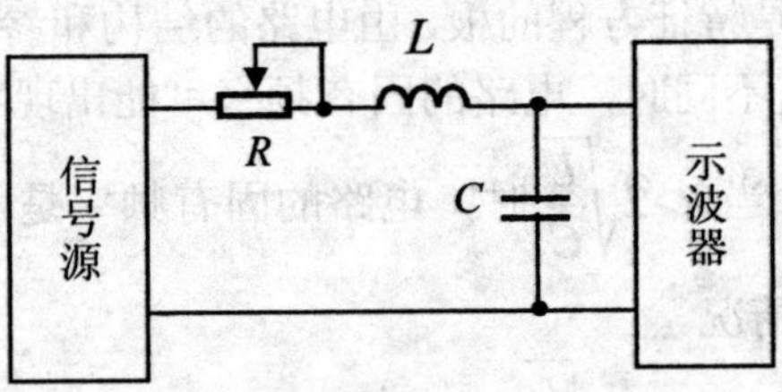

图 3-6-4　暂态响应观测

1. ω_d 的测量方法

如图 3-4-2 中（a）所示衰减振荡波形看出，若测得第一个波峰出现的时间为 t_1，第 n 个波峰出现的时间为 t_n 则自由振荡周期为

$$T_d = \frac{t_n - t_1}{n-1}，频率为\ f_d = \frac{1}{T_d}，角频率为\ \omega_d = 2\pi f_d = \frac{2\pi(n-1)}{t_n - t_1}$$

2. α 的测量方法

设测得第一个正向峰值为 U_{m1}，第 n 个正向峰值为 U_{mn}，由于

$$U_{m1} = Ue^{-\alpha t_1} \quad 而 \quad U_{mn} = U_m e^{-\alpha t_n}$$

$$故\ \frac{U_{mn}}{U_{m1}} = e^{-\alpha(t_n - t_1)} \quad 即\ \ \alpha = \frac{1}{t_n - t_1}\ln\frac{U_{m1}}{U_{mn}}$$

五、实验内容

（一）基本实验内容

自选元件，搭建如图 3-6-4 所示的电路，观测二阶 RLC 串联电路的过阻尼和欠阻尼响应曲线。测试条件：输入方波，幅值 U_{PP}=4V，f=500Hz。

（1）调节 R 使示波器的荧光屏上显示过阻尼的波形，并绘出 $u_c(t)$的波形。

（2）调节 R 使示波器的荧光屏显示欠阻尼的波形，测出 α 和 ω_d，并绘出 $u_c(t)$的波形。

（二）扩展实验内容

观察二阶 RLC 串联电路的三种不同状态下的状态轨迹。

实验电路如图 3-6-5 所示，其中，信号源提供方波。画出三种不同响应时的状态轨迹。

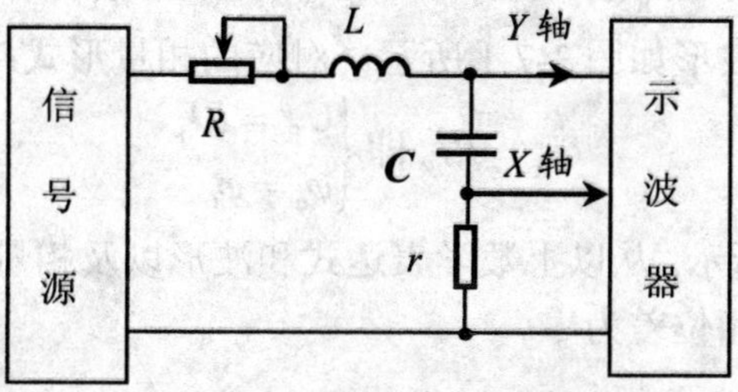

图 3-6-5　状态轨迹的观测

六、注意事项

1．在自拟实验电路时，衰减系数 α 不宜过大，否则看不到明显的振荡现象。
2．激励信号的周期与衰减系数 α 之间应满足 10 倍的关系。

七、思考题

1．在观察欠阻尼响应时，如何使得显示波形同步稳定？
2．输入方波信号的周期和响应有没有关系，如何选取合适的周期？

八、实验器材

1．函数发生器一台
2．示波器一台
3．电阻、电容、电感、导线若干
4．面包板一个

3.7　正弦稳态时 R、L、C 电压电流相位关系的测试

一、实验目的

1．进一步理解正弦稳态电路中 R、L、C 元件的电压电流关系。
2．掌握相位差的测试方法。
3．进一步熟练掌握示波器、函数发生器的使用方法。

二、实验预习与思考

1．复习正弦稳态电路中 R、L、C 的电压电流关系？
2．在正弦稳态电路，如何测量流过某个元件的电流？

三、实验原理

1. *R* 电压电流的相位关系

当电阻工作在正弦稳态时，在关联参考方向下，电阻的电压电流关系为

$$u_{\mathrm{R}}(t)=R\,i_{\mathrm{R}}(t)=RI_{1\mathrm{m}}\cos(\omega t+\varphi_1)$$

电阻电压电流的瞬时波形如图 3-7-1 所示。对应的相量形式：

$$\dot{U}_{\mathrm{R}}=R\dot{I}_{\mathrm{R}}\ \text{即}\begin{cases}U_{\mathrm{R}}=RI_{\mathrm{R}}\\ \varphi_{\mathrm{u}}=\varphi_{\mathrm{i}}\end{cases}$$

其相量图如图 3-7-2 所示。从以上数学表达式和波形以及相量图中均可看出，电阻电压、电流同相，即电压电流的相位差为零。

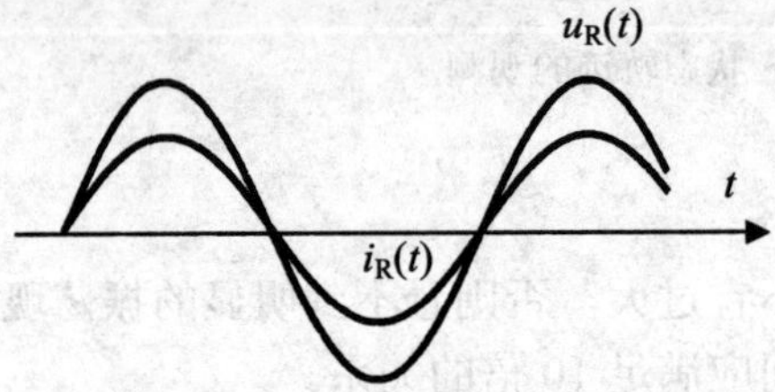

图 3-7-1　电阻电压电流波形

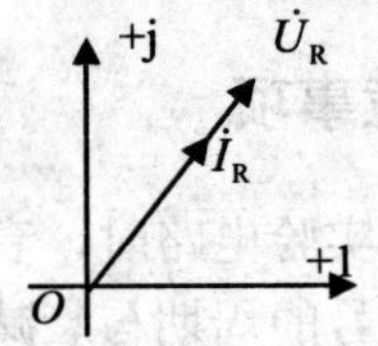

图 3-7-2　电阻 VCR 的相量图

2. *L* 电压电流的相位关系

当电感工作在正弦稳态时，在关联参考方向下，电感的电压电流相量关系为

$$\dot{U}_{\mathrm{L}}=\mathrm{j}\omega L\dot{I}_{\mathrm{L}}$$

因此其幅度和相位关系分别为

$$\begin{cases}U_{\mathrm{L}}=\omega LI_{\mathrm{L}}\\ \varphi_{\mathrm{u}}=\varphi_{\mathrm{i}}+\dfrac{\pi}{2}\end{cases}$$

从上式中可以看出，电感的电压比电流超前 90°，相量图如图 3-7-4 所示。其瞬时函数可表示为

$$i_{\mathrm{L}}(t)=\frac{I_{\mathrm{Lm}}}{\omega L}\cos(\omega t+\varphi_{\mathrm{u}}-90^{\circ})$$

电感电压电流的波形如图 3-7-3 所示。

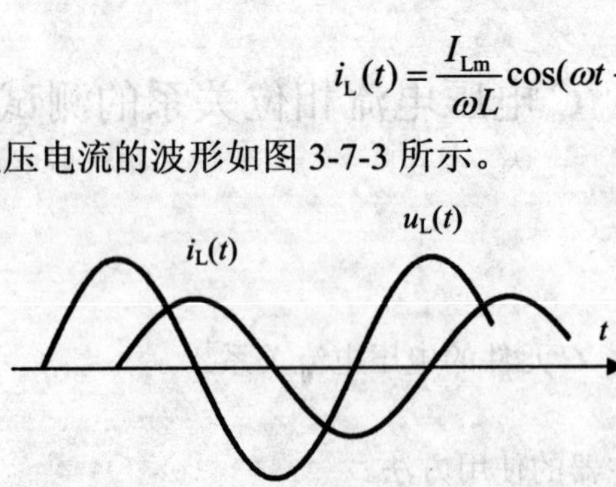

图 3-7-3　电感电压电流的波形图

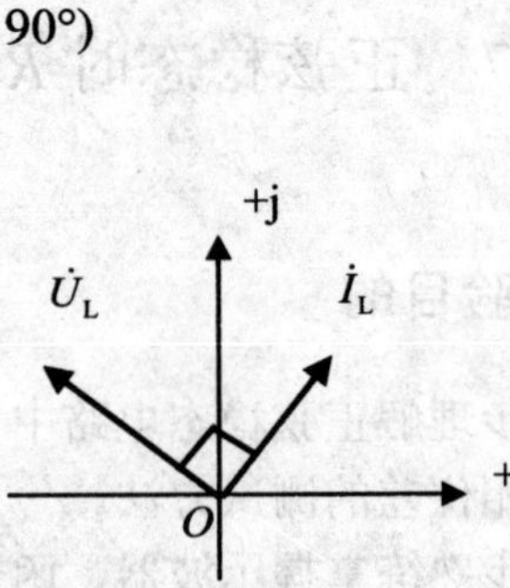

图 3-7-4　电感 VCR 的相量图

3. *C* 电压电流的相位关系

当电容工作在正弦稳态时，在关联参考方向下，其电压电流相量关系为

$$\dot{U}_C = \frac{1}{j\omega C}\dot{I}_C$$

因此其幅度和相位关系分别为

$$\begin{cases} U_C = \dfrac{1}{\omega C} I_C \\ \varphi_u = \varphi_i - \dfrac{\pi}{2} \end{cases}$$

从上式中可以看出，电容的电压比电流滞后 90°，相量图如图 3-7-6 所示。其瞬时时间函数可表示为

$$i_C(t) = \omega C I_{Cm}\cos(\omega t + \varphi_u + 90°)$$

电感电压电流的波形如图 3-7-5 所示。

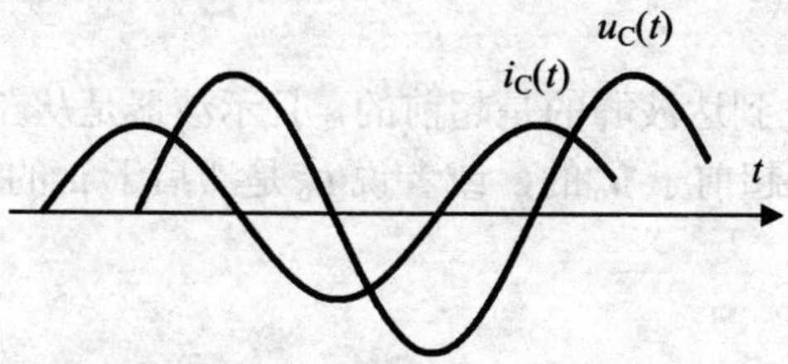

图 3-7-5　电容电压电流的波形图

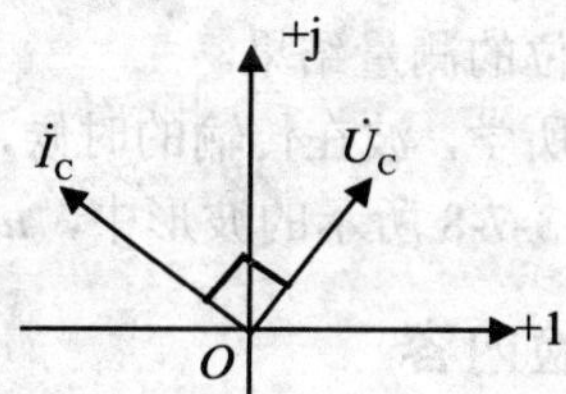

图 3-7-6　电容 VCR 的相量图

四、测试方法

1. 电压电流相位关系的测试方法

示波器无法直接测量流过 R、L 或 C 的电流。在实验中，可采用间接测试的方法，即在测试电路中串联一个电流取样电阻，如图 3-7-7 所示中的 R_0。由于电流取样电阻与被测元件串联，因此电流取样电阻上的电流与被测元件的电流相同，而电阻元件两端的电压与流过电流同相，因此，从相位关系上看，取样电阻两端的电压的相位与流过被测元件的电流相同；而当选取的电流取样电阻阻值足够小时，取样电阻上的分压远远小于被测元件两端的电压，可以忽略。换句话说，可以认为输入电压全部降在被测元件两端，因此，被测元件两端电压就约等于输入电压。从相位关系上分析，图 3-7-7 中 CH1 的波形放映的是被测元件的电压相位，CH2 的波形反映的是被测元件的电流相位。

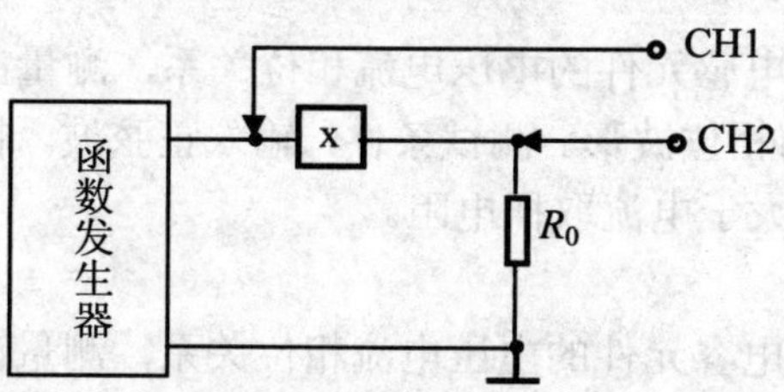

图 3-7-7　测试原理图

2. 相位差的测量方法

用示波器测量相位差的方法有两种：截距法和李沙茹法，大家在物理实验中学习过后者，因此这里只介绍截距法测量相位差。

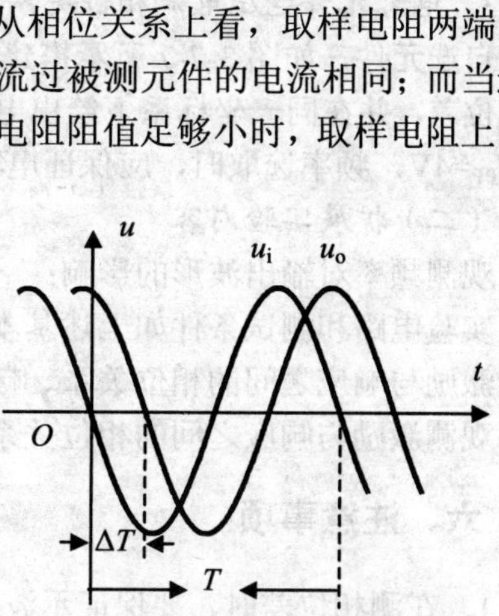

图 3-7-8　相位差的测量方法

先将示波器的两个通道的零基线与荧光屏的横坐标调重合，在非交替触发扫描的情况下，双踪同时观测激励和响应波形，可观测到如图 3-7-8 所示的波形。从图中可以测量出输入或输出的周期为 T、输入比输出超前的时间 ΔT，一个周期对应的角度为 360°，则输入、输出的相位差根据比例关系可求出：

$$\frac{T}{360^\circ}=\frac{\Delta T}{\varphi}\Rightarrow\varphi=\frac{\Delta T}{T}\times360^\circ$$

其中，T 是一个周期在水平通道所占的格数与水平扫描速度的乘积，ΔT 是二者之间超前或滞后的格数与水平扫描速度的乘积，因此上式中可以简化成：

$$\varphi=\frac{\Delta X}{X}\times360^\circ$$

所以，在用截距法测量相位差时，垂直灵敏度微调旋钮和水平时间因数微调旋钮均可打开，不影响相位的测量结果。

根据物理所学，波在传输的时候，先到达波峰的是超前的，且示波器是从左向右扫描显示的，因此图 3-7-8 所示的波形中，u_i 是超前于 u_o 的，或者说 u_o 是滞后于 u_i 的。

五、实验内容

（一）基本实验内容

1. 电阻元件电压电流相位关系的测试

自选元件，如图 3-7-7 所示搭建测试电路，测试电阻元件的电压电流相位关系，测量出该相位差，并在同一坐标系下定量地绘出电阻电压与电流的相位波形。测试条件：输入正弦波，幅值 U_{PP}=4V，频率自选。

2. 电感元件电压电流相位关系的测试

自选元件，如图 3-7-7 所示搭建测试电路，测试电感元件的电压电流相位关系，测量出该相位差，并在同一坐标系下绘出电感电压与电流的相位波形。测试条件：输入正弦波，幅值 U_{PP}=4V，频率选取时，应保证电感器件的感抗远大于电流取样电阻。

3. 电容元件电压电流相位关系的测试

自选元件，如图 3-7-7 所示搭建测试电路，测试电容元件的电压电流相位关系，测量出该相位差，并在同一坐标系下绘出电容电压与电流的相位波形。测试条件：输入正弦波，幅值 U_{PP}=4V，频率选取时，应保证电容器件的容抗远大于电流取样电阻。

（二）扩展实验内容

观测频率对输出波形的影响：

实验电路和测试条件如上述基本实验内容 3 中，若将函数发生器提供的激励频率增大，观测激励与响应之间的相位关系、响应的幅度有无变化。若将函数发生器提供的激励频率减小，观测激励与响应之间的相位关系、响应的幅度有无变化。试分析原因。

六、注意事项

1. 在测相位差时，要保证示波器两个通道的零基线与荧光屏的横坐标重合。

2. 注意取样电阻、激励频率的合理选取。

七、思考题

1．测量相位差时如果示波器两个通道的零基线没有重合，测出来的相位差正确吗？能测出正确结果吗？如何测量？

2．测量相位差时，如果将水平时间因数旋钮或者垂直灵敏度旋钮打开，会影响测量的结果吗？

八、实验器材

1．晶体管毫伏表一台
2．示波器一台
3．电阻、电容、电感、导线若干
4．面包板一个

3.8　一阶 *RC* 低通无源滤波器的设计与测试

一、实验目的

1．了解 *RC* 低通无源滤波器的频率特性。
2．掌握频率特性测试曲线的点频测试方法。
3．进一步掌握示波器、函数发生器、晶体管毫伏表的使用方法。
4．掌握一阶 *RC* 低通无源滤波电路的设计方法。

二、实验预习与思考

1．如何用电阻和电容构成具有低通无源滤波特性的电路？
2．无源低通滤波电路的通频带和电路参数之间有怎样的关系？
3．设计要求：

设计一个截止频率为 16kHz 的一阶低通 *RC* 无源滤波电路，画出电路图，给出参数的求解推导过程，以及最终选择的元器件参数。

三、实验原理

1．一阶 *RC* 无源低通滤波器

如图 3-8-1 是一阶 *RC* 串联电路，若以电容两端的电压作为输出，电路具有低通的滤波特性。电路的网络函数——电压转移比：

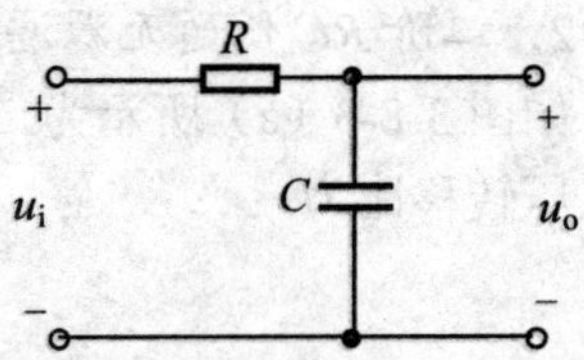

图 3-8-1　*RC* 低通滤波器原理图

第三章　电子技术基础实验

$$H(\mathrm{j}\omega)=\frac{\dot{U}_{\mathrm{o}}}{\dot{U}_{\mathrm{i}}}=\frac{\dfrac{1}{\mathrm{j}\omega C}}{R+\dfrac{1}{\mathrm{j}\omega RC}}=\frac{1}{1+\mathrm{j}\omega RC}$$

$$=\frac{1}{\sqrt{1+(\omega RC)^2}}\angle-\arctan\omega RC=\left|H(\mathrm{j}\omega)\right|\angle\varphi(\omega)$$

从上式中可以看出，H（jω）除了和电路结构及元件参数有关以外，还和 ω 有关，是 ω 的函数。

其中，$\left|H(\mathrm{j}\omega)\right|=\dfrac{1}{\sqrt{1+(\omega RC)^2}}$，电压转移比的模是 ω 的函数，称为电路的幅频特性。

$\varphi(\omega)=-\arctan\omega RC$ 电压转移比的幅角也是 ω 的函数，称为电路的相频特性。

令 $\omega_{\mathrm{C}}=\dfrac{1}{RC}$，则 $\left|H(\omega)\right|=\dfrac{1}{\sqrt{1+(\dfrac{\omega}{\omega_{\mathrm{C}}})^2}}$，$\varphi(\omega)=-\arctan\dfrac{\omega}{\omega_{\mathrm{C}}}$

电路的幅频特性和相频特性统称电路的频率特性。将网络函数的模随频率的变化特性在幅度—频率平面上描绘出来，称为幅频特性曲线；将网络函数的幅角随频率的变化特性在相位—频率平面上描绘出来，称为相频特性曲线。一阶 *RC* 低通滤波电路的幅频特性曲线如图 3-8-2（a）所示，其相频特性曲线如图 3-8-2（b）所示。

从图 3-8-2（a）可看出，当输入信号的频率 ω=0（即 DC 信号）、输入为 1V 时，输出 1V；当输入信号的频率 $\omega=1/RC$、输入为 1V 时，输出为 0.707V；当输入信号的频率 $\omega>>\omega_{\mathrm{C}}$、输入为 1V 时，输出趋于 0V。

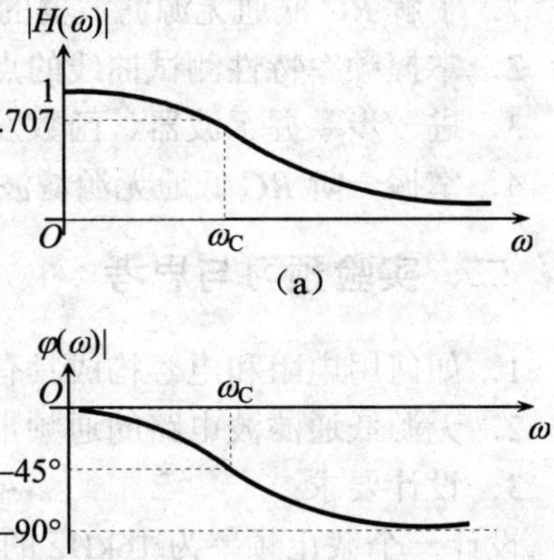

图 3-8-2　一阶低通滤波器频率特性曲线

以上分析说明频率较低的信号，可顺利通过该电路，频率较高的信号被衰减被抑制。因此工程上称为“低通滤波器”。具体讲，该电路是一阶 *RC* 低通滤波电路。

对于滤波器，工程上定义当激励幅值不变，频率变化使得功率正好下降到 0.5 倍，即输出电压的幅度刚好衰减到最大输出幅度的 0.707 时，所对应的频率为截止频率。该一阶 *RC* 无源滤波电路的固有频率 ω_{C} 为正好是截止频率。滤波器中能通过的信号频率范围称为滤波器的通频带。因此一阶 *RC* 低通的通频带为 0~ω_{C}。

2．二阶 *RC* 低通无源滤波器

如图 3-8-3（a）所示为二阶低通滤波器的原理图，根据分压公式可求出该电路的传输函数电压转移比为

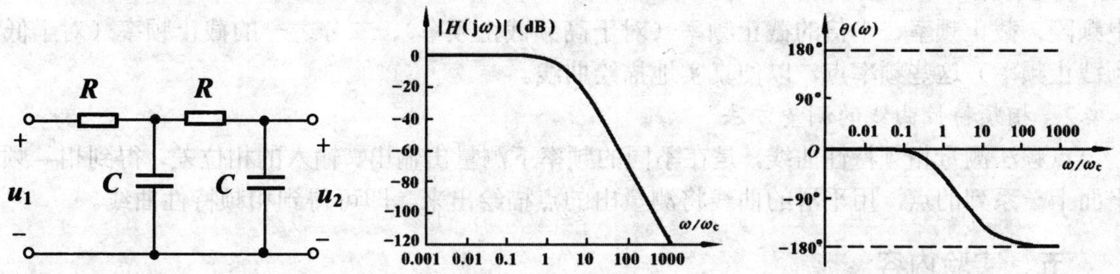

（a）原理图　　（b）幅频特性曲线　　（c）相频特性曲线

图 3-8-3　二阶 *RC* 低通滤波器

$$H(\omega)=\frac{\dot{U}_2}{\dot{U}_1}=\frac{1}{1-\omega^2R^2C^2+\mathrm{j}3\omega RC}=\left|H(\omega)\right|\angle\varphi(\omega)$$

其中：$\left|H(\omega)\right|=\dfrac{1}{\sqrt{(1-\omega^2R^2C^2)^2+9\omega^2R^2C^2}}$；

$$\varphi(\omega)=-\arctan(\frac{3\omega RC}{1-\omega^2R^2C^2})；$$

令 $\tau=RC$、$\left|H(\omega)\right|=\dfrac{1}{\sqrt{2}}=0.707$ 时，可求 ω_C。

$$\therefore\omega_C=\frac{1}{2.6724RC}=\frac{0.3742}{\tau}。$$

从上式可以看出，二阶 *RC* 滤波器比一阶 *RC* 滤波器的幅频衰减特性更快，带外信号的抑制能力更强，滤波效果更好。二阶电路的移相范围为 0°～−180°，比一阶电路的移相范围更大。其频率特性曲线如图 3-8-3 所示。

四、测试方法

1. 幅频特性曲线的测量方法

电路的幅频特性曲线的测量方法有两种：扫频法和点频法。扫频法是应用扫频仪直接显示出电路的频率特性，一般用于截止频率较高的电路的测试。而点频法即描点法，是这里要介绍的测试方法。测量电路如图 3-8-4 所示。

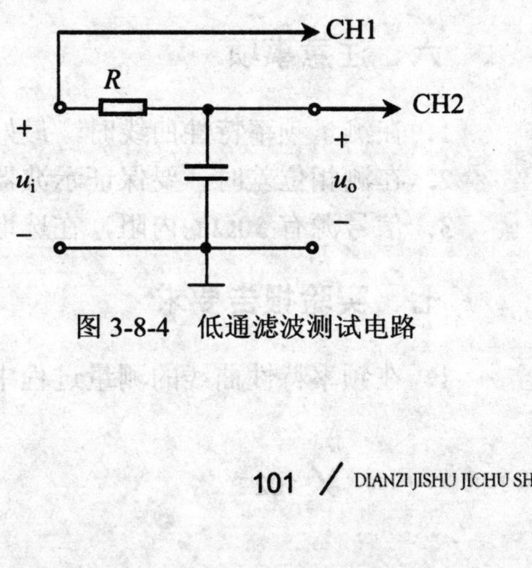

图 3-8-4　低通滤波测试电路

点频法指改变激励源的频率，测量出一组不同频率下电压幅度，将这组数据描绘成幅—频平面上的一系列的点，再用平滑的曲线将这些点连接起来，即可得到幅频特性曲线。

在测量时，为了简化，可保持输入的幅值不变，

这样输出的幅值即可反映$|H(j\omega)|$的大小，可以简化测量过程。选取频率时，至少要包含：中频段、截止频率、十倍的截止频率（对于高频截止频率）、二分之一的截止频率（对于低频截止频率）这些频率点，以便真实地描绘曲线。

2. 相频特性曲线的测量方法

点频法测量相频特性曲线，是在不同的频率下测量出输出、输入的相位差，得到相—频平面上一系列的点，用平滑的曲线将测量出的点描绘出来，即可得到相频特性曲线。

五、实验内容

（一）基本实验内容

1. 幅频特性和相频特性的测试。

根据预习要求的设计结果，选取出所需元件，搭建一阶 *RC* 无源低通滤波器，测量该滤波器的幅频和相频特性曲线，完成表 3-8-1。测试条件：正弦输入，有效值 U_i=1V。

表 3-8-1　一阶 *RC* 低通无源滤波器的频率特性测试数据

频率值	$0.05f_c$	$0.1f_c$	$0.5f_c$	f_c	$2f_c$	$5f_c$	$10f_c$
输出 U_o							
φ							

2. 根据表 3-8-1 的测试数据，绘出一阶 *RC* 低通无源滤波电路的幅频特性曲线和相频特性曲线。

3. 定量地画出在 $2f_c$ 时，输出和输入的相位差波形。

（二）扩展实验内容

1. 幅频特性和相频特性的测试。设计并搭建二阶 *RC* 低通滤波器，要求截止频率 f=16kHz，测量该滤波器的幅频曲线。要求输入有效值 U_i=1V，完成表 3-8-2。

表 3-8-2　二阶 *RC* 低通无源滤波器的频率特性测试数据

频率值	$0.05f_c$	$0.1f_c$	$0.5f_c$	f_c	$2f_c$	$5f_c$	$10f_c$
输出 U_o							
φ							

2. 根据表 3-8-1 和图 3-8-2 的测试数据，绘出一阶和二阶 *RC* 低通无源滤波器的波特图，比较一阶和二阶低通 *RC* 无源滤波器的优缺点。

六、注意事项

1. 在测量频率特性曲线时，最好保持输入的幅值保持不变。
2. 在测相位差时，要保证示波器两个通道的零基线与荧光屏的横坐标重合。
3. 信号源有 50Ω的内阻，在选取 *RC* 元件参数时，应尽量避免选取小电阻、大电容。

七、实验报告要求

1. 在频率特性曲线的测量过程中，能不能改变输入信号的幅度？为什么？

2．在频率特性曲线的测量过程中，用晶体管毫伏表测量输出电压幅度时，能不能保持量程不切换的测量呢？为什么？

八、实验器材

1．函数发生器一台
2．晶体管毫伏表一台
3．示波器一台
4．电阻、电容、导线若干
5．面包板一个

3.9　二阶 *RC* 高通无源滤波器的设计与测试

一、实验目的

1．了解二阶 *RC* 高通无源滤波器的频率特性。
2．进一步掌握网络频率特性的测试方法。
3．掌握二阶 *RC* 高通无源滤波器的设计方法，测量二阶的幅频特性和相频特性。

二、实验预习与思考

1．如何用电阻和电容构成具有低通、高通、带通、带阻滤波特性的电路？
2．滤波电路的通频带和电路参数之间有怎样的关系？
3．试分析一阶滤波电路与二阶滤波电路的优缺点。
4．设计要求：
设计一个截止频率 f=21.3kHz 二阶 *RC* 高通无源滤波器，画出电路图，给出参数的推导过程以及最终的元器件参数。

三、实验原理

1．一阶高通滤波器

如图 3-9-1 所示是一阶 *RC* 串联电路，若以电阻两端的电压作为输出，该电路具有高通的滤波特性。该电路的网络函数——电压转移比为

$$H(\omega)=\frac{R}{R+\dfrac{1}{\mathrm{j}\omega C}}=\frac{\mathrm{j}\omega RC}{1+\mathrm{j}\omega RC}$$

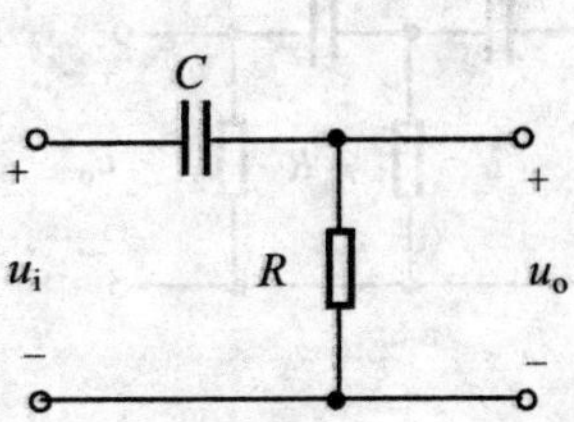

图 3-9-1　一阶 *RC* 高通滤波器原理图

幅频特性：$\left|H(\omega)\right|=\dfrac{\omega RC}{\sqrt{1+(\omega RC)^2}}$

同样令 $\omega_C=\dfrac{1}{RC}$ 代入有

第三章　电子技术基础实验

$$|H(\omega)| = \frac{\dfrac{\omega}{\omega_C}}{\sqrt{1+(\dfrac{\omega}{\omega_C})^2}}$$

相频特性：$\varphi(\omega)=\dfrac{\pi}{2}-\arctan\dfrac{\omega}{\omega_C}$

其幅频和相频特性曲线如图 3-9-2 所示。

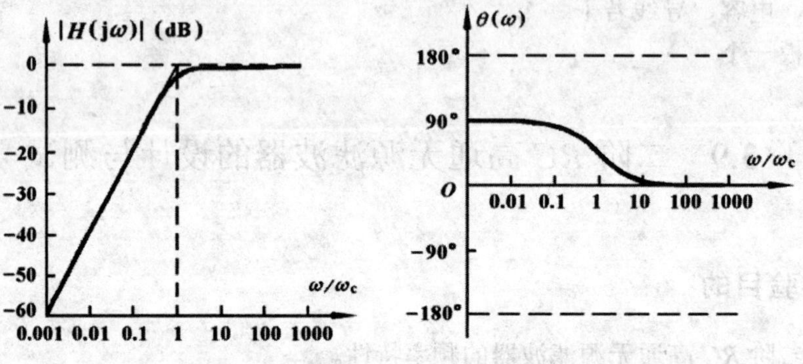

（a）幅频特性曲线　　（b）相频特性曲线

图 3-9-2　一阶 *RC* 高通滤波电路的波特图

2. 二阶高通滤波器

如图 3-9-3（a）所示为二阶高通滤波器的原理图，根据分压公式可求出该电路的传输函数电压转移比为

$$H(\mathrm{j}\omega)=\frac{\dot{U}_o}{\dot{U}_i}=\frac{-\omega^2R^2C^2}{1-\omega^2R^2C^2+\mathrm{j}3\omega RC}$$

该电路的幅频特性：$|H(\mathrm{j}\omega)|=\dfrac{\omega^2R^2C^2}{\sqrt{(1-\omega^2R^2C^2)^2+9\omega^2R^2C^2}}$

从上式可以判断出，该电路具有高通的滤波特性，其幅频特性如图 3-9-3（b）所示。

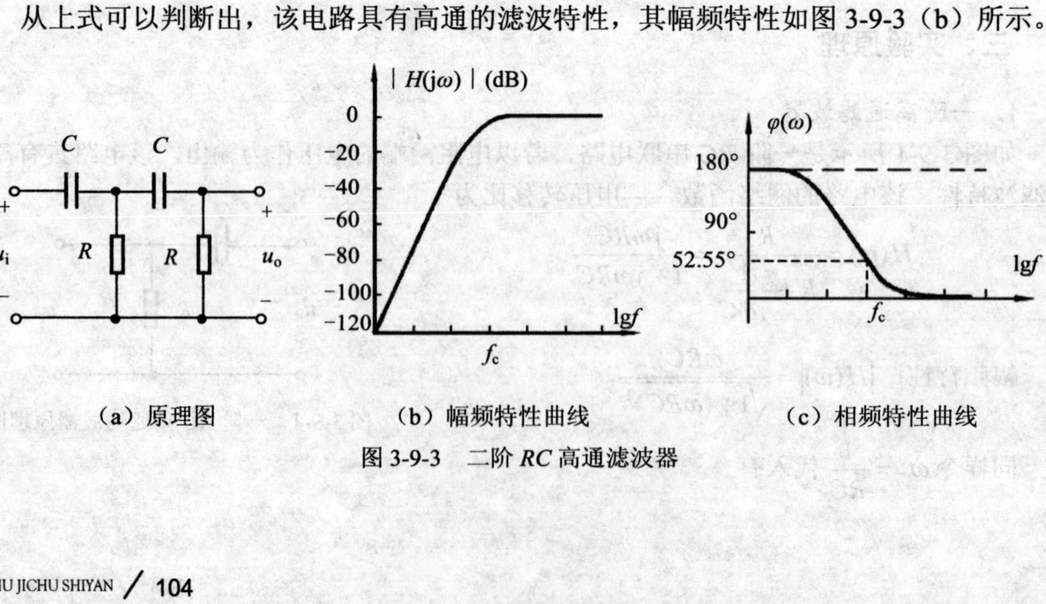

（a）原理图　　（b）幅频特性曲线　　（c）相频特性曲线

图 3-9-3　二阶 *RC* 高通滤波器

该电路的相频特性：$\varphi(\omega)=\arctan\dfrac{3\omega RC}{1-\omega^2R^2C^2}$

令 $\tau = RC$、$\left|H(\omega)\right|=\dfrac{1}{\sqrt{2}}=0.707$ 时，可求 ω_C。

$$\therefore \omega_c=\frac{2.67}{RC}=\frac{2.67}{\tau}$$

从上式可以可以得出，该电路的截止频率为 $f_c=\dfrac{2.6724}{2\pi RC}$，此时，电路的相移为 $\varphi=52.55°$，其相频特性如图 3-9-3（c）所示。

与一阶 *RC* 滤波电路相比，二阶 *RC* 滤波电路比同频带外信号的抑制能力更强，滤波效果更好。二阶电路的移相范围为 180°～0°，比一阶电路的移相范围更大。

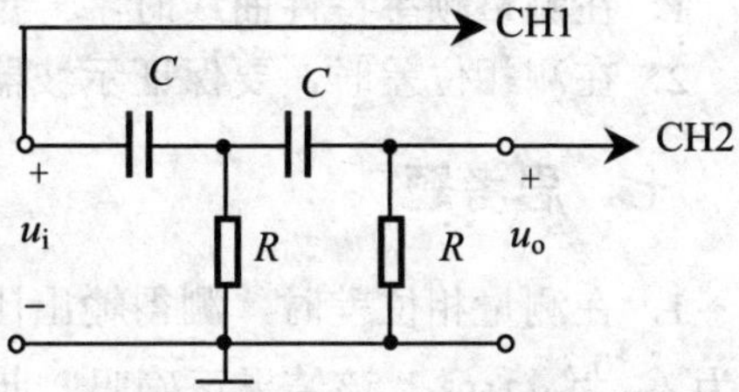

图 3-9-4　高通滤波测试电路

四、测试方法

实验用到的测试方法有幅频特性曲线、相频特性曲线以及相位差，均已在上个实验八中做了详细介绍，在此不再赘述。

要强调的是，搭接电路时，一定要保证两个电阻的下端是公共接地端，如图 3-8-4 所示。

五、实验内容

（一）基本实验内容

二阶 *RC* 高通无源滤波器的测量

1．幅频和相频特性的测试。根据预习要求设计并搭建一个二阶 *RC* 高通滤波器，测量该滤波器的幅频和相频特性曲线。要求输入 U_i=3V，完成表 3-9-1。

表 3-9-1　二阶 *RC* 高通滤波器的频率特性测试数据

频率值	0.01 f_c	0.1 f_c	0.5 f_c	f_c	2 f_c	5 f_c	10 f_c
输出 U_o							
φ							

2．根据表 3-9-1 的测试数据，绘出该滤波器的幅频特性曲线和相频特性曲线。

3．定量地画出在 f_c 时，输出和输入的相位差波形。

（二）扩展实验内容

1．幅频和相频特性曲线的测试。根据元件包中所提供元件，自己设计并搭建一个二阶 *RL* 高通无源滤波器，要求截止频率 f=21.3kHz，测量该滤波器的幅频和相频特性曲线。要求输入 U_i=3V，完成表 3-9-2。

表 3-9-2　二阶 *RL* 高通滤波器的频率特性测试数据

频率值	$0.01f_c$	$0.1f_c$	$0.5f_c$	f_c	$2f_c$	$5f_c$	$10f_c$
输出 U_o							
φ							

2．根据表 3-9-2 的测试数量，绘出幅频特性和相频特性曲线。

六、注意事项

1．在测量频率特性曲线时，一定要注意输入的幅值保持不变。
2．在测相位差时，要保证示波器两个通道的零基线与荧光屏的横坐标重合。

七、思考题

1．在测量相位差时，测得输出比输入波形超前 3 小格，一个周期占了 5 格，因此相位差为 $\phi=\frac{0.3}{5}\times 360°$，该结果正确吗？此时的相位差应该为多少？

2. 同参数一阶 *RC* 低通和高通滤波器的截止频率相同吗？同参数的二阶 *RC* 低通和高通滤波器的截止频率相同吗？

八、实验器材

1．函数发生器一台
2．晶体管毫伏表一台
3．示波器一台
4．电阻、电容、电感、导线若干
5．面包板一个

3.10　*RLC* 串联谐振电路的测试

一、实验目的

1．进一步理解谐振电路的谐振特点。
2．掌握谐振频率、品质因数的测试方法。
3．掌握串联谐振电路频率特性的测试方法。

二、实验预习与思考

1．*RLC* 串联谐振频率如何确定？满足什么条件时电路会发生谐振？电阻的阻值是否影响谐振频率？

2．自拟电路实现谐振电路谐振特性的测试，包括谐振频率 f_0、品质因数 Q、电路的频率特性。

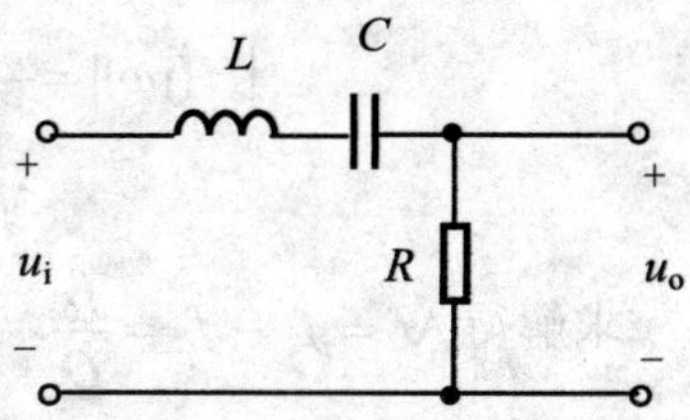

图 3-10-1　*RLC* 串联电路

三、实验原理

1．*RLC* 串联谐振电路的条件

含有电阻、电容和电感元件的单口网络，在某些工作频率上，出现端口电压和电流波形相位相同的情况时，称电路发生谐振。

如图 3-10-1 所示 *RLC* 串联电路，电路的转移函数电压转移比为

$$H(\mathrm{j}\omega)=\frac{\dot{U}_{R}}{\dot{U}}=\frac{R}{R+\mathrm{j}\omega L+\dfrac{1}{\mathrm{j}\omega C}}=\frac{1}{1+\mathrm{j}(\dfrac{\omega L}{R}-\dfrac{1}{R\omega C})}$$

因此，电路的谐振角频率和谐振频率分别为

$$\omega_0=\frac{1}{\sqrt{LC}}\qquad f_0=\frac{1}{2\pi\sqrt{LC}}$$

2．*RLC* 串联电路的谐振特性

（1）谐振时，*RLC* 串联回路的输入阻抗为纯电阻，激励电压与回路电流同相，电阻电压与电源电压相等且同相。

（2）谐振时，电感上的电压与电容上的电压幅值相等且反相（实际电路中，因电感有串联等效电阻、电容有并联等效电阻，因此电感两端的电压略高于电容电压），若品质因数 $Q>1$，则谐振时，电容、电感电压是激励电压的 Q 倍，可实现电压放大。

其中，品质因数：$Q=\dfrac{\omega_0 L}{R}=\dfrac{1}{\omega_0 RC}=\dfrac{1}{R}\sqrt{\dfrac{L}{C}}$

3．*RLC* 串联谐振电路的频率特性

电路的网络函数电压转移比为

$$H(\mathrm{j}\omega)=\frac{\dot{U}_{R}}{\dot{U}}=\frac{R}{R+\mathrm{j}\omega L+\dfrac{1}{\mathrm{j}\omega C}}=\frac{1}{1+\mathrm{j}(\dfrac{\omega L}{R}-\dfrac{1}{R\omega C})}$$

带入 $Q=\dfrac{\omega_0 L}{R}=\dfrac{1}{\omega_0 RC}$，将上式改为

$$H(\mathrm{j}\omega)=\frac{\dot{U}_{R}}{\dot{U}_{S}}=\frac{1}{1+\mathrm{j}Q(\dfrac{\omega}{\omega_0}-\dfrac{\omega_0}{\omega})}$$

其振幅为

$$\left|H(\mathrm{j}\omega)\right|=\frac{1}{\sqrt{1+Q^2(\dfrac{\omega}{\omega_0}-\dfrac{\omega_0}{\omega})^2}}$$

由上式可知，当 $\omega=0$ 和 $\omega=\infty$ 时，$\left|H(\mathrm{j}\omega)\right|=0$；当 $\omega=\omega_0$ 电路发生谐振时，$\left|H(\mathrm{j}\omega)\right|=1$ 达到最大，该电路具有带通的滤波特性。可根据截止频率的定义求出带宽为

$$|H(\mathrm{j}\omega)|=\frac{1}{\sqrt{1+Q^2(\frac{\omega}{\omega_0}-\frac{\omega_0}{\omega})^2}}=\frac{1}{\sqrt{2}}\Rightarrow Q(\frac{\omega}{\omega_0}-\frac{\omega_0}{\omega})=\pm1$$

求解得 $\Delta f=f_+-f_-=\dfrac{f_0}{Q}$

说明带宽与品质因数成反比，Q 越大，带宽越窄，幅频特性越尖锐，对信号的选择性越好。如图 3-10-2 所示为不同 Q 值对应的频率特性曲线。在实际中，运用谐振电路可以从众多节目广播节目中选择出自己喜欢的节目。

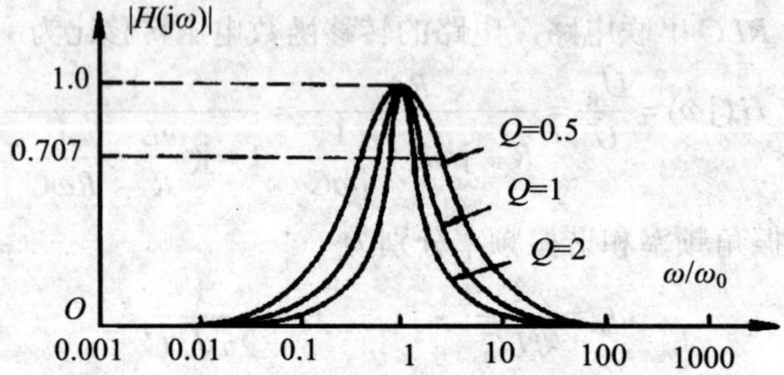

图 3-10-2　谐振电路的频率特性

四、测量方法

1. 谐振频率的测量方法

如图 3-10-1 所示，在输入端口加入正弦激励信号，用毫伏表检测电阻两端的输出电压，保持激励幅值不变，改变激励频率，当输出幅值最大时所对应的频率，即谐振频率 f_0。

同理，也可用如图 3-10-3 所示的电路，以电容、电感两端总的电压作为输出，保持激励幅值不变，改变激励频率，用晶体管毫伏表检测输出，当输出最小时所对应频率，即为谐振频率 f_0。

还可用示波器同时检测激励和电阻响应波形，改变激励频率，当输出和输入同相时所对应频率，即为谐振频率 f_0。

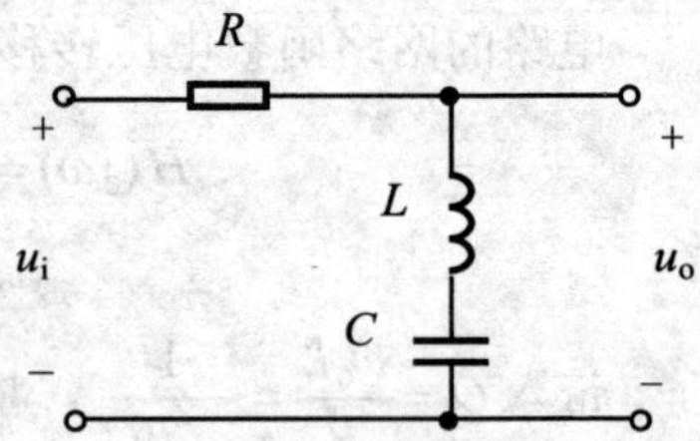

图 3-10-3　谐振频率测量原理图

2. 频率特性的测量

找出谐振频率 f_0 后，保持输入幅值不变，改变信号源的频率，在以下频率点下测量输出电压：$0.1f_0$、$0.01f_0$、$10f_0$、$100f_0$、$f_0\pm200$Hz、$f_0\pm400$Hz、$f_0\pm600$Hz、$f_0\pm1000$Hz。再根据测量数据在幅频平面上描出这些点，用平滑的曲线连接，即为谐振电路的幅频特性曲线。

五、实验内容

（一）基本实验内容

1. 谐振频率的测量

自选元件参数，搭建 RLC 串联谐振实验电路，并测量出该电路的谐振频率 f_0。

2. 谐振电路幅频特性曲线的测量

确定出谐振频率 f_0 后，参考如表 3-10-1 所示的表格，测量出谐振电路的幅频特性曲线。

表 3-10-1　谐振电路幅频特性的测量

频率（kHz） 条件	$0.1f_0$	f_0-1	$f_0-0.6$	$f_0-0.4$	$f_0-0.2$	f_0	$f_0+0.2$	$f_0+0.4$	$f_0+0.6$	f_0+1	$10f_0$

（二）扩展实验内容

用 Multisim 软件仿真上述实验。

六、注意事项

1．由于实际电感线圈有电阻，所以谐振时，电感两端的电压并不是电路模型中的 U_L，测试出的数据略大于电容两端电压。

2．在测量过程中，注意量程的转化与选取。

3．测量谐振电路的频率特性时，应注意在谐振频率附近加大频率选取密度。

七、实验报告要求

1．根据实验数据，在坐标纸上绘出不同 Q 值下的幅频特性曲线。

2．根据实验结果总结 RLC 串联谐振电路的主要特点。

八、实验器材

1．函数发生器一台

2．晶体管毫伏表一台

3．双踪示波器一台

4．面包板一个、电容、电阻、电感若干

3.11　*RC* 带通滤波器的设计与测试

一、实验目的

1．了解带通滤波器的频率特性。

2．复习网络频率特性的测试方法。

3．测量 RC 带通滤波器的幅频特性和相频特性。

二、实验预习与思考

1．如何用电阻和电容构成具有带通滤波特性的功能电路？

2．滤波电路的通频带和电路参数之间有怎样的关系？

3．设计要求：

设计一个 RC 无源带通滤波器，要求该滤波器的上限截止频率 $f_H = 52.5\text{kHz}$，下限截止频率 $f_L = 4.8\text{kHz}$，并给出计算出的电路参数。

三、实验原理

RC 带通滤波器。如图 3-11-1 是 RC 带通滤波电路。该电路的网络函数—电压转移比为

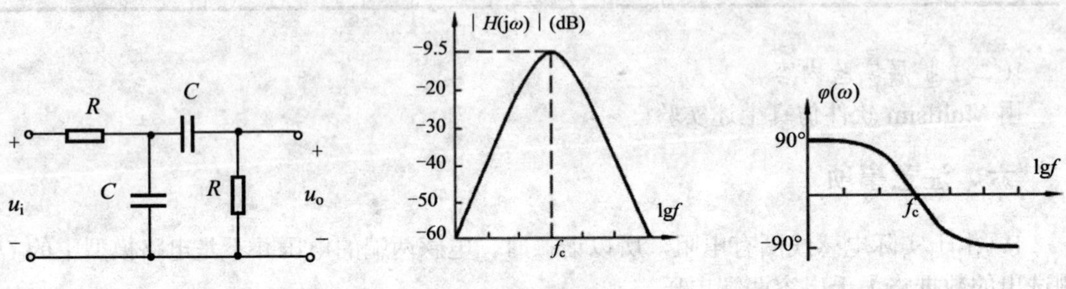

（a）电路原理　　（b）幅频特性曲线　　（c）相频特性曲线

图 3-11-1　RC 带通滤波器

$$H(j\omega)=\frac{\dot U_o}{\dot U_i}=\frac{j\omega RC}{1-\omega^2R^2C^2+j3\omega RC}$$

其中，电路幅频特性：$|H(\omega)|=\dfrac{\omega RC}{\sqrt{(1-\omega^2R^2C^2)^2+9\omega^2R^2C^2}}$

从上式可以看出，该电路具有带通的滤波特性，其中心频率 $f=f_0=\dfrac{1}{2\pi RC}$ 时，输出达到最大值，为输入的 1/3。

根据截止频率的定义：$\left|H(j\omega_{L,H})\right|=\dfrac{\omega^2R^2C^2}{\sqrt{(1-\omega^2R^2C^2)^2+9\omega^2R^2C^2}}=\dfrac{1}{3\sqrt{2}}$

可以计算出：$f_L=\dfrac{0.3}{2\pi RC}$、$f_H=\dfrac{3.3}{2\pi RC}$，其幅—频特性曲线如图 3-11-1（b）所示。

该电路的相频特性：$\varphi(\omega)=90°-\arctan\dfrac{3\omega RC}{1-\omega^2R^2C^2}$

从上式可以看出，该电路的移相范围是：90°～−90°。在中心频率 f_0，即 $f_0=\dfrac{1}{2\pi RC}$，此时，电路的相移为 $\varphi=0°$，其相频特性如图 3-11-1（c）所示。

四、测试方法

该实验用到的测试方法有幅频特性、相频特性以及相位差的测试三种，均在前面的实验中做了详细介绍，在此不再赘述。

五、实验内容

1．幅频和相频特性的测量。

根据元件包中所提供元件，自己设计并搭建一个 *RC* 带通滤波器，测量该滤波器的幅频和相频特性曲线。要求输入电压的有效值 U_i=3V，完成表 3-11-1。

表 3-11-1　带通滤波器的频率特性测试数据

频率值	$0.1f_L$	$0.2f_L$	$0.5f_L$	f_L		f_0		f_H	$2f_H$	$5f_H$	$10f_H$
输出 U_o											
φ											

2．根据表 3-11-1 的测试数据，绘出幅频特性曲线和相频特性曲线。

3．定量地画出在 f_H 时，输出和输入的相位差波形，在图中输入的超前滞后关系。

六、注意事项

1．在测量频率特性曲线时，一定要注意输入的幅值保持不变。

2．在测相位差时，要保证示波器两个通道的零基线与荧光屏的横坐标重合。

七、思考题

1．在测量输出、输入相位关系时，始终是输出比输入超前吗？那么表格 3-11-1 中的数据均为正值吗？

2．*RC* 无源带通滤波器中，最大的输出电压和输入电压相等吗？你能根据电路参数计算出其截止频率吗？

八、实验器材

1．函数发生器一台

2．晶体管毫伏表一台

3．示波器一台

4．电阻、电容、导线若干

5．面包板一个

3.12　晶体管图示仪的原理与使用

一、实验目的

1．了解晶体管图示仪的原理框图。

2．熟悉晶体管图示仪的面板旋钮。

3．掌握二端元器件电压电流关系的图测方法。

二、实验预习与思考

1．晶体二极管的伏安特性曲线的特点及其主要参数定义。

2．预习半导体管特性图示仪的基本原理与应用。

3．预习二极管的识别。

4．请画出用描点法测量二极管特性曲线的测量原理图，说明测量电阻连接在电路中的必要性。

三、实验原理

电路中常见的电路元件如电阻和二极管都是两端元件，两端元件的电压电流关系（VCR）可用该元件上的端电压 u 与通过该元件的电流 i 之间的函数关系 $u=f(i)$ 来表示，通过 VCR 特性曲线可以判断该元件的性质。

1．电阻元件的 VCR 特性曲线

按照电阻元件的 VCR 特性是否由 U-I 平面上的一条通过原点的直线来表示，电阻可分为线性电阻和非线性电阻。

线性电阻元件的 VCR 特性满足欧姆定律，即 $u=Ri$，电阻两端的电压与通过它的电流成正比，其 VCR 特性曲线是过原点一条直线如图 3-12-1 所示，这类电阻称为线性电阻，其电阻值为常数 R，称为电阻的电阻系数。

非线性电阻元件的阻值不是一个常量，电压与电流之间是不能用欧姆定律来表征的，电阻两端的电压与通过它的电流不是线性关系，其 VCR 特性是一条过原点的曲线，在不同的电压、电流情况下，电阻值不同，VCR 特性曲线为非线性，像热敏电阻、光敏电阻等，图 3-12-2 所示为白炽灯的 VCR 特性曲线。

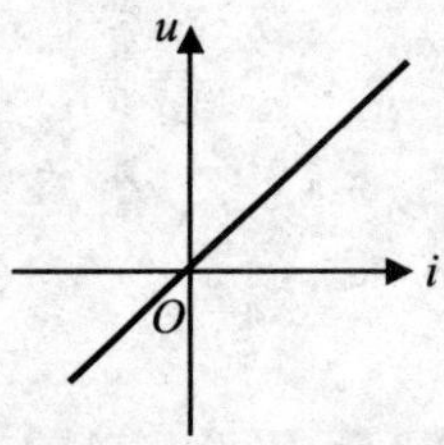

图 3-12-1　线性电阻 VCR 关系曲线

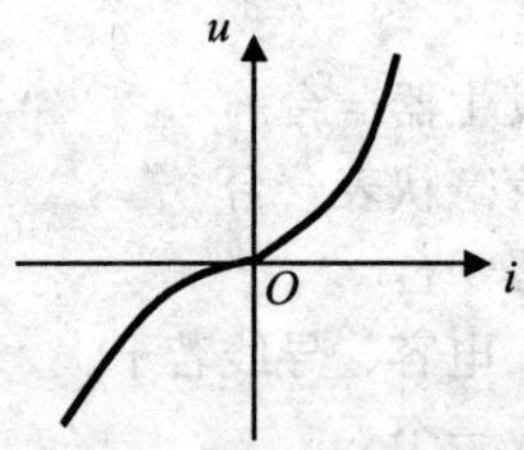

图 3-12-2　非线性电阻 VCR 关系曲线

2．晶体二极管的 VCR 特性曲线

半导体二极管具有单向导电性，是组成分离元件电子电路的核心器件。可用于整流、限幅、稳压等电路中。二极管的伏安特性曲线如图 3-12-3 所示，可见二极管正向导通时存在导通电压（或开启电压），工程上，Si 管和 Ge 管导通电压典型值可分别取 0.7V 和 0.3V；反偏时截止，二极管只有很小的反向饱和电流，且 Ge 管的反向饱和电流比 Si 管大得多，如果反偏电压过大，二极管将发生反向击穿，利用二极管的反向击穿特性可以制作稳压二极管。

图 3-12-3 所示的输出特性曲线可以测出二极管的如下参数：导通电压 U_{ON}、反向击穿电压 U_{BR} 或者稳压管的稳压值 U_Z。

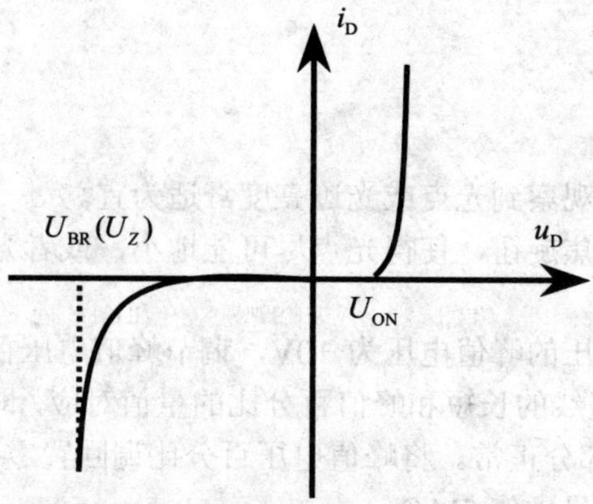

图 3-12-3　半导体二极管的 VCR 特性曲线

四、测量方法

（一）二极管电压电流关系的测量方法

1. 二极管电压电流关系的点测法

点测法即描点法，测量电路如图 3-12-4 所示。图中 R 为限流电阻，防止二极管被损坏；U_C 为幅度和极性均可改变的直流电压源，每改变一次 U_C，就可以得到一组 U / I 数据，也就是 U / I 平面的一个点。因此，从理论上讲，只要多测试几组数据，多描绘几个点，最后用平滑连接起来的曲线，就是二极管的电压电流关系特性曲线。

2. 二极管电压电流关系的图测法

将图 3-12-4 中的可变电源用集电极正弦扫描电压替代，将二极管两端的电压取样放大送至示波管的 X 偏转板；在电路中串联一个电流取样电阻，并将取样电阻两端的电压取样放大送至示波管的 Y 偏转板，就可以用图测法直接在荧光屏上显示出二极管的特性曲线，具体的测试原理图如图 3-12-5 所示。

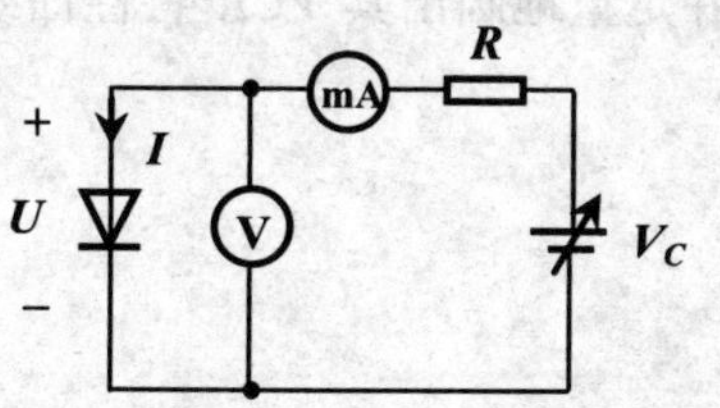

图 3-12-4　二极管 VCR 测量电路

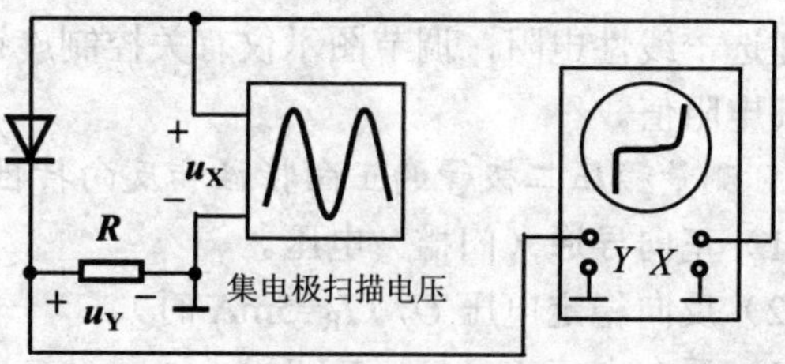

图 3-12-5　二极管图测原理电路

（二）晶体管图示仪的正常操作方法

1. 开启电源

将推拉式电源开关拉出，打开电源，电源指示灯亮，预热 10 分钟后，即可进行测试。

2. X 轴和 Y 轴部分

1）显示开关置于接地⊥按键。

2）X 轴和 Y 轴位移旋钮旋至中间位置，将光点调至荧光屏中心位置（如果调节位移旋钮没有看到光点，调节辉度旋钮至最亮），该光点所处的位置便是扫描零电位，即荧光屏上

U/I 平面的原点。

3）接地⊥按键弹起。

2. 示波管、显示部分

1）调节辉度旋钮，以观察到光点或光迹亮度舒适为宜。

2）调节聚焦和辅助聚焦旋钮，使得光点尽可能地小，或者光迹尽可能地细。

3. 集电极扫描部分

1）选择集电极扫描电压的峰值电压为 10V，调节峰值电压百分比旋钮，看到光点扫描延展成一条水平直线，且直线的长短和峰值百分比的量值对应，即水平偏转距离和扫描电压的大小成正比，说明扫描部分正常。将峰值电压百分比调回置零。

2）限制功耗电阻置于最大值 5MΩ。

4. 阶梯部分

1）重复旋钮打开。

2）“级/簇”旋钮旋至最大 10 级。

3）阶梯信号选择开关置于阶梯电流。

4）阶梯调零：

a. 分别将 X 轴和 Y 轴偏转系数开关逆时针调至标有阶梯波形的挡位。此时观测到斜向上（阶梯信号选择“+”极性时，反之为斜向下）的一条序列点。

b. 调节“级/簇”旋钮，判断出阶梯信号的初始位置。

c. 调节“调零”旋钮，使得阶梯的初始位置与扫描零电位重合。

d. 将 X 轴偏转系数回调至 U_{CE} 中的 1V/格，Y 轴偏转系数回调至 I_C 中的 1mA/格。

五、实验内容

（一）基本实验内容

1. 测量线性电阻的 *VCR* 特性

任选一线性电阻，调节图示仪有关控制旋钮，观察并定量地画出其 *VCR* 特性曲线，并测试其电阻值。

2. 测量稳压二极管的正向特性和反向特性

（1）正向导通（门槛）电压。

（2）反向稳定电压 U_z（I_R=5mA 时）。

（3）反向电流 I_R（U_R=5V 时）。

根据测试数据，在同一坐标上绘出二极管正反向特性曲线。

注：测试时功耗电阻置于 1kΩ。

（二）扩展实验内容

发光二极管正向导通特性曲线的测量。定量地画出所观测的曲线，在图中标明其导通电压和电流。

注：测试时功耗电阻置于 1kΩ，所加的正向导通电压不得超过其 U_F 的大小。

六、注意事项

1．在测试半导体器件特性曲线及参数时，限制功耗电阻一定要选择，如果是小功率管，功耗电阻可以选择 1kΩ左右，中功率或大功率应该选择更大量值的功耗电阻。

2．在测量未知特性的半导体器件时，集电极峰值电压范围应选择 10V，峰值电压百分比从开始调节，根据观测的特性曲线，逐步加高峰值。

3．切换峰值电压范围按键前，峰值电压百分比必须调至零，否则有可能在切换瞬间损坏半导体器件。

4．测量结束后，应该将集电极峰值电压范围选择在最范围 **10V**，峰值百分比应该调回至零。

七、思考题

1．根据所测试二极管的正向导通曲线上，读出电流为 5mA 时的交流等效电阻。

2．根据所测试的稳压二极管的稳压特性，读出电流为 7mA 时的等效电阻。

八、实验器材

1．半导体管特性图示仪一台

2．线性电阻一只

3．稳压二极管一只

3.13　三极管输入、输出特性曲线的测试

一、实验目的

1．进一步熟悉晶体管图示仪的面板旋钮。

2．掌握晶体管输入、输出特性曲线的图测方法。

3．掌握根据晶体管特性曲线求参数的方法。

二、实验预习与思考

1．半导体管特性图示仪的基本原理与应用。

2．晶体三极管的伏安特性曲线的特点及其主要参数定义。

三、实验原理

半导体管特性图示仪面板旋钮的功能与应用详见本教材第二章 2.6 节的内容。

三级管是一个三端器件，要讨论其 VCR 特性，需要引入一个参变量，分别讨论其输入、输出特性。由于共射组态使用最广泛，下面将讨论共射组态的 VCR 特性曲线。

1．共射输入特性曲线

共射输入特性曲线是以输出口电压 u_{CE} 为参变量，反映输入口电压和电流的关系曲线，

即 $i_{B}=f(u_{BE})\big|_{u_{CE}=C}$，其对应的伏安特性曲线如图 3-13-1 所示。

由图 3-13-1 可以看出曲线的形状很像 PN 结正偏时的 VCR 特性曲线，而且也存在导通电压 u_{ON}；当参变量 u_{CE} 增大时，由于基区宽调效应的影响，输入特性曲线应该略为右移，形成密集的输入特性曲簇，工程上，往往将输入特性曲簇近似为一条曲线。

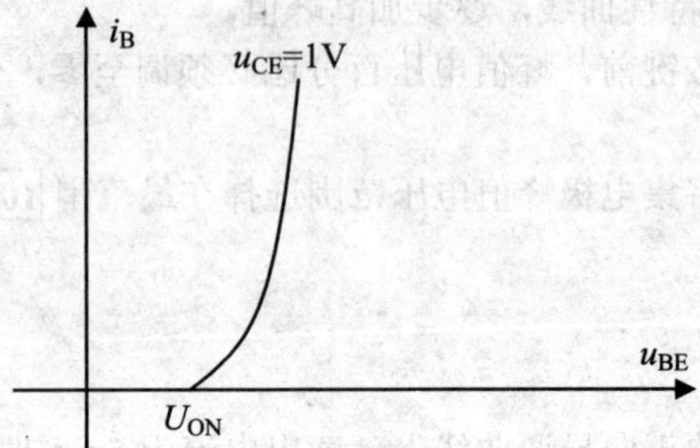

图 3-13-1　三极管的共射输入特性曲线

2. 共射输出特性曲线

共射输出特性曲线是以输入口电流 i_B 为参变量，反映输出口电压和电流的关系曲线，即 $i_{C}=f(u_{CE})\big|_{i_{B}=C}$，其对应的伏安特性曲线簇如图 3-13-2 所示。

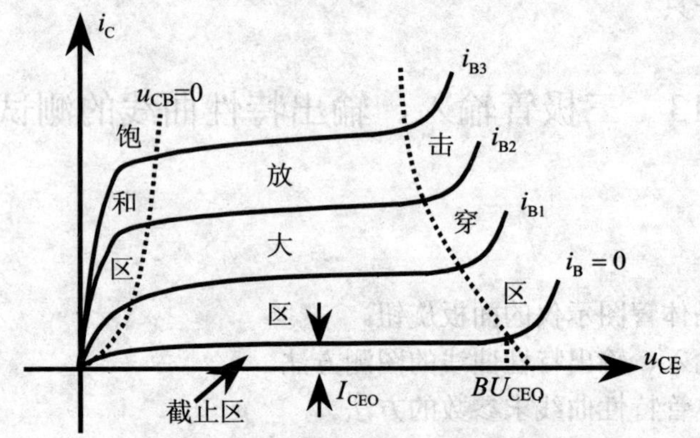

图 3-13-2　三极管的共射输出特性曲线

输出特性曲线族可分为 4 个区：放大区、饱和区、截止区和击穿区。放大区指输出特性中间平坦区域，在该区域内，i_C 受 i_B 的控制，与 u_{CE} 的大小几乎无关。因此三极管是一个受电流 i_B 控制的电流源，放大区曲线向上翘是基区宽度调制效应所致；近似等间隔平行线的间距，反映近似β为常数，间隔越大表示管子电流放大系数β越大。饱和区是指输出特性曲线中 i_C 上升部分拐点的连线与纵轴之间的区域，在饱和区 i_C 不受 i_B 的控制，管子失去放大作用。截止区指图中 i_B=0 曲线下面的区域，在截止区管子的外加电压使发射结和集电结均为反向偏置，此时，三个电极电流均近似为 0，管子失去放大能力，i_B=0 时所对应的 i_C 就是穿透电流 i_{CEO}。当 u_{CE} 增大到一定值时，集电结会发生反向击穿，i_C 急剧增大，BJT 不允许工作在击穿区，击穿电压会随参变量 i_B 的增加而减小，其中 i_B=0 时使集电结击穿的 u_{CE} 的

值记为 BU_{CEO}，它是晶体管的极限参数。

在图 3-13-2 所示的输出特性曲线上可以测出三极管的如下参数：β、$\overline{\beta}$、I_{CEO}、I_{CBO} 以及 BU_{CEO}。

3. 晶体三极管的主要参数定义

这里将前面提到的三极管特性参数的定义进行简要说明。

① 直流电流放大系数 $\overline{\beta}$：表示在共发射极电路中集电极直流电流 I_C 与基极直流电流 I_B 之比，即 $\overline{\beta} \approx \frac{I_C}{I_B}$。

② 交流电流放大系数 β：表示在共发射极电路中，集电极电流变化量 Δi_C 与基极电流变化量 Δi_B 之比，即 $\beta = \frac{\Delta i_C}{\Delta i_B}$。

三极管的 $\overline{\beta}$ 和 β 值很接近，工程上通常可认为 $\overline{\beta} \approx \beta$。

③ 集电结反向饱和电流 I_{CBO}：表示当发射极开路（$I_E = 0$）时的集电极反向截止电流。在常温下小功率硅管 I_{CBO} 为纳安（nA）量级，而小功率锗管为微安（μA）量级。

④ 穿透电流 I_{CEO}：指在三极管基极开路（$I_B = 0$）的情况下，流过集电极的电流 I_C。它表明基极对集电极电流失控的程度，通常 $I_{CEO} = (1+\overline{\beta})I_{CBO}$。$I_{CEO}$ 和 I_{CBO} 受温度影响大，随温度升高而增加，因此是反映三极管热稳定性的重要参数。由于硅管的 I_{CEO} 较小，热稳定性比锗管好。

⑤ 反向击穿电压 BU_{CEO}：指基极开路条件下，加在集电极与发射极之间使得集电结击穿的电压。一般为几十伏，高压大功率管可达千伏以上。BU_{CEO} 常用来作为对选取三极管电源电压的限制。

四、测量方法

1. 三极管的测量原理本书第二章 2.6 节有详尽的描述，在此不再赘述。
2. 晶体管得 $\overline{\beta}$、β 测量方法

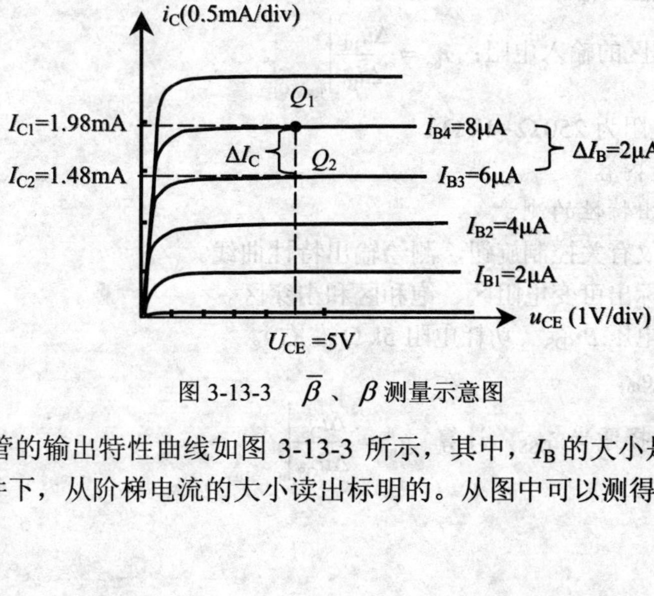

图 3-13-3　$\overline{\beta}$、β 测量示意图

某 NPN 三极管的输出特性曲线如图 3-13-3 所示，其中，I_B 的大小是确保阶梯零电流和扫描零重合的条件下，从阶梯电流的大小读出标明的。从图中可以测得

$$\overline{\beta}=\frac{I_C}{I_B}\bigg|_{U_{CE}=5V}=\frac{1.98mA}{8\mu A}=247.5$$

$$\beta=\frac{\Delta I_C}{\Delta I_B}\bigg|_{U_{CE}=5V}=\frac{1.98mA-1.48mA}{8\mu A-6\mu A}=250$$

五、实验内容

（一）基本实验内容

1. 晶体管输出特性的测量

（1）调节图示仪有关控制旋钮，测绘型号为“C1008”的 NPN 三极管的输出特性曲线。该管子的管脚分布如图 3-13-4 所示。

图 3-13-4 “C1008”管脚分布图

（2）在曲线上标出饱和区、截止区和放大区。

（3）测量反向击穿电压 BU_{CEO}（被测管基极开路下测试，功耗电阻 5kΩ）。

（4）测量 $\overline{\beta}$、β。

取 u_{CE}=5V，i_C=1.5~2mA 之间，记录 i_{BQ}，计算 $\overline{\beta}=\frac{i_C}{i_B}\Big|_{u_{CE}=5V}$；$\beta=\frac{\Delta i_C}{\Delta i_B}\Big|_{u_{CE}=5V}$。

2. 晶体管输入特性的测量

（1）正确设置图示仪有关控制件，测绘晶体管输入特性曲线：$i_B=f(u_{BE})\big|_{u_{CE}=10V}$

（2）求出导通电压 U_{on}。

（3）求线性变化区的输入电阻：$r_{be}=\frac{\Delta u_{BE}}{\Delta i_B}\Big|_{u_{CE}=C}$。

注：设置功耗电阻为 250Ω~1kΩ。

（二）扩展实验内容

1. 场效应管输出特性的测量

（1）调节图示仪有关控制旋钮，测绘输出特性曲线。

（2）在曲线上标出可变电阻区、饱和区和击穿区。

（3）测量击穿电压 Bu_{DS}（功耗电阻 5kΩ 左右）。

（4）测量跨导 g_m。

设 u_{DS}=10V，选择适当 i_{DSS}，计算 $g_m=\frac{\Delta i_{DS}}{\Delta u_{GS}}\Big|_{u_{DS}=10V}$

2. 场效应管转移特性的测量

（1）正确设置图示仪有关控制件，测绘场效应管输入特性曲线：

$$i_D = f(u_{GS})\big|_{u_{DS}=10V}$$ 。

（2）求出夹断电压（耗尽型管）u_P 和开启电压（增强型管）u_T。

（3）求出饱和漏电流（耗尽型管）i_{DSS}。

六、注意事项

1. 在测试半导体器件特性曲线及参数时，限制功耗电阻一定要选择，如果是小功率管，功耗电阻可以选择 1kΩ左右，中功率或大功率应该选择更大量值的功耗电阻。

2. 在测量未知特性的半导体器件时，集电极峰值电压范围应选择 10V，峰值电压百分比从开始调节，根据观测的特性曲线，逐步加高峰值。

3. 切换峰值电压范围按键前，峰值电压百分比必须调至零，否则有可能在切换瞬间损坏半导体器件。

4. 测量结束后，应该将集电极峰值电压范围选择在最范围 **10V**，峰值百分比应该调回至零。

七、思考题

1. 分析测试中造成损坏二极管和三极管的主要原因是什么？
2. 测量三极管 $U_{BR(CEO)}$ 电压时的注意事项？
3. 测量场效应管特性与晶体三极管有何异同？

八、实验器材

1. 半导体管特性图示仪一台
2. 晶体三极管一只
3. 场效应管一只

3.14 单管放大电路的设计、静态工作点、增益的测试

一、实验目的

1. 理解放大电路的组成原则以及三种组态放大电路的组成方式特点和电路特点。
2. 掌握单管放大电路的设计原理和各性能指标的调试原理。
3. 掌握单管放大电路静态工作点、电压放大倍数的测量方法。

二、实验预习与思考

1. 在 BJT 放大电路中，直流电源的作用是什么？电路中静态工作点和哪些参数有关？如何计算？

2．影响共射级单管放大电路电压放大倍数的因数有哪些？如果要增大电压放大倍数，可以通过调节哪些电路参数实现？

3．设计任务和要求

（1）基本要求

应用型号为“2SC1008”的 NPN 三极管，设计一个具有最大动态范围的单管共射放大电路。设计具体性能指标要求如下：

（a）电源电压 V_{CC}=12V；静态工作电流 I_{CQ}=1～2mA。

（b）负载 R_L=30kΩ，电压放大倍数 A_u≥100。

（c）输入电阻 R_i＞1.5kΩ，输出电阻 R_o＜2.5kΩ。

要求，画出所选取的电路结构，给出具体的电路参数的计算过程，在电路图中标出最终选取的参数量值，并在面包板上搭建出所设计的实际电路。

（2）扩展要求

基于共射放大电路静态电路设计完成共集电极放大电路和共基极放大电路的设计。

三、实验原理

1．共射放大器原理

如图 3-14-1 所示为实验所采用阻容耦合共射放大电路，采用的是基极分压式偏置电路（如图 3-14-2），是一种可以稳定工作点的电路。该电路满足 I_1、$I_2 \gg I_B$ 时，基极电位 U_B 只由 V_{CC}、R_1 和 R_2 决定，与 BJT 参数无关。由于 V_{CC}、R_1 和 R_2 对温度均不敏感，所以 U_B 稳定。当某种原因（如温度增加，电源电压增加或更换 $\bar{\beta}$ 更大的 BJT）使得工作点的 I_C 增加时，则电路依靠直流负反馈的作用，可以抑制 I_C 的增加，使得工作点稳定。

满足 I_1、$I_2 \gg I_B$，使得基极电位 V_B 稳定是基极分压射极偏置电路能够稳定工作点的条件。又由理论分析计算可知：$I_1, I_2 \gg I_B$ 或 $(1+\beta)R_E \gg R_B$（$R_B = R_{B1}//R_{B2}$）是等价的，在工程上将 $\beta R_E > 10R_B$ 作为基极分压射极偏置的稳定偏置条件，并按此条件来选取基极偏置电阻 R_1、R_2 和射极偏置电阻 R_E 的值。

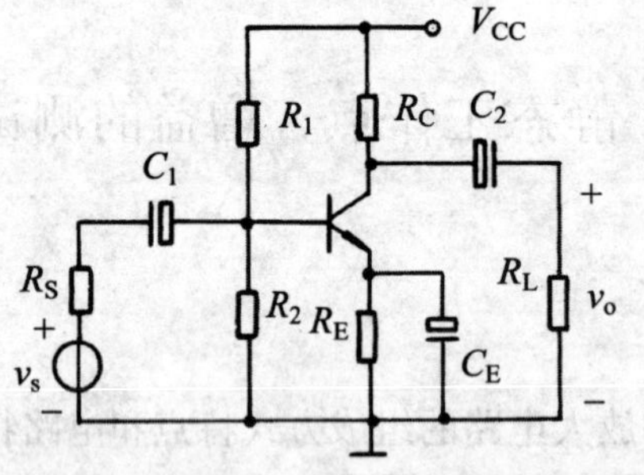

图 3-14-1　电容耦合共射极放大器

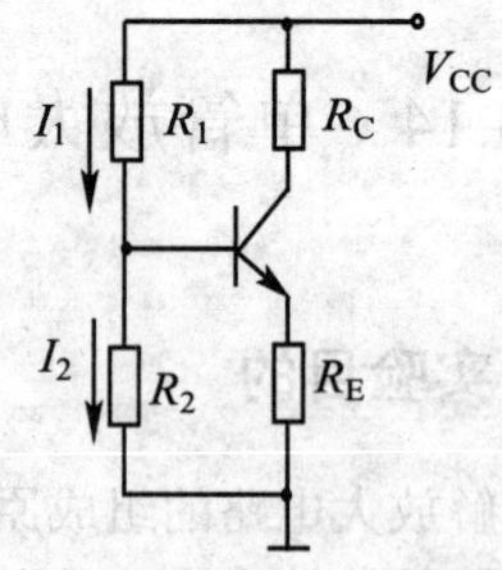

图 3-14-2　基极分压射极偏置电路

（1）工作点估算

$$U_B \approx \frac{V_{CC}}{R_1+R_2}R_2，\ I_E = \frac{U_B - U_{BE}}{R_E}，\ U_{CE} \approx V_{CC} - (R_C + R_E)I_C$$

（2）交流指标的计算

电压增益 A_V：
$$A_V = \frac{u_o}{u_i} \approx \frac{-\beta(R_C // R_L)}{r_{be}}$$

输入电阻 R_i：
$$R_i = R_1 // R_2 // r_{be}$$

其中，$r_{be} = r_{bb'} + (1+\beta)\frac{V_T}{I_{EQ}}$，室温（300K）时，$U_T \approx 26\text{mV}$。

输出电阻 R_o 为
$$R_o \approx R_C$$

（3）动态范围分析

当输入信号的振幅不断增大时，BJT 会进入截止区或饱和区。BJT 不会进入截止区或饱和区的最大输出电压即放大器的动态范围可以借助负载线来分析。

直流负载线就是放大器静态时由 U_{CE} 和 I_C 满足的直线方程，即

$U_{CE} \approx V_{CC} - (R_C + R_E)I_C$ 确定的直线。

交流负载线是放大器工作时动点（U_{CE}，I_C）的运动轨迹，交流负载线画法是经过 Q 点，斜率为 $-\frac{1}{R_C // R_L}$ 的直线。

由图 3-14-3 可知：最大不截止失真的输出电压 $U_{om(cut)} = (R_C // R_L)I_C$，最大不饱和失真的输出电压 $U_{om(sat)} = U_{CE} - U_{CES} \approx U_{CE}$，放大器的最大输出电压即动态范围为
$$U_{om} = \min(U_{om(cut)}, U_{om(sat)})$$

当放大器的工作点选得太低或太高时，放大器将不能对输入信号实施正常的放大而产生失真。

① 截止失真

如图 3-14-4 所示为工作点太低的情况，由图 3-14-4 可见，当工作点太低时，放大器能对输入的正半周信号实施正常的放大，而当输入信号为负半周时，因 v_{BE} 将小于三极管的开启电压，三极管将进入截止区，输出电压将不随输入信号而变化，产生输出波形的失真。这种失真是因工作点取得太低，输入负半周信号时，三极管进入截止区而产生的失真，所以称为截止失真。

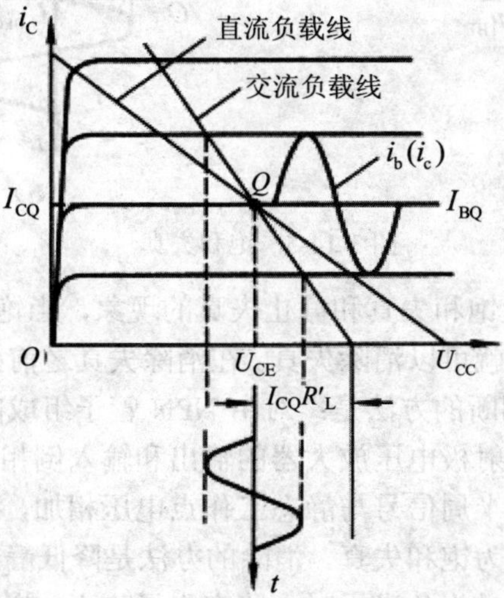

图 3-14-3　负载线法放大器动态分析

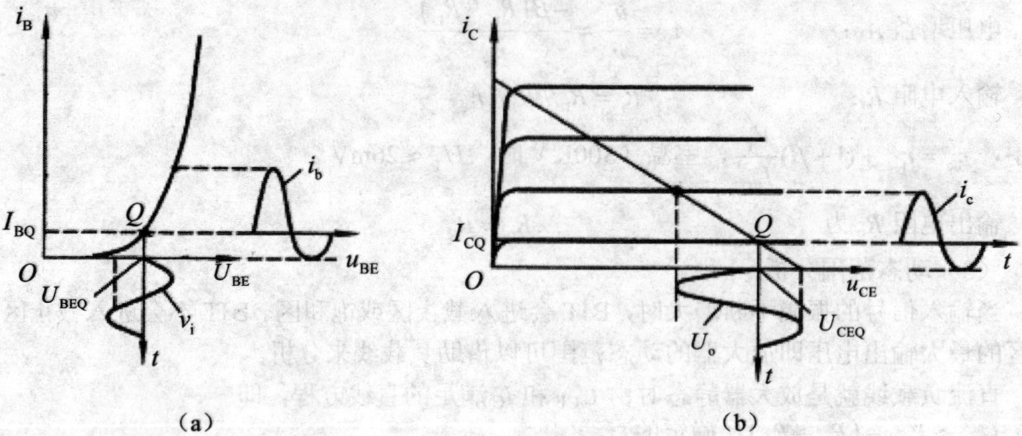

图 3-14-4　截止失真

② 饱和失真

如图 3-14-5 所示为工作点太高的情况，由图 3-14-5 可见，当工作点太高时，放大器能对输入的负半周信号实施正常的放大，而当输入信号为正半周时，因 u_{BE} 太大了，使三极管进入饱和区，$i_c \approx \beta i_b$ 的关系将不成立，输出电流将不随输入电流而变化，输出电压也不随输入信号而变化，产生输出波形的失真。

这种失真是因工作点取得太高，输入正半周信号时，三极管进入饱和区而产生的失真，所以称为饱和失真。

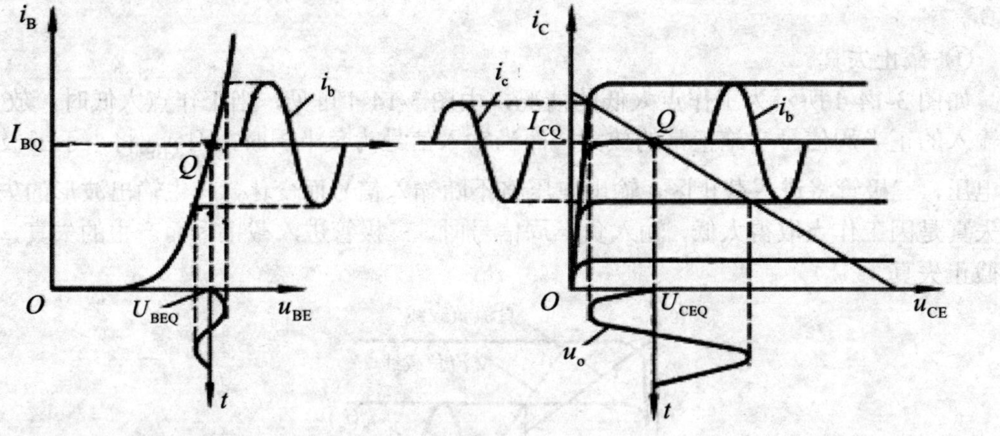

图 3-14-5　饱和失真

电压放大器工作时应防止饱和失真和截止失真的现象，当饱和失真或截止失真出现时，应消除它，改变工作点的设置就可以消除失真。在消除失真之前必须从输出信号来判断放大器产生了什么类型的失真，判断的方法是：对由 NPN 管子组成的电压放大器，当输出信号的负半周产生失真时，因共发射极电压放大器的输出和输入倒相，说明是输入信号为正半周时电路产生了失真。输入的正半周信号与静态工作点电压相加，将使放大器的工作点进入饱和区。所以，这种情况的失真为饱和失真，消除的办法是降低静态工作点。当输出信号的正半周产生失真时，说明输入信号为负半周时电路产生了失真，输入负半周信号与静态工作点电压相减，将使放大器的工作点进入截止区。所以，这种情况的失真为截止失真，消除的办法是提高电路静态工作点的数值。

2. 电路设计要点

1）集电极电阻 R_C 的选取

根据模拟电路理论知识，R_C 的大小影响着静态工作点、电压放大倍数、输出电阻这三项性能指标。反过来，这三项性能指标对 R_C 阻值的选取有着约束作用。下面逐一分析。

首先，要得到动态范围最大的放大电路，静态工作点应设置在交流福在线的中间点，实际工程中通常在 $U_{CE}=0.5V_{CC}$ 左右取值，即

$$(R_C + R_E)I_C \approx 0.5V_{CC}$$

其次，电路的带载能力即输出电阻大小对 R_C 也施加了约束，即

$$R_C = R_o \leqslant 2.5\text{k}\Omega$$

电路的电压放大倍数也与 R_C 的量值有关，R_C 越大，电路的电压放大倍数也越大。

综合上面三个因数，R_C 应该选取尽可能靠近 2.5kΩ。

2）发射极电阻 R_E 的选取

R_C 基本确定后，可以根据 $(R_C + R_E)I_C \approx 0.5V_{CC}$ 确定 R_E 的大小。

3）基极偏置的电阻的选取

R_C 和 R_E 基本确定后，U_E 的基本确定，即 U_B 的电位基本确定，因此，根据分压比，可以确定 R_{B1} 与 R_{B2} 的比值，再根据 $\beta R_E > 10R_B$（$R_B=R_{B1}//R_{B2}$），确定 R_{B1} 和 R_{B2} 的数量级，要说明的是电阻阻值越大，其热噪声越大，因此 R_{B1} 和 R_{B2} 的阻值并不是越大约越好，这也是实验室很难见到 MΩ量级电阻的原因。

由于并不是任意的阻值市场都有生产销售的，因此，还需要根据实际的电阻的标称值以及各参数之间做调整。

4）根据设计要求的下限频率 f_L，确定电路中的耦合电容及旁路电容的参数

要严格按照模拟电路理论来计算电容 C_1、C_2 及 C_E 同时存在时对放大器低频特性 f_L 的影响，较为复杂，但定性结论是，其下限频率基本取决 C_E 的大小。因此，若要降低下限频率，C_E 可以选取量值较大的电解电容，如 100μF。

四、测试方法

1. 静态工作点的测试

本实验中静态工作点的测试实际就是直流电压、电流的测试。

直流电压的测量，可以数字万用表或者示波器进行测量。对射极电流的测量可以用万用表的直流电流挡直接测量，也可采用间接测试方法，即测试出射极电阻两端的直流电压，再除以射极电阻可得到射极静态电流。要强调的是直接测量电流时，万用表应该串联连接在电路中。

2. 电压增益的测试

电压增益的测试比较简单，工作点设定正确以后，用信号源输出一个 5mV 左右的小信号作为放大器的输入信号，然后用晶体管毫伏表或者示波器直接测量放大器的输入、输出电压，由 $A_v = v_o / v_i$ 即可得到。

五、实验内容

（一）基本实验内容

1. 静态工作点调整与测试

令 $V_{CC}=+12V$，调节电位器 R_w，使放大器处于正常工作状态，获得最佳工作点。用万用表测量 U_E、U_B、U_C，计算 U_{BE}、I_{EQ}、U_{CE}，数据记入表 3-14-1 中。

表 3-14-1 静态工作点的测量

U_E	U_B	U_C	U_{BE}	I_{EQ}	U_{CE}

2. 放大倍数的测试

用函数发生器输出一个正弦波信号作为放大器的输入信号，设置信号频率 $f=5kHz$，有效值 $U_i=5mV$，测量 U_o，计算放大器的电压放大倍数（增益）A_u。数据填入表 3-14-2 中，用坐标纸定量描绘输入、输出波形图。

表 3-14-2 放大倍数的测量

输出电压（U_o）	放大倍数（A_u）	输出波形

（二）扩展实验内容

截止失真与饱和失真波形的观测。

调低静态工作电流 I_C，监测输出波形，直到看到输出变为非正弦波形，定性地记录输出波形。

调高静态工作电流 I_C，监测输出波形，直到看到输出变为非正弦波形，定性地记录输出波形。

六、注意事项

1. 进实验室前必须完成电路的设计以及电路的搭建。
2. 搭建电路时要注意电解电容的极性。

七、思考题

1. 电解电容两端的静态电压方向与它的极性应该有何关系？
2. 如果仪器和实验线路不共地会出现什么情况？通过实验说明。
3. 截止失真和饱和失真在形状上有什么区别？

八、实验器材

1. 函数发生器一台

2．晶体管毫伏表一台

3．示波器一台

4．数字万用表一个

5．三极管、电阻、电容、导线若干

6．面包板一个

3.15　共射单管放大电路的设计与动态性能指标的测试

一、实验目的

1．进一步掌握单管放大电路的设计原理、各种性能指标的调试原理。

2．掌握放大电路输入、输出电阻的测试方法。

3．掌握放大电路幅频特性曲线的测试方法。

二、实验预习与思考

1．放大器输入、输出电阻的物理意义以及测试方案。

2．放大电路幅频特性曲线的测试方法。

3．什么是幅频失真以及如何克服幅频失真？

4．设计任务和要求。

（1）基本要求

应用型号为“2SC1008”（$r_{bb'}=100\Omega$）的 NPN 三极管，设计一个具有最大动态范围的单管共射放大电路。设计具体性能指标要求如下：

（a）电源电压 V_{CC}=12V；静态工作电流 I_{CQ}=1～2mA。

（b）负载 R_L=30kΩ，电压放大倍数 A_u≥100。

（c）输入电阻 R_i＞1.5kΩ，输出电阻 R_o＜2.5kΩ。

要求，画出所选取的电路结构，给出具体的电路参数的计算过程，在电路图中标出最终选取的参数量值，并在面包板上搭建出所设计的实际电路。

（2）扩展要求

基于共射放大电路静态电路设计完成共集电极放大电路和共基极放大电路的设计。

三、实验原理

实验原理已在上个实验中做了详尽的介绍，在此不再赘述。

四、测量方法

放大器的一些交流指标如电压增益、输入电阻、输出电阻以及通频带常用输入正弦交流信号的方法进行间接测量。如图 3-15-1 为放大器通用模型，这里以放大器通用模型来说明这些指标的测试方法。

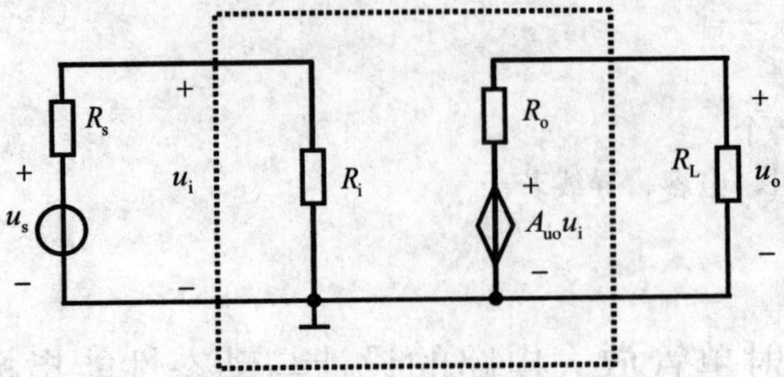

图 3-15-1　放大器通用模型

1. 输入电阻的测试

输入电阻是从放大器的输入口输入放大器的等效交流电阻，输入电阻要向信号源吸收信号功率。因此，输入电阻是在放大器输入口的信号源负载。输入电阻越大，则放大器向信号源索取的功率就小，对信号源的电压利用率就越高。

当被测电路的输入电阻不太高时，可以采用如图 3-15-2 所示的方法进行测量。在信号发生器与放大器的输入端之间接入一已知电阻（取样电阻）R，用交流电压表分别测出取样电阻 R 两端对地的电压 U'_s 和 U_i 的值，则可由下式计算出输入电阻 R_i 的值为

$$R_i = \frac{U_i}{\dfrac{U_s' - U_i}{R}} = \frac{U_i}{U_S' - U_i} R$$

注意：取样电阻 R 的选择应与 R_i 为同一数量级，过小或过大都会使测量误差增大。

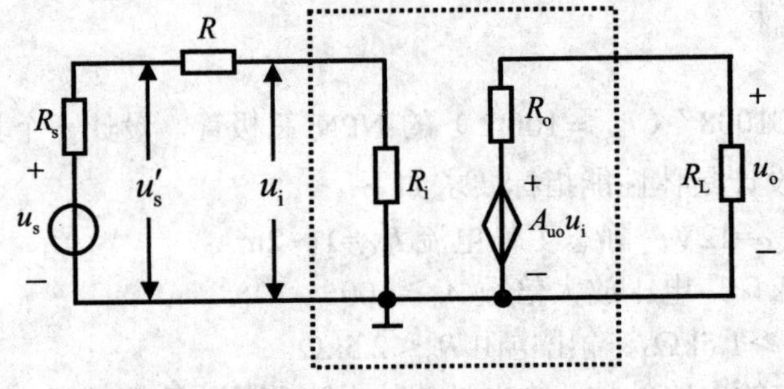

图 3-15-2　输入电阻的测量原理

2. 输出电阻的测量

放大器要向负载提供信号功率，因此，放大器在输出口对负载而言，等效一个新的信号源，该信号源的内阻就是输出电阻。因此，输出电阻是衡量放大器驱动负载能力大小的一个指标。输入电阻越小，则放大器驱动负载的能力就越高。

输出电阻仍然采用间接测量的“两次电压法”测量，测量原理如图 3-15-3 所示。根据戴维宁定理，放大器的输出端可等效为一个电压源与一内阻的串联，等效电压源 U_O' 即为空载（$R_L=\infty$）时的输出电压，等效内阻 R_o 即为放大器的输出电阻。因此，分别测出放大器空载（负载 R_L 断开）时的输出电压 U_O' 和接入负载时的输出电压 U_O，即可计算出输出电阻的值为

$$R_o=\frac{U_o'-U_o}{I_L}=\frac{U'-U_o}{\dfrac{U_o}{R_L}}=\left(\frac{U_o'}{U_o}-1\right)R_L$$

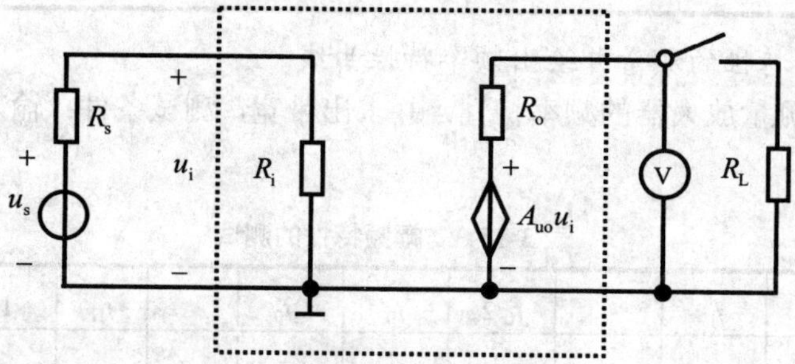

图 3-15-3　输出电阻测量原理

3. 幅频特性测量

获取两端网络幅频特性曲线可以采用点频法又叫描点法，改变输入信号的频率，测量相应的输入、输出电压值，求放大倍数，取得不同频率点对应的放大倍数，即可绘制幅—频特性曲线，但工程测试中通常保持输入信号大小不变，简化成频率与输出电压的关系。在测试过程中通常用毫伏表或示波器监测输入信号，并保持输入信号不变。如果改变频率后输入信号有所变化，必须调节信号发生器使输入信号维持原来的大小。由于测试点有限，可先测量上下截止频率的大约数值，然后可以在它们附近多测几个点，而在曲线变化比较平坦的地方可以少取测试点。

幅频失真：对放大器的输入信号作频谱分析，则输入信号往往是由许多不同频率的正弦分量组成的具有一定频带的信号。如果放大器通频带不够宽，甚至较输入信号的带宽窄，则放大器对输入信号的高频分量或低频分量的放大就不是相同倍数，输出波形就会发生畸变，这种输出失真称为幅频失真。放大器的通频带是保证不产生幅频失真所容许信号占有的最大频谱宽度，是放大器的一项非常重要的性能指标。

五、实验内容

（一）基本实验内容

1. 放大器输入电阻的测量

在放大器输入口串接一取样电阻 R，用“两次电压法”测量该放大器的输入电阻 R_i，测试条件：输入正弦波，f=5kHz，U_i=5mV。完成表 3-15-1。

表 3-15-1　输入电阻的测量

U_s	U_i	取样电阻 R	R_i

2. 放大器输出电阻的测量

在放大器输出口选择一个合适的负载电阻 R_L，运用两次电压法分别测量空载与接上负载时的输出电压值，测试条件：输入正弦波，f=5kHz，U_i=5mV。完成表 3-15-2。

表 3-15-2 输出电阻的测量

U_o	U'_o	负载电阻 R_L	R_o

3. 放大器频率特性的测量并绘出频率特性曲线

用点频测试法测量放大器的频率特性，并求出带宽，测试条件：输入正弦波，U_i=5mV。完成表 3-15-3。

表 3-15-3 幅频特性的测试

频率值（Hz）	$f_L/2$	f_L		$f_0/2$	f_0	$2f_0$		f_H	$10f_H$	带宽Δf
					1k					
U_o（V）										

根据表格测试数据，画出该放大电路的幅频特性曲线。

（二）扩展实验内容

1. 共集电极放大电路交流性能指标的测量

将设计好的共射单管放大电路改建成共集放大形式。测量电路静态工作点确保电路处于放大状态。测试条件：正弦输入，f =1kHz，U_i=20mV，测量共集电极放大电路的交流性能指标，记入表 3-15-4 中。

表 3-15-4 共集电极放大电路交流性能指标的测量

A_U	R_i	R_0	f_L	f_H

2. 共基极放大电路交流性能指标的测量

将设计好的共射单管放大电路改建成共基放大形式。测量电路静态工作点确保电路处于放大状态。测试条件：正弦输入，f=1kHz，U_i=20mV，，测量共基电极放大电路的交流性能指标，记入表 3-15-5 中。

表 3-15-5 共基极放大电路交流性能指标的测量

A_u	R_i	R_O	f_L	f_H

六、注意事项

1. 在测输入电阻时，要在输入回路串接一个与放大器输入电阻同一数量级的已知电阻 R。

2. 在测输出电阻时，要在输出回路串接一个与放大器输出电阻同一数量级的负载电阻 R_L。

3. 测量频率特性时，要保持输入信号电压值不变。

七、思考题

1．测量共集电极放大电路的输入电阻和输出电阻时取样电阻和负载电阻怎样选取误差较少？

2．测量动态输入、输出电压时，用交流毫伏表而不用万用表，为什么？

八、实验器材

1．函数发生器一台
2．晶体管毫伏表一台
3．示波器一台
4．直流稳压电源一台
5．三极管、电阻、电容、导线若干
6．面包板一个

3.16　多级放大电路的设计及测试

一、实验目的

1．理解多级直接耦合放大电路的工作原理和设计方法。
2．学习并熟悉设计高增益的多级直接耦合放大电路的方法。
3．掌握多级放大器性能指标的测试方法。
4．掌握在放大电路中引入负反馈的方法。

二、实验预习与思考

1．多级放大器的耦合方式有哪些？分别有什么特点？

2．采用直接耦合方式，每级放大器的工作点会逐级提高，最终导致电路无法工作，如何从电路结构上解决这个问题？

3．设计任务和要求

（1）基本要求

用给定的三极管 2SC1815（NPN），2SA1015（PNP）设计多级放大器，已知 V_{CC}=+12V，$-V_{EE}$=−12V，要求设计差分放大器恒流源的射极电流 I_{EQ3}=1~1.5mA，第二放大级射极电流 I_{EQ4}=2~3mA；差分放大器的单端输入单端输出不失真电压增益至少大于 10 倍，主放大级的不失真电压增益不小于 100 倍；双端输入电阻大于 10kΩ，输出电阻小于 10Ω，并保证输入级和输出级的直流电位为零。设计并仿真实现。

（2）扩展要求

实现硬件电路并测试。

三、实验原理

直耦式多级放大器的主要设计任务是模仿运算放大器 OP07 的等效内部结构，简化部分电路，采用差分输入、共射放大、互补输出等结构形式，设计出一个电压增益足够高的多级放大器，可对小信号进行不失真的放大。参考电路如图 3-16-1 所示。

1．输入级

电路的输入级是采用 NPN 型晶体管的恒流源式差动放大电路。差动放大电路在直流放大中零点漂移很小，它常用作多级直流放大电路的前置级，用以放大微弱的直流信号或交流信号。

图 3-16-2 为典型的差动放大电路，采用的工作组态是双端输入，双端输出。放大电路两边对称，两晶体管型号、特性一致，各对应电阻阻值相同，电路的共模抑制比很高，利于抗干扰。

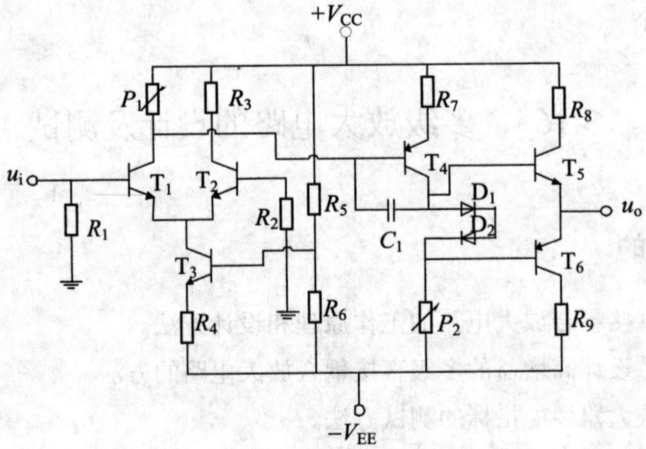

图 3-16-1　多级放大电路原理图

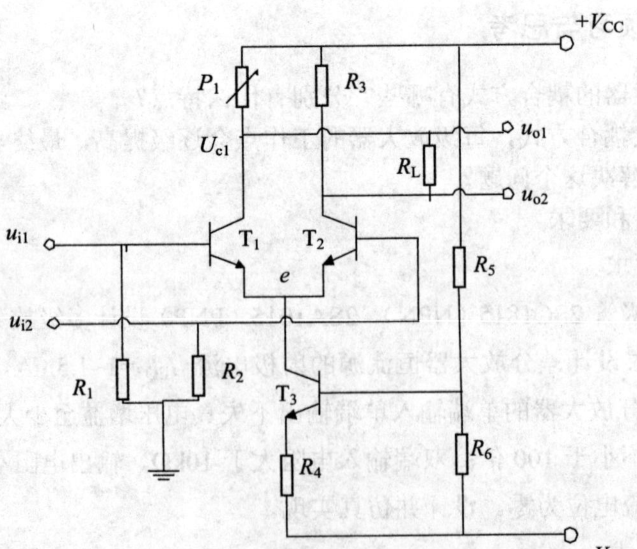

图 3-16-2　差动放大电路

该电路作为多级放大电路的输入级时，采用 v_{i1} 单端输入，u_{o1} 单端输出的工作组态。

计算静态工作点：差动放大电路的双端是对称的，此处令 T_1、T_2 的相关射极、集电极电流参数为 $I_{EQ1}=I_{EQ2}=I_{EQ}$，$I_{CQ1}=I_{CQ2}=I_{CQ}$。设 $U_{B1}=U_{B2}\approx 0\,V$，则 $U_e\approx -U_{on}$，算出 T_3 的 I_{CQ3}，即为 2 倍的 I_{EQ}，也约等于 2 倍的 I_{CQ}。

此处射极采用了工作点稳定电路构成的恒流源电路，此处有个较为简单的确定工作点的方法：

因为 $I_{C3}\approx I_{E3}$，所以只要确定了 I_{E3} 就可以了，而 $I_{E3}=\dfrac{U_{R4}}{R_4}=\dfrac{U_{E3}-(-V_{EE})}{R_4}$，

$$U_{E3}=U_{B3}-U_{on}=(V_{CC}-(-V_{EE}))\cdot\frac{R_5}{R_5+R_6}-U_{on}$$

采用 u_{i1} 单端输入，u_{o1} 单端输出时的增益 $A_{u1}=\dfrac{u_{o1}}{u_{i1}}=-\dfrac{\beta(R_c//\frac{R_L}{2})}{R_b+r_{be}}=-\dfrac{\beta(P_1//\frac{R_L}{2})}{R_1+r_{be}}$

2. 主放大级

本级放大器采用一级 PNP 管的共射放大电路。由于本实验电路是采用直接耦合，各级的工作点相互有影响。前级的差分放大电路用的是 NPN 型晶体管，输出端 u_{o1} 处的集电极电压 U_{c1} 已经被抬得较高，同时它也是第二级放大级的基极直流电压，如果放大级继续采用 NPN 型共射放大电路，则集电极的工作点会被抬得更高，集电极电阻值不好设计，选小了会使得放大倍数不够，选大了，则电路可能饱和，电路不能正常放大。对于这种情况，一般采用互补的管型来设计，也就是说第二级的放大电路用 PNP 型晶体管来设计。这样，当工作在放大状态下，NPN 管的集电极电位高于基极电位，而 PNP 管的集电极电位低于基极电位，互相搭配后可以方便地配置前后级的工作点，保证主放大器工作于最佳工作点上，设计出不失真的最大放大倍数。

图 3-16-3 示出了采用 PNP 型晶体管作为中间主放级并和差分输入级连接的参考电路。图中 T_4 为主放大器，其静态工作点 U_{B4}、U_{E4}、U_{C4} 由 P_1、R_7、P_2 决定。

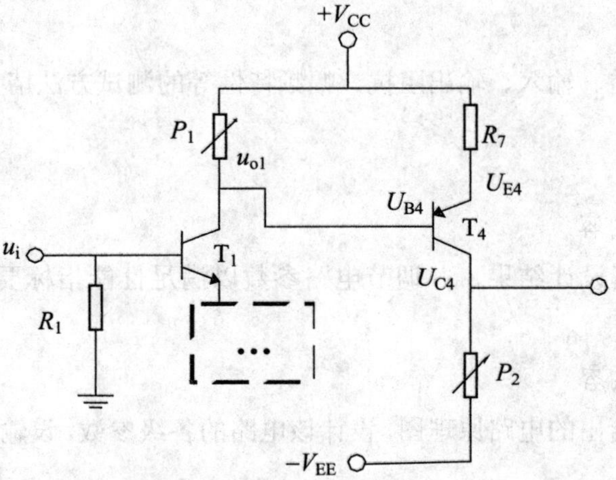

图 3-16-3　PNP 管放大级

图 3-16-3 中，差分放大电路和放大电路采用直接耦合，其工作点相互有影响。简单估

算方式如下：

$$U_{E4}=V_{CC}-I_{E4}\cdot R_7,\ U_{B4}=U_{E4}-U_{on}=U_{E4}-0.7\text{V}（硅管）,\ U_{C4}=-V_{EE}+I_{C4}\cdot R_{P2}$$

由于 $U_{B4}=U_{C1}$，相互影响，具体在调试时要仔细确定。

此电路中放大级输出增益 $A_{U2}=\dfrac{u_{o2}}{u_{o1}}=-\dfrac{\beta\cdot R_c}{R_b+r_{be}}$

3. 输出级电路

输出级采用互补对称电路，提高输出动态范围，降低输出电阻。

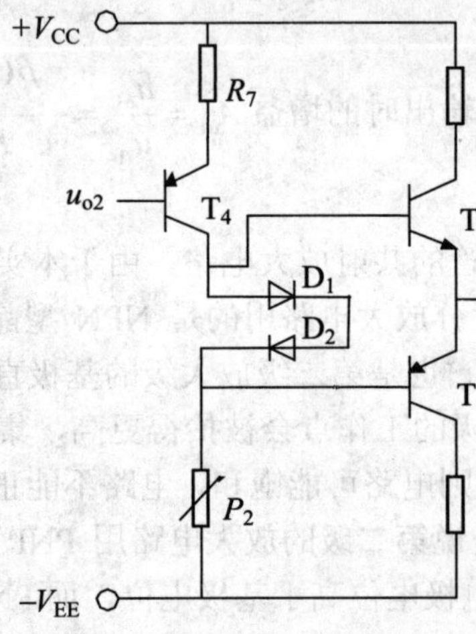

图 3-16-4 互补对称输出级

图 3-16-4 中的 T_4 就是主放大管，其集电极接的 D_1、D_2 是为了克服 T_5、T_6 互补对称的交越失真。本级电路没有放大倍数。

四、测试方法

静态工作点、增益、输入、输出阻抗、幅频特性等的测试方法请参看前面的教学内容。

五、实验内容

（一）基本实验内容

用 Multisim 仿真设计结果，并调节电路参数以满足性能指标要求。给出所有的仿真结果。

（二）扩展实验内容

按照实验原理中给出的电路原理图，设计该电路的各级参数，设输入 U_i=5mV，f=10kHz，完成如下内容的测试：

（1）设计并测试各级电路的静态工作点。完成表 3-16-1。

表 3-16-1　静态工作点的测试

第一级	U_{b1}	U_e	U_{c1}	U_{R4}	I_{e3}
第二级					

（2）将各级放大器级联而成为一个多级放大器，并调节工作点，使之能正常工作于放大状态，测试总电压增益，输入阻抗，幅频特性，如表 3-16-3~表 3-16-7 所示。

表 3-16-2　电路总放大倍数的测量

U_i	U_o	A_{v2}

表 3-16-3　输入电阻的测量

U	U'	R	R_i

表 3-16-4　幅频特性的测量

f(Hz)			$0.1f_H$		f_H			$10f_H$
U_o(V)								

（3）引入负反馈，取 R_1、R_2=39kΩ，U_i=50mV，模拟运算放大器的正或反相放大工作组态，自拟放大倍数，并测试验证其正确性，记录相关数据，并分析电路的工作状态。

表 3-16-5　引入反馈后电路放大倍数的测量

R_f	U_i	U_o	A_v

表 3-16-6　引入反馈后输入电阻的测量

U_i	U_i'	R	R_i

表 3-16-7　引入反馈后幅频特性的测量

f(Hz)			$0.1f_H$		f_H	$2f_H$	$5f_H$
U_o(V)							

六、注意事项

进入实验室前须完成电路的搭建及参数设计过程说明。

七、实验报告要求

基本实验内容部分用Multisim仿真设计结果，提交仿真报告。

扩展部分，在实际电路上完成测试，报告中应写明电路调试过程及参数测试结果。

八、实验器材

1. 函数发生器一台
2. 晶体管毫伏表一台
3. 示波器一台
4. 直流稳压电源一台
5. 数字万用表一个
4. 三极管、电阻、电容、二极管、电位器、导线若干
5. 面包板一个

3.17 集成功率放大器设计与参数测试

一、实验目的

1. 了解集成功率放大器的特点、应用。
2. 掌握集成功率放大器的设计方法。
3. 掌握功率放大器主要性能指标的测试方法。

二、实验预习与思考

1. 什么是功率放大电路？对功率放大电路的要求是什么？
2. 功率放大电路有什么类型？各有什么特点？
3. 功率放大器主要技术指标有哪些？它们的物理意义是什么？

设计要求：

设计一音频功率放大器，输出功率不得小于0.5W；要求f_L=100Hz，f_H=20kHz；$\eta \geqslant 50\%$。

三、实验原理

能够向负载提供足够信号功率的放大电路称为功率放大器。功率放大器的主要任务是将信号放大到足以推动外接负载，如扬声器、音响等。功率放大器的主要要求是获得不失真或较小失真的输出功率，讨论的主要指标是输出功率、电源提供的功率。由于要求输出功率大，因此电源消耗的功率也大，就存在效益指标的问题。由于功率放大器工作于大信号，使晶体管工作于非线性区，因此非线性失真、晶体管功耗、散热、直流电源功率的转换效率等都是功放中的特殊问题。

集成功率放大器和分立元件功率放大器相比，具有体积小、重量轻、调试简单、效率高、

失真小、使用方便等优点，使其得到迅猛发展。在通用领域基本取代分立元件功放。

1. LA4102 集成功放电路工作原理

LA4102 功放具有集成运放的结构特点，由输入级、中间级和输出级三部分组成，其内部电路如图 3-17-1 所示。

输入级由 VT_1、VT_2 组成差动电路，用以减小温漂，提高输入阻抗和减小噪声。VT_3、R_4、R_5 及 VT_5 组成分压网络，一方面为 VT_1 提供静态偏置电压，另一方面为 VT_5、VT_6 组成的镜像恒流源提供参考电流。VT_4、VT_7 组成两级电压放大器，具有较高的电压增益。VT_8、VT_{14} 组成的 PNP 型复合管与 VT_{12}、VT_{13} 组成的 NPN 型复合管共同构成互补对称推挽输出电路。R_9、VT_9～VT_{11} 为电平移动电路，给末级功放提供合适的静态偏置。R_{11} 接于输出端和 VT_2 的基极之间，构成很深的直流负反馈，可以稳定静态工作点，提高共模抑制比。此集成功放采用单电源供电方式接成 OTL 电路形式，也可以采用正负双电源供电方式（将③脚接负电源）接成 OCL 电路形式。

2. LA4102 集成功放放大器实验电路

LA4102 集成功放的封装形式如图 3-17-2 所示。实验电路如图 3-17-3 所示，其外围电路元器件的作用如下：

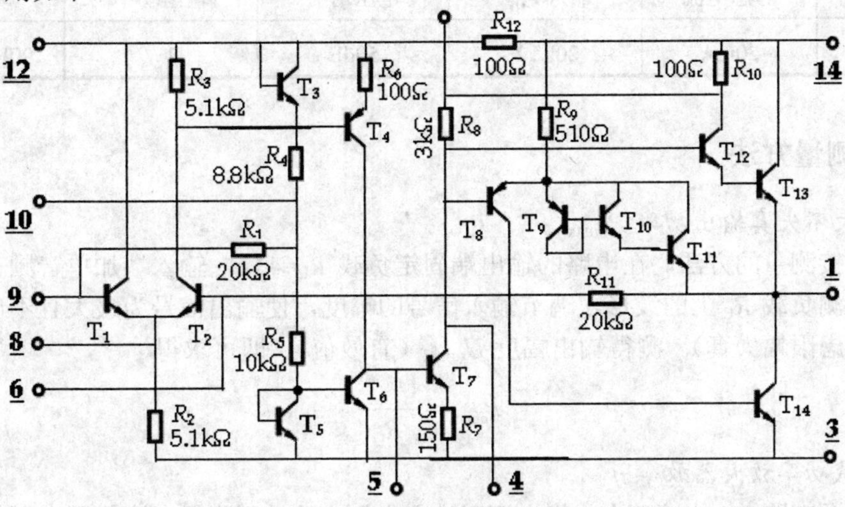

图 3-17-1 LA4102 集成功放内部电路

C_1 为输入耦合电容；C_{10} 为输出耦合电容；C_9 为电源去耦电容；C_5、C_6 为消振电容；C_4 为滤波电容，使 T_1、T_2 静态工作点更稳定；C_2 是前级放大电路电源去耦电容；C_8 为自举电容，扩展输出信号动态范围；C_7 为去耦电容；C_3，R_f 与内部电阻 R_1 组成串联负反馈，决定整机电压放大倍数。

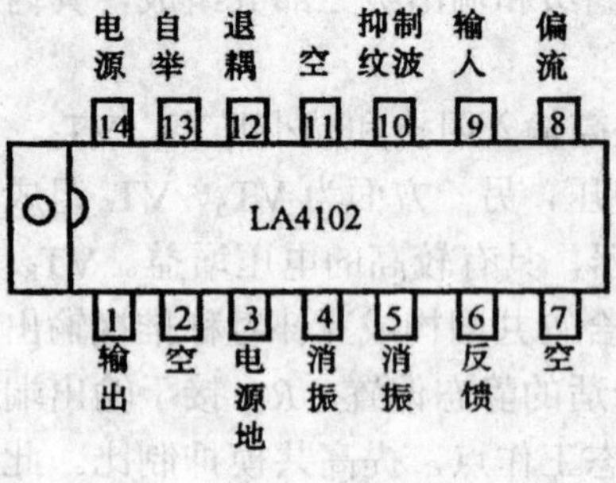

图 3-17-2　LA4102 封装

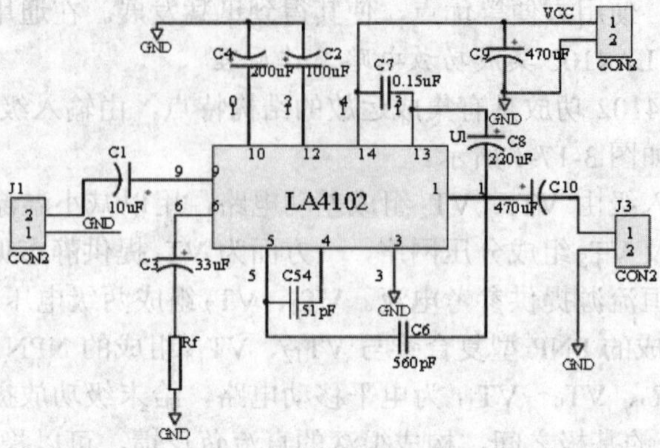

图 3-17-3　LA4102 实验电路图

3. LA4102 集成功放主要技术指标（如表 3-17-1）

表 3-17-1　LA4102 集成功放主要技术指标

电源电压	静态电流	输入电阻	电压增益	输出功率	频率响应
9V	20mA	20kΩ	50dB	2W	90Hz~20kHz

四、测量方法

1. 最大不失真输出功率 P_{omax}

采用间接测量的方法，在电路的输出端固定负载 R_L=4Ω，输入端加单音频正弦信号，用示波器观测负载 R_L 上的波形，调节输入信号的幅度，使输出信号为最大且不出现削顶失真（即只考虑限幅失真）。测得输出幅度 U_{omax}（有效值），即可求得

$$P_{omax}=\frac{U_{omax}^2}{R_L}$$

2. 测试功率放大器效率 η

断开电源支路，按电流流向，将电流表串入电源支路，可测得直流稳压电源的输出电流 I_{Emax}。则电源输出功率

$$P_E=V_{CC}\cdot I_{Emax}$$

由此可以求出最大不失真时的输出效率

$$\eta=P_{omax}/P_E$$

五、实验内容

1. 测试最大不失真输出功率 P_{omax}

在电路的输出端固定负载 R_L=4Ω，测试条件：输入端加单音频正弦信号 f=1000Hz，完成表 3-17-2。

表 3-17-2　最大不失真功率的测量

V_{CC}（V）	R_L（Ω）	U_{omax}(V)	P_{omax}(W)

2. 测试功率放大器效率 η

用万用表测量电源输出电流，完成表 3-17-3。

表 3-17-3　效率的测量

I_{Emax}(mA)	P_E(W)	η

3. 测试功率放大器的截止频率

在电路输入端加入单音频正弦信号，频率 f=1000Hz，有效值 U_i=0.3V。改变输入信号频率，用示波器监测输出电压波形，在保证输出波形不失真、输入信号幅值不变的情况下，改变输入信号频率，用晶体管毫伏表测量输出电压，并依据 –3 dB 幅值读出低端和高端截止频率 f_L、f_H 。数据记入表 3-17-4 中。

表 3-17-4　频率特性的测量

f(Hz)	20	f_L	400	5k	15k	20k	30k	f_H	200k
U_0(V)									

六、实验报告要求

1．完成各表格数据测试，要求注明测量仪器和测试条件，说出 OTL 型功放电路特点。

2．依据实验内容 3 所测的 f-U_o 数据，分析高端截止频率的取值。

七、思考题

1．电路中 C_8 的作用是什么？

2．改变负载电阻 R_L 是否可行？对电路有何影响？

3．测量高端截止频率 f_H 时，波形有何变化？说明了什么？

八、实验仪器

1.　函数发生器一台
2.　晶体管毫伏表一台
3.　示波器一台
4.　万用表一只
5.　集成功放、电阻、电容、导线若干
6.　面包板一个

3.18 运放的基本放大应用

一、实验目的

1．了解集成运算放大器的管脚分布及其功能。
2．掌握集成运放的正确使用方法及特点。
3．掌握用运放构成的比例放大电路的设计方法、参数的选取原则。
4．掌握双电源的连接原理及实现方法。

二、实验预习与思考

1．如何应用集成运放构成反相、同相比例放大器？
2．了解待测运放器件的性能指标，查明各个管脚功能。
3．若集成运放的偏置电源为±12V，则集成运放的最大输出为多少？
4．集成运放线性应用中，电阻如何选取？
5．如何利用稳压电源实现运放的双电源供电？
6．设计要求：

1）设计一个同相比例放大电路，要求电压放大倍数为 2；画出电路图，给出电路参数的推导过程及最终参数的选取结果。

2）设计一个反向比例放大电路，要求电压放大倍数为－3；画出电路图，给出电路参数的推导过程及最终参数的选取结果。

三、实验原理

集成运算放大器是一种高增益的直接耦合电路，当外部接入不同的元件时，可实现各种数学运算关系。在线性应用中，可实现比例、加法、减法、积分、微分等模拟运算电路。理想的集成运放具有以下特点：$R_i \to \infty$，$R_O \to 0$，$A \to \infty$，$K_{CMRR} \to \infty$。

集成运放大器的电路模型如图 3-18-1（a）所示，实际的集成运算放大器“741”的管脚分布如图 3-18-1（b）所示。

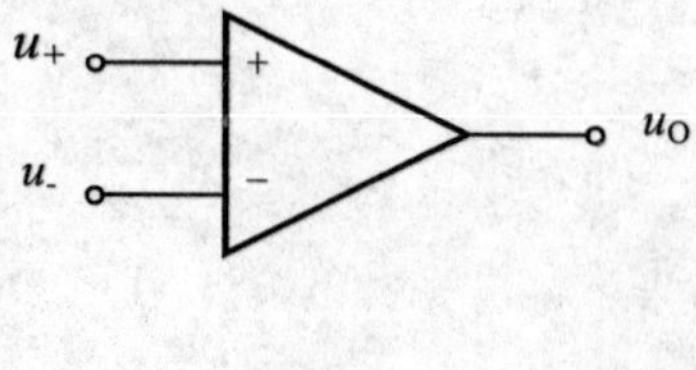

（a）集成运放的电路符号

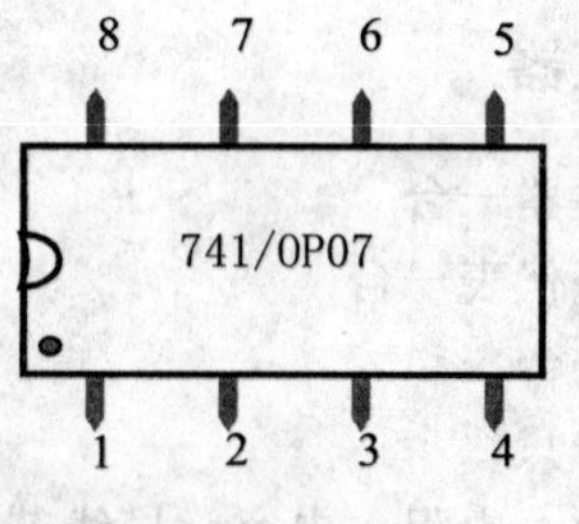

（b）管脚分布图

图 3-18-1

其中：1 脚和 5 脚是一对调零端钮，目的是运放正负双电源供电时，通过这一对端钮外接调零电路实现零输出；2 脚是反相输入端；3 脚是同相输入端；4 脚是负电源端；6 脚是输出端；7 脚是正电源端；8 脚空置。

集成运放有两个输入端，根据输入接入方式的不同，可构成 3 种基本的放大组态，即反相、同相和差动输入组态，它们是构成集成运放系统的基本单元。

1. 反相比例放大器

如图 3-18-2 是典型的反相比例放大器原理图，输入信号经输入限流电阻送到反相输入端，同相输入端经平衡电阻接地。反馈电阻引入电压取样电流求和反馈，属于深度负反馈。根据运放工作在线性放大区的两个基本法则“虚短”和“虚断”有

$$\begin{cases} u_+ = u_- = 0 \\ i_i = i_f \end{cases}$$

所以 $$\frac{u_i}{R_1} = -\frac{u_o}{R_f} \Rightarrow A = \frac{u_o}{u_i} = -\frac{R_f}{R_1}$$

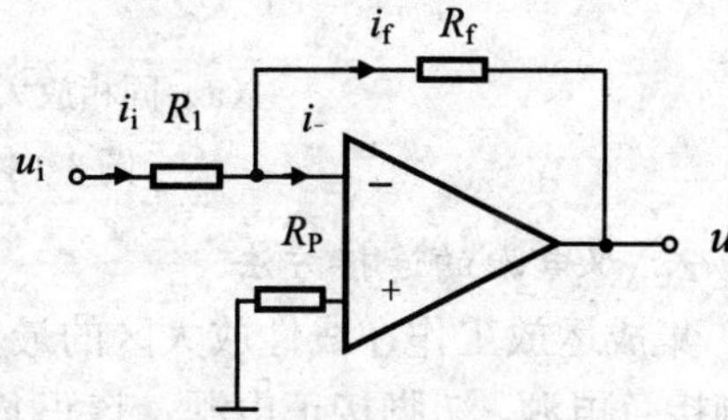

图 3-18-2 反相比例放大器原理图

由上式可以看出，该电路的增益和运放的性能指标无关，可以很方便地通过外围电阻的调节改变电路增益。

2. 同相比例放大器

如图 3-18-3 所示电路，输入信号从同相端接入，反相端接地。同样依据两个基本原则“虚短”和“虚断”有

$$i_i = 0 \qquad u_- = u_+ = u_i$$

有 $i_1 = i_f \Rightarrow \dfrac{u_i}{R_1} = \dfrac{u_o - u_i}{R_f}$

所以 $A = \dfrac{u_o}{u_i} = R_f(\dfrac{1}{R_1} + \dfrac{1}{R_f}) = \dfrac{R_f}{R_1} + 1 = 1 + \dfrac{R_f}{R_1}$

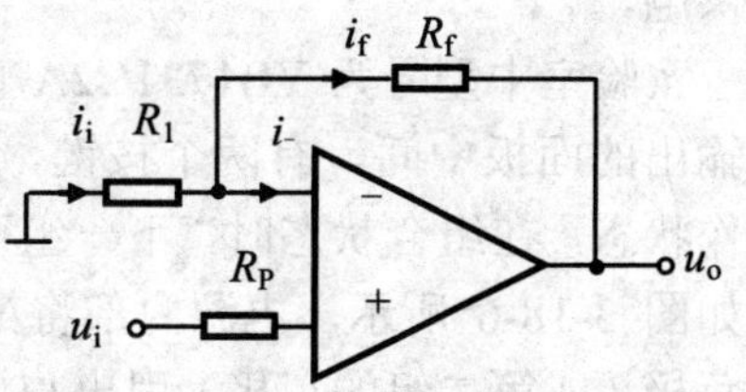

图 3-18-3 同相比例放大器原理

3. 电压跟随器

在上式中，若令 R_1=∞（实际电路中用开路来实现），则电路增益等于 1，构成电压跟随器，如图 3-18-4 所示。该电路的输入电阻 R_i=∞，输出电阻 R_o=0，具有非常好的隔离作用，因此在实际中可做缓冲器用。

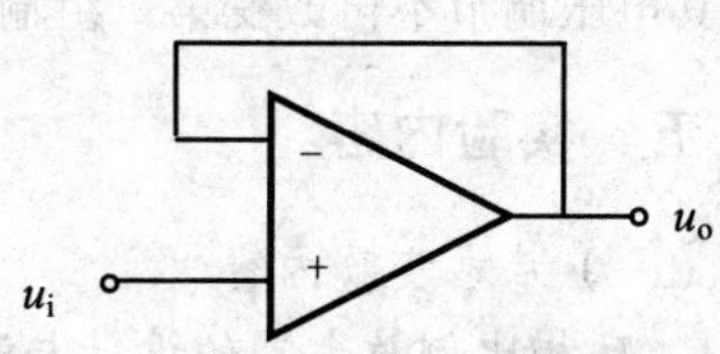

图 3-18-4 电压跟随器

四、测试方法

1. 交流增益的测试

将放大器的输入、输出电压分别测出后，在测试过程中，应注意公共端的选取，根据增益的定义

$$A = \frac{U_o}{U_i}$$

确保放大器工作在线性放大状态，接入正弦激励后，在输出不失真的情况下，用晶体管毫伏表或示波器测量出其输入、输出的大小，两者相除即可求出增益。若要测量输出、输入

波形之间的相位关系，也就是要判断是反相还是同相放大器，可用示波器观测其波形，如图 3-18-5 所示。

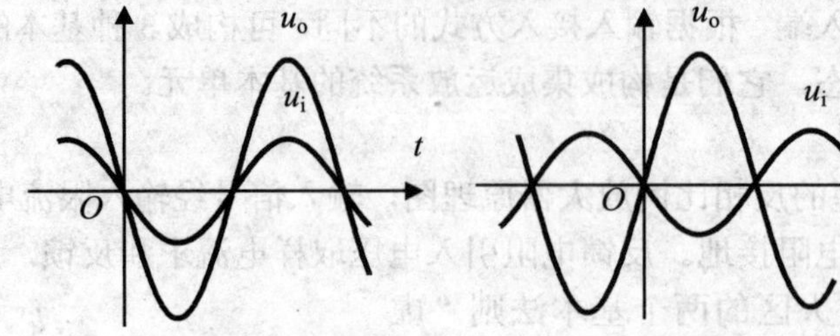

（a）同相放大　　（b）反相放大

图 3-18-5　交流增益的测量示意图

2. 双电源的连接方法

集成运放工作在线性放大区的最基本条件是直流偏置电源需正确提供，741 和 OP07 的 4 脚接负电源、7 脚接正电源，该正负是对公共端而言的，在实现偏置电源时应注意。

双电源的连接原理如图 3-18-6 所示，E_1、E_2 可提供两组独立等值的直流电压输出，为满足双电源供电，将 E_1 的负极与 E_2 的正极短接，并将短接端引出与放大器的公共端相连，这样 E_1 的正极对公共端而言可提供正电压，E_2 的负极对公共端而言可提供负电压，从而实现双电源供电。

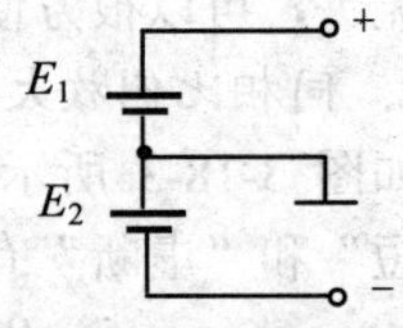

图 3-18-6　双电源的连接原理

实验室中型号为 YB1731C2A 直流稳压电源，在第一组和第二输出的面板中间，有两个按键，上一个可选择组合或是独立工作状态，在组合状态时，下一组可选择并联或是串联方式。若选择组合串联，其工作原理即如图 3-18-6 所示，电源内部将第一组输出的负极与第二组输出的正极短路，若将第一组的负极（或第二组的正极）引出与放大电路中的的公共端相连，则可实现双电源连接。注意在组合串联工作状态时，第一组电源为主电源，可实现电压值的大小的调节，第二组是从电源，其电压调节不再改变第二组输出的大小。

五、实验内容

（一）基本实验内容

1. 反相比例放大器的设计与测试

根据设计要求和元件包中所提供元器件，在面包上搭建实现 u_o=-3u_i，完成表 3-18-1 的测试。

表 3-18-1　反相放大器的测试

测试条件		输出电压	实测放大倍数	所选电阻的大小	
u_i	A	u_o	A	R_i	R_f
2cos1000πtV	–3	在同一坐标系下定量地绘出输入、输出的波形			

2. 同相比例放大器的测量

根据设计要求和元件包中所提供元器件，在面包上搭建实现 $u_o=2u_i$，并完成表 3-18-2 的测试。

表 3-18-2 反相放大器的测试

测试条件		输出电压	实测增益	所选电阻的大小	
u_i	A	u_o	A	R_i	R_f
$3\cos 1000\pi t$ V	2	在同一坐标系下定量地绘出输入、输出的波形			

（二）扩展实验内容

测量同相比例放大电路的频率特性。

电路同上实验中的同相比例放大器，输入条件：正弦波，有效值 U_i=2V，用点频法测量电路的幅频特性曲线，完成表 3-18-3。并根据测试数据画出其幅—频特性曲线。

表 3-18-3 同相比例放大电路的频率特性测试数据

频率值	100Hz	1kHz	10 kHz	f_H	$10\,f_H$
输出 U_o					

六、注意事项

1. 运算放大器工作在线性放大器的最基本条件是偏置电源的正确提供，在实现放大器增益的测试时，偏置电源一定要保证。

2. 反相比例放大器中，同相端连接平衡电阻后接地；同相比例放大器中，反相端连接电阻后接地。

七、思考题

1. 若反相比例放大电路的电压放大倍数为–20，输入的电压的峰峰值为 1V，运放由在±12V 的双电源供电，此时输出的峰峰值为多少？为什么？

2. 你能根据表 3-18-3 的测试数据判断出同相放大电路具有什么样的滤波特性？由运放构成的反相放大电路呢？

八、实验器材

1. 函数发生器一台
2. 万用表一台
3. 示波器一台
4. 直流稳压电源一台
5. 电阻、集成运放、导线若干
6. 面包板一个

3.19 集成运放的运算应用

一、实验目的

1．进一步理解集成运算放大器的基本特性。

2．熟练掌握集成运放的正确使用方法及特点。

3．理解集成运放构成的减法器、加法器原理及其实际应用。

二、实验预习与思考

1．如何应用集成运放实现减法、加法运算功能？

2．设计要求：

1） 设计一个减法器，要满足 $u_o = 3(u_{i2} - u_{i1})$ 运算。画出电路图，并给出参数的推导过程及最终的参数选取量值。

2）设计一个加法器，要满足 $u_o = -3(u_{i1} + u_{i2})$ 运算。画出电路图，并给出参数的推导过程及最终的参数选取量值。

三、实验原理

1．*减法器*

减法器的构成是集成运放在两个输入端同时输入信号的情况下，得到两个模拟信号相减的运算结果。如图 3-19-1 是减法器原理图，一个输入信号经送到反相输入端；另一个输入信号接入同相输入端。根据“虚短”和“虚断”的基本法则：

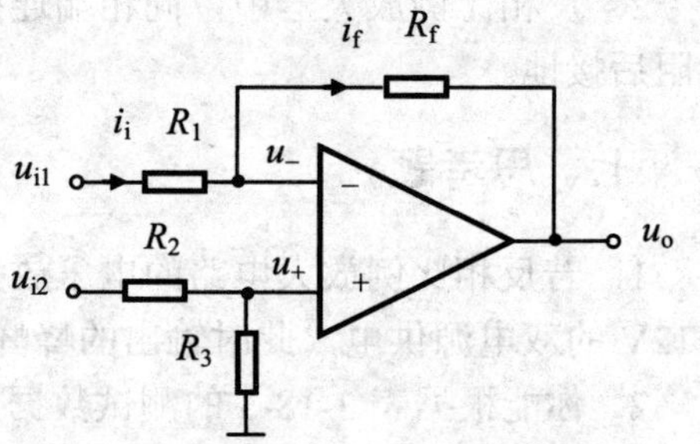

图 3-19-1 减法器原理图

$$\begin{cases} u_- = u_+ = \dfrac{R_3}{R_2 + R_3} u_{i2} \\ i_i = i_f \end{cases}$$

即 $$\frac{u_{i1} - \dfrac{R_3}{R_2 + R_3} u_{i2}}{R_1} = \frac{\dfrac{R_3}{R_2 + R_3} u_{i2} - u_o}{R_f}$$

所以 $$u_o = \frac{R_3}{R_1} \cdot \frac{R_1 + R_f}{R_2 + R_3} u_{i2} - \frac{R_f}{R_1} u_{i1}$$

若取 $R_1 = R_2$， $R_3 = R_f$ 则 $u_o = \dfrac{R_f}{R_1}(u_{i2} - u_{i1})$

由上式可以看出，该电路可以实现对两个模拟信号的减法运算。

2．*反相加法器*

实际电路中经常会遇到对模拟信号进行代数相加，该功能电路可使用反相加法器或同相加法器实现。如图 3-19-2 所示电路，模拟输入信号 u_{i1} 和 u_{i2} 从反相通过 R_1 和 R_2 送入反相端，同相端通过平衡电阻接地。根据“虚短”和“虚断”的基本法则：

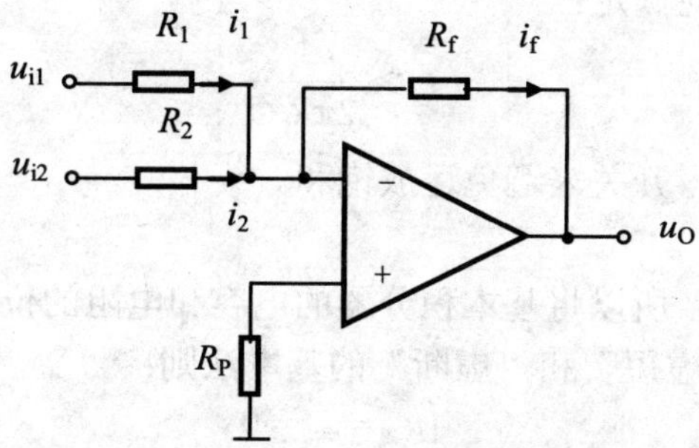

图 3-19-2　反相加法器

$$i_f = i_1 + i_2$$

因为
$$i_1 = \frac{u_1}{R_1} \quad i_2 = \frac{u_2}{R_2} \quad i_f = -\frac{u_o}{R_f}$$

所以
$$-\frac{u_o}{R_f} = \frac{u_1}{R_1} + \frac{u_2}{R_2}$$

$$u_o = -R_f(\frac{u_1}{R_1} + \frac{u_2}{R_2})$$

若取
$$R_1 = R_2 = R$$

则有
$$u_o = -\frac{R_f}{R}(u_{i1} + u_{i2})$$

同相加法器以此类推，在此不再赘述。

3. 积分器

积分电路在波形产生器、波形变换、电压-时间变换、延时、滤波器的综合等方面应用很广，且形式多样。反相积分器（又称基本积分器）的原理电路如图 3-19-3 所示，根据“虚短”和“虚断”的基本法则：

$$\begin{cases} u_+ = u_- = 0 \\ i_i = i_C \end{cases}$$

$$i_i = \frac{u_i(t)}{R_1} i_C = -C\frac{\mathrm{d}u_o(t)}{\mathrm{d}t}$$

因此 $u_o(t) = -C\int i_C \,\mathrm{d}t = -\frac{1}{RC}\int u_i(t)\mathrm{d}t$

结果表明：输出电压和输入电压的积分成比例。但该电路在静态时，运放实际上处于开环状态（电容隔直），运放的失调和漂移可能造成输出饱和，而无法再对输入积分。因此，在实际电路中，往往在电容上并一个大电阻。前提是该电阻不能破坏原有的积分关系，但可适当降低运放的开环增益，避免运放饱和。如图 3-19-4 所示为实用反相积分电路，在电容两端并联一电阻，使得积分关系依然成立的条件是容抗远远小于该电

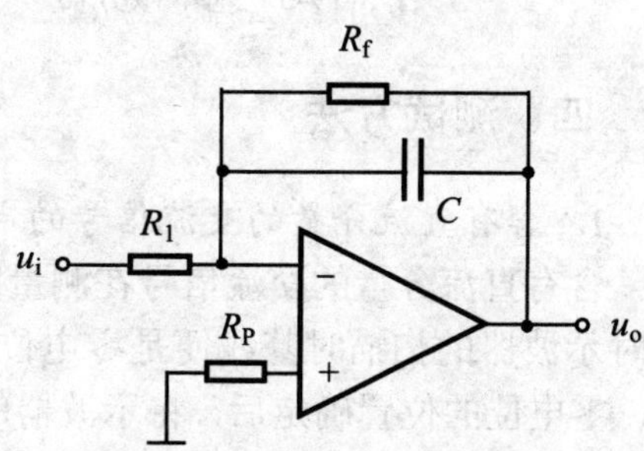

图 3-19-4　实用反相积分器

阻。即被积分的信号频率应满足：

$$f \gg \frac{1}{2\pi R_f C}$$

也可在电容上并联清零开关来避免运放饱和。

4. 微分器

微分是积分的逆运算，所以将基本积分器的电容和电阻的位置互换就得到基本微分器，如图 3-19-5 所示，根据“虚短”和“虚断”的基本法则：

$$\begin{cases} u_+ = u_- = 0 \\ i_i = i_C \end{cases}$$

$$i_C = C\frac{\mathrm{d}u_i(t)}{\mathrm{d}t} \quad i_f = -\frac{u_o(t)}{R_f}$$

因此
$$u_o(t) = -RC\frac{\mathrm{d}u_i(t)}{\mathrm{d}t}$$

上式结果表明，输出电压与输入电压的微分成比例。此式若用网络函数表示有

$$\frac{\dot{U}_o}{\dot{U}_i} = -\mathrm{j}\omega RC$$

上式表明，输入幅值与激励频率成正比，频率越高则输出越大。因此高频噪声和干扰的影响严重，高频增益大也使得该电路容易自激，这是基本微分器的缺点。

实用的微分器往往在电容上串联一个小电阻 R_1 来克服上述缺点，如图 3-19-6 所示。该电阻的引入可以减小高频增益（如当 $f\to\infty$ 时，$A=-R_f/R_1$）。为了使得串入的小电阻不影响原来的微分关系，应使得电容的容抗远远大于 R_1，即

$$\frac{1}{\omega C} \gg R_1$$

该式为 R_1 的选取提供了依据。

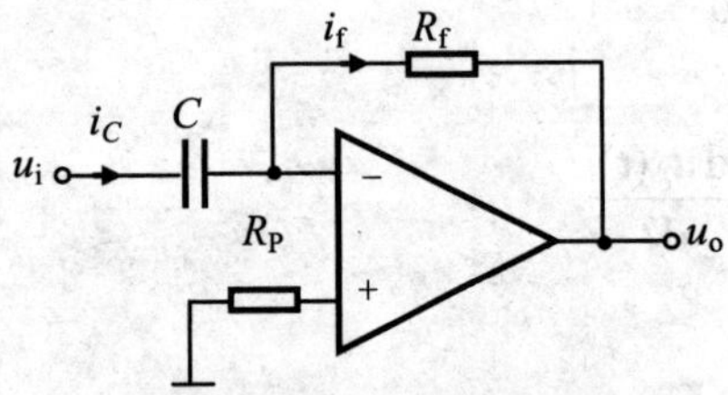

图 3-19-5 基本微分器

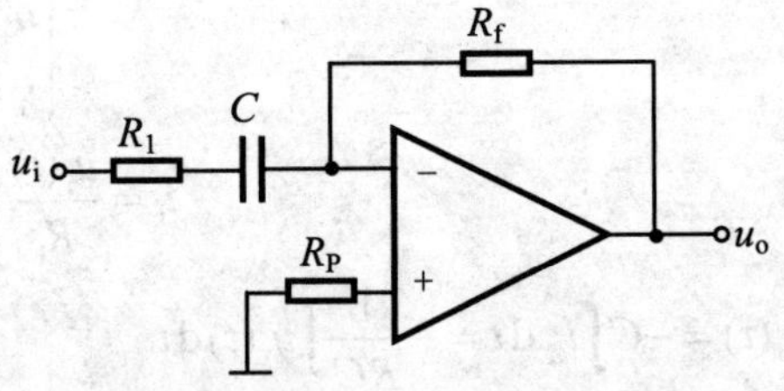

图 3-19-6 实用微分器

四、测试方法

1. 含有直流分量的交流信号的定量测试方法

含有直流分量的交流信号在测量时，首先应将示波器的垂直耦合方式置于接地（GND），此时示波器的扫描时基线便是零电位线，零电位在荧光屏上的位置可根据垂直位移旋钮确定。零电位的位置确定后，将示波器的垂直耦合开关置于 DC 耦合，其直流分量的大小可由以下公式求解：

$$U_{直流} = \frac{u_{max} + u_{min}}{2}$$

波形示例如图 3-19-7 所示。

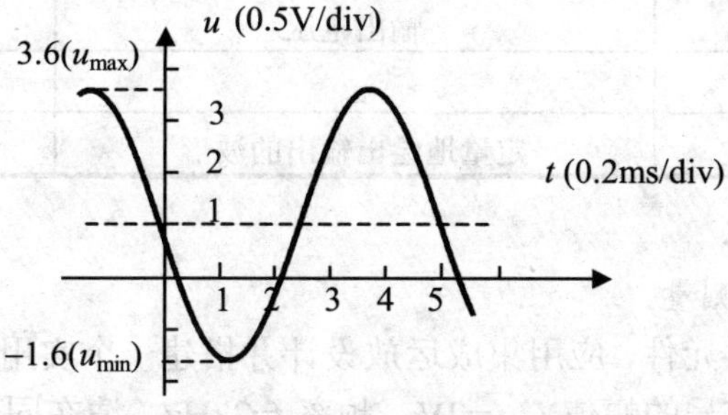

图 3-19-7 含有直流分量的信号

2. 直流激励的实现与电压跟随器的应用

直流激励可应用供电的直流偏置电源并联电阻分压电路实现。如图 3-19-8 所示的电路，可通过对电位器的调节来实现不同的直流激励。应用该电路向放大器提供直流激励时，应注意该电路的输出电阻与放大器的输入电阻 R_i 的匹配问题，即该电路的等效输出电阻 $R_o \ll R_i$。若在设计时无法满足该匹配条件，则可应用电压跟随器做缓冲级实现信号的不失真输出，如图 3-19-9 所示。

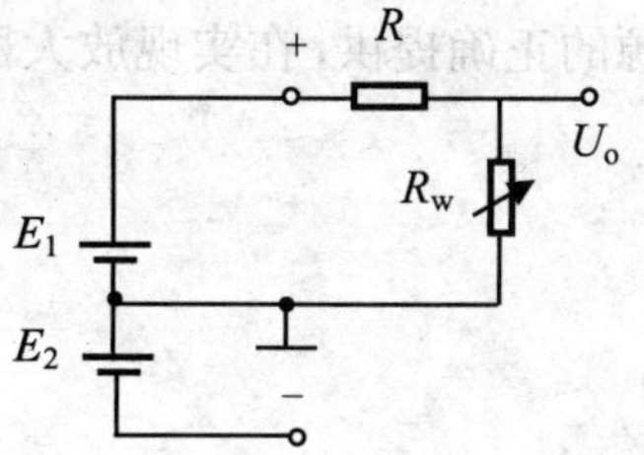

图 3-19-8 直流激励电路原理

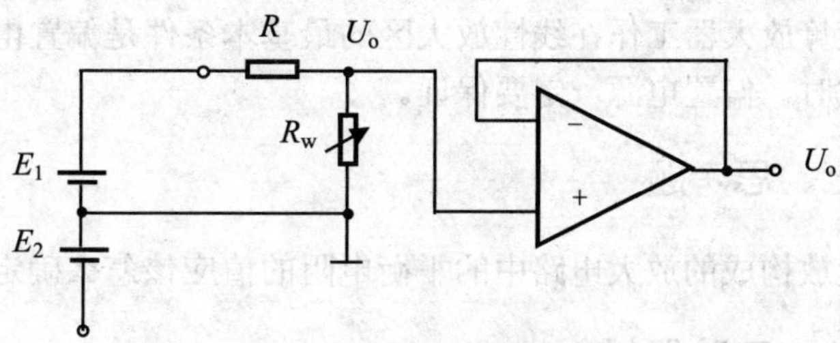

图 3-19-9 电压跟随器的应用

五、实验内容

（一）基本实验内容

1. 减法器的设计与测试

根据设计要求和元件包中所提供元器件，在面包板上搭建实现 $u_o = 3(u_{i2} - u_{i1})$，完成表 3-19-1 的测试。

表 3-19-1 减法器的测试

测试条件		输出电压	所选电阻的大小	
u_{i1}	u_{i2}	u_o	R_1	R_f
0.7V	1.4 V			
$\cos 1000\pi t$ V	0.7V	定量地绘出输出的波形		

2. 反相加法器的设计与测试

根据设计要求和元件包中所提供元器件，在面包板上搭建实现 $u_o = -3(u_{i1} + u_{i2})$，完成表

3-19-2 的测试。

表 3-19-2　反相加法器的测试

测试条件		输出电压	所选电阻的大小	
u_{i1}	u_{i2}	u_o	R_i	R_f
$\cos 1000\pi t$ V	0.7V	定量地绘出输出的波形		

（二）扩展实验内容

1. 积分器的设计与测量

根据元件包中所提供元件，应用集成运放设计并搭建一个实用积分器，实现对方波信号的积分运算，要求方波信号的幅值 U_{PP}=2V、频率 f=2kHz。请在同一坐标系下绘出输入、输出的波形。

2. 微分器的设计与测量

根据元件包中所提供元件，应用集成运放设计并搭建一个实用微分电路，实现对三角波信号的微分运算，要求三角波信号的幅值 U_{PP}=2V、频率 f=4kHz。请在同一坐标系下绘出输入、输出的波形。

六、注意事项

运算放大器工作在线性放大区的最基本条件是偏置电源的正确提供，在实现放大器增益的测试时，偏置电源一定要保证。

七、思考题

运放构成的放大电路中的平衡电阻的值应该怎么确定？

八、实验器材

1. 函数发生器一台
2. 万用表一台
3. 示波器一台
4. 直流稳压电源一台
5. 电阻、电容、二极管、集成运放、导线若干
6. 面包板一个

3.20　文氏桥振荡电路的设计与测试

一、实验目的

1. 掌握文氏桥振荡电路的设计原理。
3. 掌握文氏桥振荡电路性能的测试方法。

二、实验预习与思考

1．复习应用集成运放实现文氏桥振荡电路的原理。

2．设计文氏桥振荡电路，实现正弦信号的产生，并设计实验表格，记录实验数据。

3．文氏桥振荡电路中，D_1 和 D_2 是如何稳幅的？

三、实验原理

如图 3-20-1 所示为 *RC* 文氏桥振荡电路。其中 *RC* 串、并联电路构成正反馈支路，并起选频作用，R_1、R_2、R_W 及二极管等元件构成负反馈和稳幅环节。调解 R_W 可以改变负反馈深度，以满足振荡的振幅条件和改善波形。利用两个反向并联二极管 D_1、D_2 正向电阻的非线性特性来实现稳幅。D_1 和 D_2 要求特性匹配，以确保输出波形正、负半周期对称。R_3 的接入是为了消弱二极管死区的影响，改善波形失真。

电路的振荡频率：$f_0=\dfrac{1}{2\pi RC}$

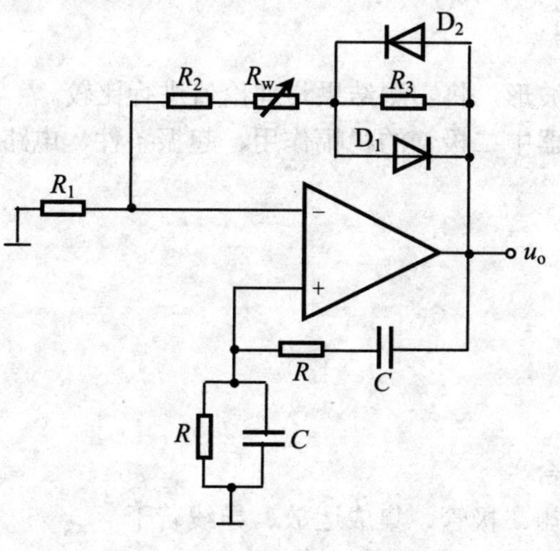

图 3-20-1　*RC* 文氏桥振荡器

起振的幅值条件：$A_f=1+\dfrac{R_f}{R_1}\geqslant 3$

调整 R_W，使得电路起振，且失真最小。改变选频网络的参数 *C* 或 *R*，即可调节振荡频率。

四、测试方法

本次实验设计的测试方法有：直流电压、交流信号的定量测试，前面均已介绍过，在此不再赘述。

五、实验内容

1．文氏桥振荡器的实现

根据元件包中所提供元件，应用集成运放设计并搭建实现文氏桥振荡电路，调解电路中参数使得电路输出从有到无，从正弦波到失真。定量地绘出正弦波的波形，记录起振时的电路参数，分析负反馈强弱对起振条件及输出波形的影响。并记录出最大不失真输出时的振幅。

2. *研究 RC 参数对振荡频率的影响*

改变 R、C 参数的大小，用示波器观测起振的正弦输出，分析 R、C 参数对振荡频率的影响。

3. *稳幅作用的分析*

断开稳幅电路中的 D_1、D_2，调解电路参数，使得输出为最大不失真状态，分析 D_1、D_2 在电路中的稳幅作用。

六、注意事项

1．运算放大器工作在线性放大器的最基本条件是偏置电源的正确提供，在实现放大器增益的测试时，偏置电源一定要保证。

2．在设计时要注意起振条件的满足。

七、实验报告要求

1．整理实验数据与波形，将实测结果与理论值进行比较。

2．分析文氏桥振荡器中二极管的稳幅作用、起振条件、电路参数对振荡频率及振幅的影响。

八、实验器材

1．函数发生器一台
2．万用表一台
3．示波器一台
4．直流稳压电源一台
5．电阻、电容、稳压二极管、集成运放、导线若干
6．面包板一个

第四章　设计型实验

4.1　有源滤波器的设计

一、实验目的

1．掌握用集成运放、电阻、电容构成的有源低通、高通、带通、带阻滤波器的设计原理。

2．进一步掌握单元功能电路的搭建、调试技能。

3．掌握有源滤波器幅频特性的测试方法。

二、实验预习与思考

1．复习有关有源滤波器的原理。

2．掌握滤波电路中截至频率、带宽的理论计算方法。

3．自主设计搭建滤波电路，要求分别实现低通、高通、带通、带阻四种滤波功能。

4．复习幅频特性的测试方法。

三、实验原理

1．二阶有源低通滤波器

如图 4-1-1 所示电路为一简单的二阶低通滤波器，根据运放工作在线性放大区“虚断”和“虚短”两个基本法则有

通频带时的电压增益：$A_{\mathrm{up}}=1+\dfrac{R_{\mathrm{f}}}{R_{1}}$

同相端电压：$u_{+}=\dfrac{\dfrac{1}{\mathrm{j}\omega C}}{R+\dfrac{1}{\mathrm{j}\omega C}}\cdot\dfrac{\dfrac{1}{\mathrm{j}\omega C}//(R+\dfrac{1}{\mathrm{j}\omega C})}{R+[\dfrac{1}{\mathrm{j}\omega C}//(R+\dfrac{1}{\mathrm{j}\omega C})]}u_{\mathrm{i}}$

电路的传递函数：$A_{\mathrm{u}}(\mathrm{j}\omega)=\dfrac{\dot{U}_{\mathrm{o}}}{\dot{U}_{\mathrm{i}}}=\dfrac{A_{\mathrm{up}}}{1+\mathrm{j}3RC\omega+(\mathrm{j}RC\omega)^{2}}$

该电路的截止频率：$f_{\mathrm{p}}=\dfrac{0.37}{2\pi RC}$

第四章　设计型实验

2. 二阶有源高通滤波器

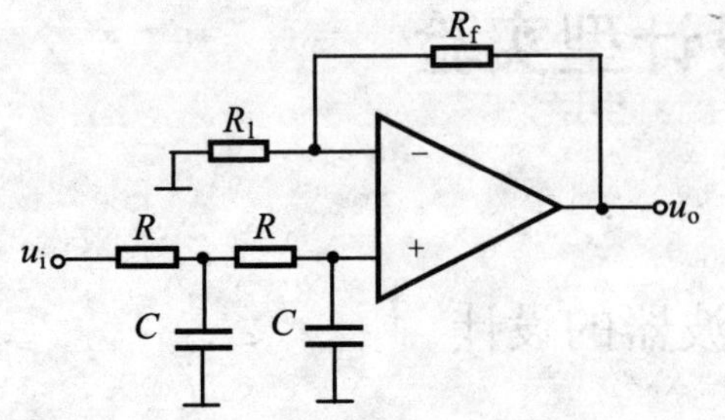

图 4-1-1　二阶有源低通滤波器

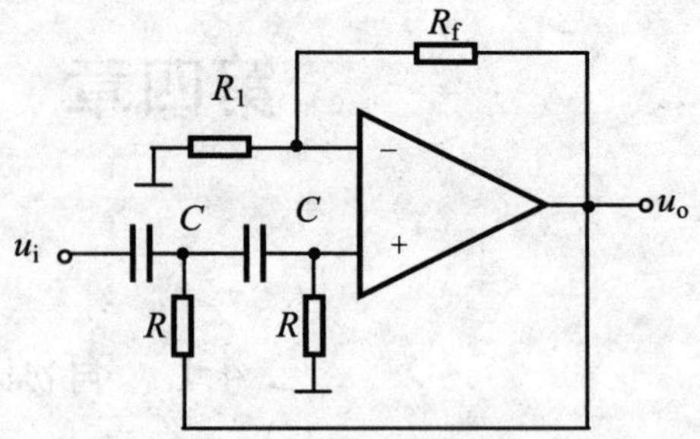

图 4-1-2　二阶压控电压源高通滤波器

如图 4-1-2 所示电路为二阶压控电压源高通滤波器，根据高通与低通对偶的关系，可以求出电路的传递函数如下：

$$A_u(j\omega)=\frac{(j\omega RC)^2}{1+j\omega RC(3-A_{up})+(j\omega RC)^2}A_{up}$$

将该电路的固有频率 $f_0=\dfrac{1}{2\pi RC}$ 代入上式中

$$\dot{A}_u=\frac{A_{up}}{1-(\dfrac{f}{f_0})^2+j(3-A_{up})\dfrac{f}{f_0}}$$

工程上将 $f=f_0$ 时电压放大倍数的模与通频带时电压放大倍数值比定义为 Q 值。对该电路而言，其值为

$Q=\dfrac{1}{3-A_{up}}$ 将其代入上式：$\dot{A}_u=\dfrac{A_{up}}{1-(\dfrac{f}{f_0})^2+j\dfrac{1}{Q}\dfrac{f}{f_0}}$

从上式可见，Q 值具有重要意义，不同的 Q 值对应的频率特性具有不同特点，可根据实际需要确定 Q 的大小。

3. 带通滤波器

典型的带通滤波器如图 4-1-3 所示，该电路的性能参数如下：

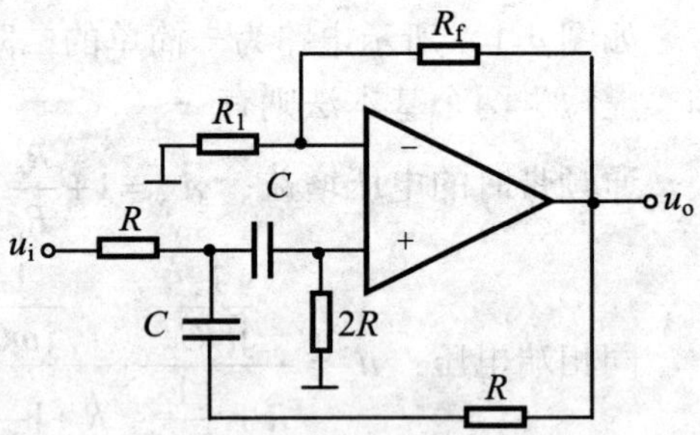

图 4-1-3　带通滤波器

电路的传递函数

$$A_u(j\omega)=\frac{j\omega RC}{1+j\omega RC(3-A_{uf})+(j\omega RC)^2}A_{uf}$$

其中，A_{uf} 是同相比例电路的电压放大倍数。即 $A_{uf}=1+\dfrac{R_f}{R_1}$

令 $f_0=\dfrac{1}{2\pi RC}$ 并代入传递函数中。

$$\dot{A}_u=\frac{1}{1+j\frac{1}{3-A_{uf}}(\frac{f}{f_0}-\frac{f_0}{f})}\cdot\frac{A_{uf}}{3-A_{uf}}$$

从上式中可以看出，$f=f_0$ 时模最大，因此我们将 f_0 称为该带通滤波器的中心频率。该电路的通频带电压的放大倍数是

$$A_{up}=\frac{A_{uf}}{3-A_{uf}}$$

根据截止频率的定义可以求出电路的截止频率和带宽分别为

$$f_{p1,2}=\frac{f_0}{2}[\sqrt{(3-A_{uf})^2+4}\pm(3-A_{uf})] \qquad B=(2-\frac{R_f}{R_1})f_0$$

工程上定义 Q 是中心频率与带宽值比：$Q=\frac{f_0}{B}=\frac{1}{3-A_{uf}}$ 并代入传递函数中得

$$\frac{\dot{A}_u}{A_{up}}=\frac{1}{1+jQ(\frac{f}{f_0}-\frac{f_0}{f})}$$

上式表明 Q 值越大，带宽越窄，电路对频率的选择性越好。

4. 带阻滤波器

典型的带阻放大电路如图 4-1-4 所示，该电路的各性能参数分析如下：

传递函数

$$A_u(j\omega)=\frac{1+(j\omega RC)^2}{1+j2\omega RC(2-A_{up})+(j\omega RC)^2}A_{up}$$

其中：$A_{up}=1+\frac{R_f}{R_1}$

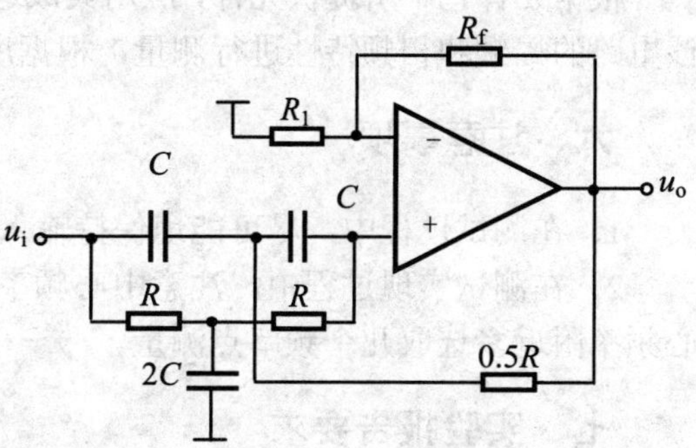

图 4-1-4　带阻滤波器

令 $f_0=\frac{1}{2\pi RC}$ 并代入传递函数中：

$$\dot{A}_u=\frac{1-(\frac{f}{f_0})^2}{1-(\frac{f}{f_0})^2+j2(2-A_{up})\frac{f}{f_0}}A_{up}$$

从上式可以看出，$f=f_0$ 时模最小，因此我们将 f_0 称为该带阻滤波器的中心频率。

截止频率为

$$f_{p1,2}=f_0[\sqrt{(2-A_{up})^2+1}\pm(2-A_{up})]$$

带宽为

$$B=2(2-A_{up})f_0$$

工程上定义 Q 是中心频率与阻带宽度比：$Q=\frac{f_0}{B}=\frac{1}{2(2-A_{up})}$ 并代入传递函数中得

$$\frac{\dot{A}_u}{A_{up}}=\frac{1}{1+j\frac{1}{Q}\cdot\frac{ff_0}{f_0^2-f^2}}$$

四、测试方法

本次实验设计的测试方法有：截止频率的确定、幅频特性曲线以及相频特性曲线的测试三种方法，前面均已介绍过，在此不再赘述。

五、实验内容

1. 二阶低通有源滤波器的设计与测试

根据元件包中所提供元件，应用集成运放自主设计并搭建实现一个二阶低通滤波电路，并对该电路的幅频和相频特性进行测量，根据所测数据绘出该滤波电路的幅频和相频特性曲线。

2. 二阶高通滤波器的设计与测试

根据元件包中所提供元件，应用集成运放自主设计并搭建实现一个二阶高通滤波电路，并对该电路的幅频和相频特性进行测量，根据所测数据绘出该滤波电路的幅频和相频特性曲线。

3. 带通有源滤波器的设计与测试

根据元件包中所提供元件，应用集成运放自主设计并搭建实现一个带通滤波电路，并对该电路的幅频和相频特性进行测量，根据所测数据绘出该滤波电路的幅频和相频特性曲线。

4. 二阶带阻有源滤波器的设计与测试

根据元件包中所提供元件，应用集成运放自主设计并搭建实现一个带阻滤波电路，并对该电路的幅频和相频特性进行测量，根据所测数据绘出该滤波电路的幅频和相频特性曲线。

六、注意事项

1. 在测试过程中，尽可能地保持输入的幅值不变。
2. 在测试实现过程中，注意中心频率的测试；为了真实地描绘幅频特性曲线，应在中心频率附近多选取几个频率点测量。

七、实验报告要求

1. 根据测试结果绘出每种滤波器的幅频和相频特性曲线。
2. 分析比较一阶和二阶滤波器的区别。

八、实验器材

1. 函数发生器一台
2. 万用表一台
3. 示波器一台
4. 直流稳压电源一台
5. 晶体管毫伏表一台
6. 电阻、电容、集成运放、导线若干
7. 面包板一个

4.2　有线扩音系统的设计与实现

一、实验目的

1．掌握音响电路的前置级的设计。
2．掌握分离元件的功放设计。
3．掌握扩音机性能指标的测试方法。
3．学习小型电子电路的装调技术

二、实验预习与思考

1．电压放大器、功率放大器的基本原理。
2．电压放大器、功率放大器的性能指标及其测试方案。
3．Multisim 电路仿真软件的基本应用。
4．设计任务与要求

（1）基本要求

采用分离元件设计一扩音装置，要求达到以下技术指标：

① 话筒输入：驻极体话筒（约 5mV）
② 额定输出功率：$P_o \geqslant 1W$
③ 负载阻抗：$R_L=8\Omega$（扬声器）
④ 上、下限频率：$f_L \leqslant 60Hz$，$f_H \geqslant 10kHz$
⑤ 失真度：　　　$\gamma<3\%$
⑥ 输入电阻：$R_i \geqslant 50k\Omega$ 时
⑦ 输出零点漂移　$\leqslant 100mV$

（2）扩展要求

不限制一定要采用分离元件（可以采用集成电路）设计一扩音装置，满足基本要求的条件下，要求设计具有音调控制功能的音调控制电路，在 1kHz 为 0dB；在 100Hz 和 10kHz 处有±12dB 的调节范围。

三、实验原理

1．设计方框图

本课题要求采用分离元件设计一种具有话筒输入的简易扩音机，要求学生按给定的指标要求设计出各个单元电路模块，并通过电路仿真确定所设计电路，完成电路的组装与调试。通过完成本课题，要求掌握音响电路的前置级的设计、分立元件功放的设计以及主要性能参数的测试方法，并掌握小型电子电路的装调技术。

设计的整体方案如图 4-2-1 所示，该设计涵盖了《模拟电路基础》的主要电路理论以及《电子技术实验基础》的主要测试方法，各单元电路主要功能以及主要知识点如下：

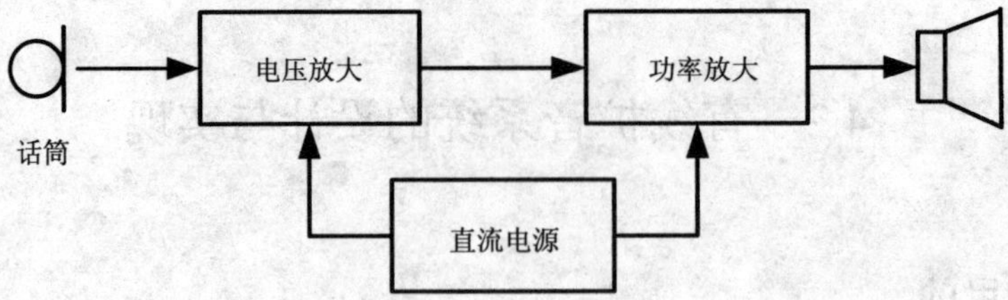

图 4-2-1　系统方框图

电压放大单元电路：将 MIC 的输出信号（约 5mV）进行放大，为功率放大器提供足够大的激励信号。采用 BJT 分离元件来实现，涉及《模拟电路基础》中的放大器（包括多级放大器、负反馈放大器）的工作原理、设计以及主要技术指标的测试。

功率放大单元电路：对电压放大的输出信号进行功率放大，为扬声器发声提供足够的输出功率。当负载一定时，希望输出的功率尽可能大，输出信号的非线性失真尽可能小，效率尽可能高。常见的电路形式有单电源供电的 OTL 电路和正、负双电源供电的 OCL 电路，采用 BJT 分离元件来设计 OTL 电路或 OCL 电路功率放大器，涉及《模拟电路基础》中功率放大器的工作原理、设计以及主要技术指标的测试。

直流电源部分：为电压放大器和功率放大器提供所需的直流偏置电压。如果扩音机输出功率较大，一般采用结构相对复杂的分立式直流稳压电源，并采用多个电源调整管并联的电路形式；而此处的扩音机输出功率较小，准备采用结构相对简单三端集成稳压电路，即采用二极管构成的桥式整流电路，电容滤波电路以及三端稳压集成器来实现。

常用电路设计软件的使用：各个单元电路采用 Mutisim7 软件进行仿真，条件允许的话可以采用 Protel99SE 软件进行 PCB 设计。

2. 话筒输入电路设计

驻极体话筒以其体积小、结构简单、电声性能好等特点广泛应用于录音机、电话机、对讲机、扩音机等电路中。本次设计采用两端输出方式的驻极体话筒，封装结构如图 4-2-2 所示，二端式输出方式是将场效应管接成漏极输出电路，类似晶体三极管的共发射极放大电路，只需两根引出线，其内部电路原理如图 4-2-3 所示。

图 4-2-2　驻极体话筒常用封装

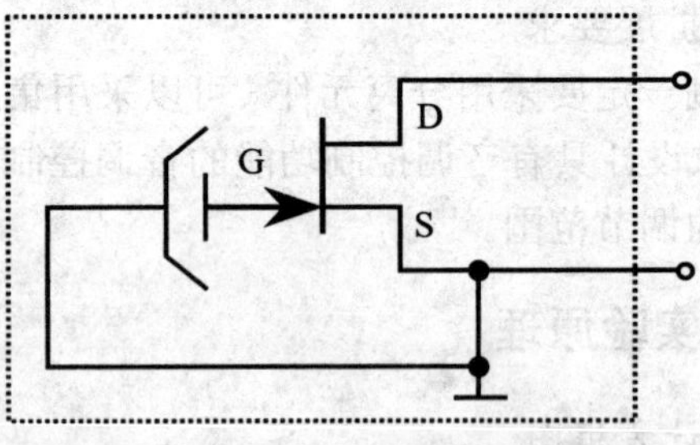

图 4-2-3　驻极体话筒内部结构原理

由图4-2-3可知，驻极体话筒必须满足一定的偏置条件才能正常工作，实际上就是保证内置场效应管始终处于放大状态，即漏极与电源正极间必须接一漏极电阻，这样信号由漏极输出就有一定的电压增益，因而话筒灵敏度比较高，但电路动态范围略小。目前市售的驻极体话筒大多是这种方式连接，其话筒连接电路如图4-2-4所示。

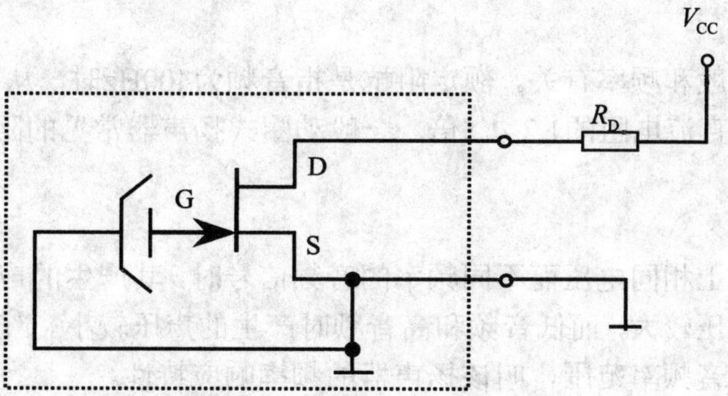

图 4-2-4　驻极体话筒连接电路

由场效应管的转移特性可知，通过场效应管的电流：

$$i_D = I_{DSS}(1-\frac{v_{GS}}{V_P})^2$$

式中夹断电压V_P和漏极饱和电流I_{DSS}由场效应管的固有特性决定，v_{GS}等于驻头电容两端电压。这些参数取决于话筒制造时的工艺，由于制造工艺上的不一致，参数离散性较大。话筒两端的工作电压即为场效应管的漏源极之间的工作电压V_{DS}，必须保证该电压的大小能使场效应管始终工作在恒流区内，通常该电压为1.5～12V，视型号不同而定。漏极饱和电流的大小直接关系到话筒的工作电流i_D，话筒的工作电流通常为0.1～1mA。实际使用中发现话筒的体积越小，其工作电压和工作电流也就越小，这一点可作为选用话筒时的一个参考。

场效应管的电路状态取决于负载电阻R_D和电源电压V_{CC}的大小。因此电阻R_D的取值是至关重要的。R_D的大小可由下式算得

$$R_D = \frac{V_{CC}-V_{DS}}{I_D}$$

V_{DS}必须大于话筒的工作电压，小于最大工作电压。V_{DS}太小时将影响话筒的动态范围，一般应取电源电压的一半较为合适。I_D为话筒的工作电流，可依不同型号的话筒而定。R_D不仅是场效应管的负载电阻，在电路中与后续放大电路输入电阻并联后共同构成话筒的负载电阻R_L，应保证R_L的阻值要始终大于话筒输出阻抗的3～5倍才能使话筒处于良好的匹配状态。R_L阻值过小常常会引起放大电路输入阻抗降低，从而破坏了前后级之间的阻抗匹配，降低了放大器的效率，由于话筒的输出阻抗在2kΩ左右，因此R_L至少要在10kΩ以上才能满足要求。

3. 扬声器

扬声器是一种把电信号转变为声信号的换能器件，扬声器和性能优劣对音质的高低影响很大，本次设计要求采用额定功率为2W、额定阻抗8Ω的扬声器。

扬声器的主要性能指标有：

① 额定功率

扬声器的功率有标称功率和最大功率之分。标称功率称额定功率、不失真功率。它是指扬声器在额定不失真范围内容许的最大输入功率。在扬声器的商标、技术说明书上标注的功率即为该功率值。最大功率是指扬声器在某一瞬间所能承受的峰值功率。为保证扬声器工作的可靠性，要求扬声器的最大功率为标称功率的2~3倍。

② 额定阻抗

扬声器的阻抗一般和频率有关。额定阻抗是指音频为400Hz时，从扬声器输入端测得的阻抗。它一般是音圈直流电阻的1.2~1.5倍。一般动圈式扬声器常见的阻抗有4Ω、8Ω、16Ω、32Ω等。

③ 频率响应

给一只扬声器加上相同电压而不同频率的音频信号时，其产生的声压将会产生变化。一般中音频时产生的声压较大，而低音频和高音频时产生的声压较小。当声压下降为中音频的某一数值时的高、低音频率范围，叫该扬声器的频率响应特性。

理想的扬声器频率特性应为20Hz~20kHz，这样就能把全部音频均匀地重放出来，然而这是做不到的。每一只扬声器只能较好地重放音频的某一部分。

④ 失真

扬声器不能把原来的声音逼真地重放出来的现象叫失真。失真有两种：频率失真和非线性失真。频率失真是由于对某些频率的信号放音较强；而对另一些频率的信号放音较弱造成的。失真破坏了原来高低音响度的比例，改变了原声音色。而非线性失真是由于扬声器振动系统的振动和信号的波动不够完全一致造成的，在输出的声波中增加了新的频率成分。

4. 电压放大电路设计

前置电压放大单元电路的设计既要考虑到与话筒电路的阻抗匹配，又要有足够的电压放大能力，且尽可能大的动态范围。由于功率放大级几乎没有电压增益，所以要首先根据需求确定大致的电压增益。具体的电路设计可以采用几种基本放大组态的组合构成多级放大，也可采用共发射极组态差动放大器。如果采用运算放大器，则实现起来就更为简单，具体的电路设计过程可以参见本教材第三章的3.9节。

5. 功率放大电路设计

功率放大级决定了整机的输出功率P_o，非线性失真系数γ，以及–3dB带宽的下限频率。采用BJT分离元件来设功率放大器，常见的电路形式有单电源供电的OTL电路和正、负双电源供电的OCL电路。

图4-2-5为典型含前级放大的单电源供电的OTL电路，电压放大的信号通过R_W（作音量控制）及C_1到T_1作第一级放大，R_1为偏压电阻，C_7滤去高频；R_2、R_3、C_5、D_1、D_2给T_2、T_3提供0.6V的偏压用来克服交越失真；C_2、C_3作滤波用，滤去不要的高频；C_4为OTL电路典型的隔直电容；C_6为退耦电容，保持电压稳定。作为提高部分可以采用功率集成电路来实现。

6. 音调控制级

提高部分内容要求设计音调控制电路，这里主要介绍由运算放大器构成的音调控制电路的设计。音调控制级决定了整机的音调控制功能，作高低音调调节用，该级电压增益不是主要的，一般取中频增益A_o=1(也便于电路设计计算)。但需要考虑电路中的损耗，实际略小。常用的音调控制电路有三种形式，第一种是衰减式*RC*音调控制电路，其调节范围宽，但容易产生失真；第二种是反馈型音调控制电路，其调节范围小一些，但失真小；第三种是混合式音调控制电路，其电路复杂，多用于高级收录机。为使电路既简单而失真又小，下面主要说明用运算放大器构成的音调控制电路，这种电路调节方便，元器件较少，在一般收录机、音响放大器中应用较多。

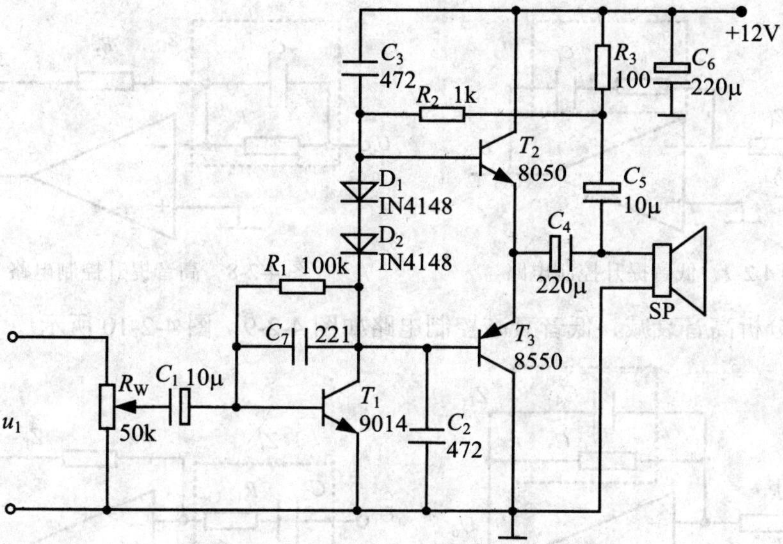

图 4-2-5　单电源供电的 OTL 电路

运算放大器构成的音调控制电路采用了由阻容网络组成的 RC 型负反馈音调控制电路。它是通过不同的负反馈网络和输入网络造成放大器闭环放大倍数随信号频率不同而改变，从而达到音调控制的目的。图 4-2-6 是这种音调控制电路的方框图，它实际上是一种电压并联型负反馈电路，图中 Z_f 代表反馈回路总阻抗；Z_i 代表输入回路的总阻抗。电路的电压增益为

$$A_{vf}=\frac{U_o}{U_i}=-\frac{Z_f}{Z_i}$$

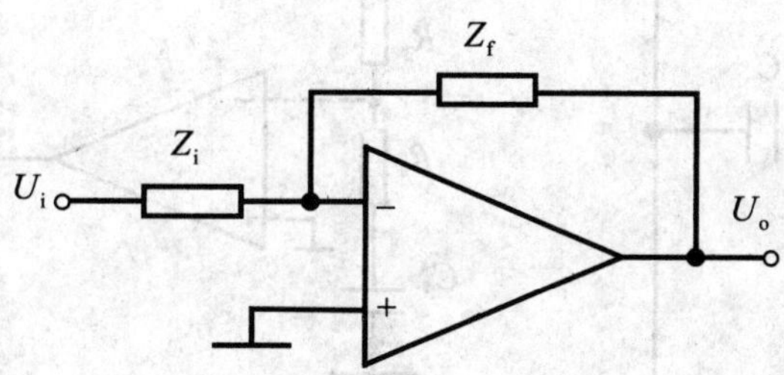

图 4-2-6　音调控制电路方框图

只要合适选择并调节输入回路和反馈回路的阻容网络，就能使放大器的闭环增益随信号频率改变，从而达到音调控制的目的。组成 Z_i 和 Z_f 的 RC 网络通常有如下四种形式。

低音提升电路如图 4-2-7 所示，若 C_1 取值较大，只有在频率很低时才起作用，则当信号频率在低频区，随频率降低，Z_f 增大，所以 A_{vf} 提高，从而得到低音提升。

高音提升电路如图 4-2-8 所示，若 C_3 取值较小只有高频区起作用，则当信号在高频区且随频率升高 Z_i 减小，所以 A_{vf} 提高，从而可得到高音提升。

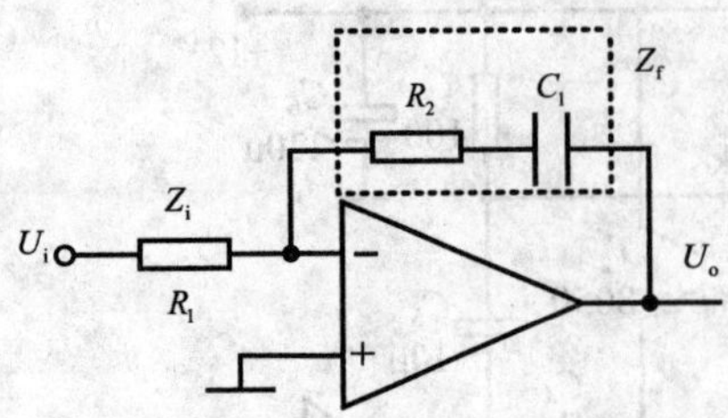

图 4-2-7　低音提升控制电路

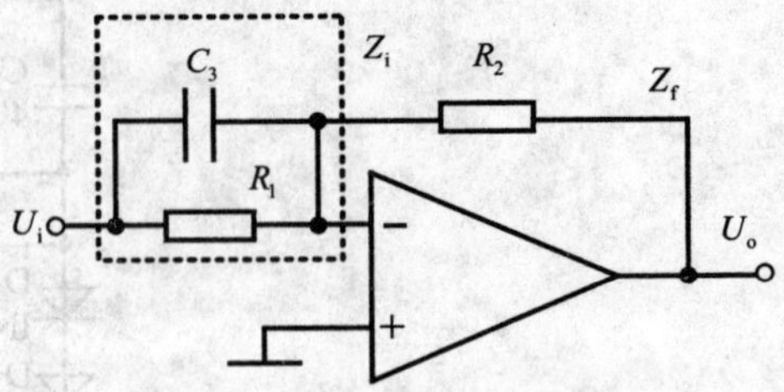

图 4-2-8　高音提升控制电路

同理可以分析高音衰减、低音衰减控制电路如图 4-2-9，图 4-2-10 所示：

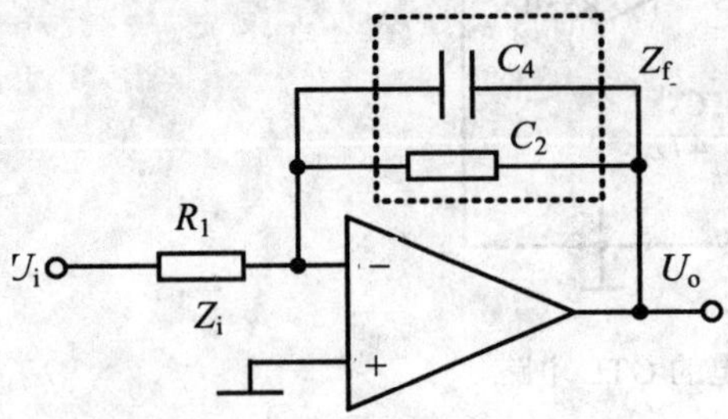

图 4-2-9　高音衰减控制电路

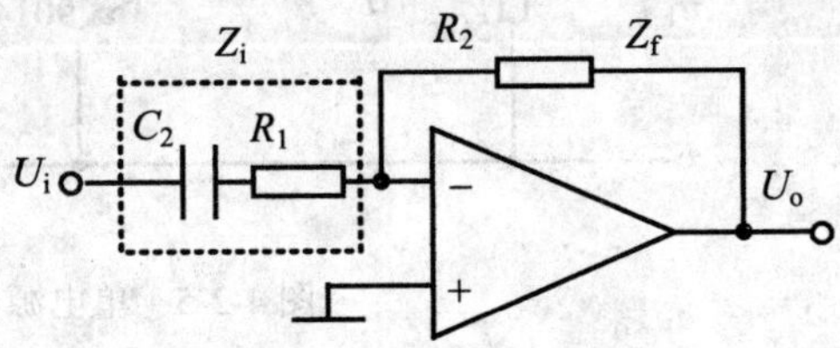

图 4-2-10　低音衰减控制电路

如果将这四种电路形式组合起来，即可得到如图4-2-11所示的反馈型音调控制电路。

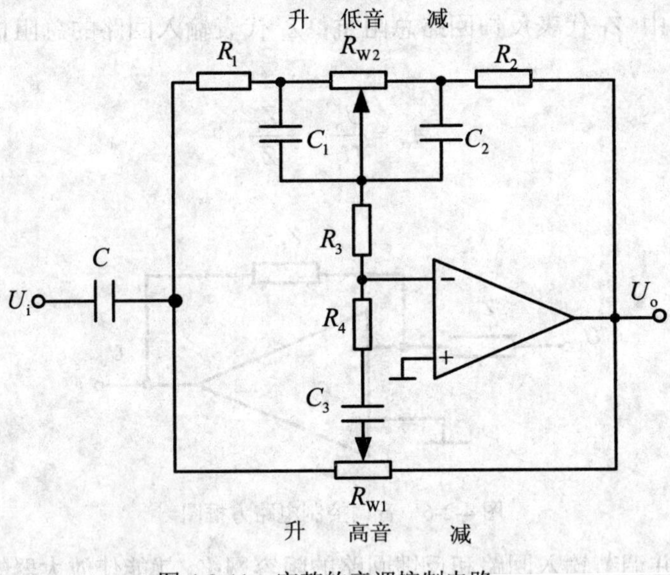

图 4-2-11　完整的音调控制电路

7. 电源电路设计

电源电路主要设计 12V 的直流电压为系统供电。获得直流电压常用的方法就是将 220V/50Hz 的交流市电经电源变压器产生合适的交流电压后，再利用二极管的单向导电特性将其转变为单向（即直流）脉动电压，然后将单向脉动电压通过滤波电路使得脉动成分减小，便可获得平滑的直流电压。如要进一步减小直流电压的"纹波"，并使其在市电电压和负载电流变化时，直流电压稳定，可将直流电压再经稳压电路后输出。其中稳压电路选用 12V

的三端集成稳压器。

8. 扩音机调试一般规则

一般先进行单级调试，再进行单元电路调试，最后进行整机调试。调试时，为安全起见，可用同阻值、同功率的负载电阻（俗称假负载）代替扬声器。单级调试又分静态调试和动态调试。

首先进行静态调试。静态调试时，先在断电情况下，用万用表测试各级电路中的电阻值，测试电路是否有断路、短路，电容是否漏电等情况。然后将输入端对地短路，通电，用万用表测试晶体管和集成电路各引脚电压值是否正常等（直流工作状态）。

动态调试时，在电路输入端加入适当信号（最好用信号发生器），用示波器观测各单级电路的输出波形及工作情况，并测量各项性能指标是否达到要求。

单级调试完成后，可进行级联调试。把前级输出信号作为后一级的输入信号进行调整，实现各单元电路的功能。在级联调试时注意要考虑级间的相互影响（尤其是分立元件电路）。

整机联调时，把各单元电路连接起来进行调试，实现整机功能。联调过程中应注意观察各单元电路连接后各单级之间的信号关系，注意观察其动态效果，检查电路的性能和参数，分析测量的数据和波形是否符合设计要求。

四、实验内容

扩音机调试完毕后应进行参数的测试，衡量其是否合格，其参数有以下几种。

1. 最大不失真输出功率

用函数信号发生器输出频率为 1kHz，峰-峰值为 10mV 的正弦信号，加到扩音机电路的输入端，用大功率的负载电阻代替扬声器。加大输入信号幅度，直到示波器观察到的输出波形即将出现但还未出现削波失真，此时对应的输出电压为最大不失真输出电压。

2. 电压放大倍数

在上述测试的基础上测量最大不失真输出与此时输入端对应的电压值，再利用增益定义即可计算出扩音机的电压放大倍数。

3. 频率响应

放大器的电压增益相对于中音频的电压增益下降 3dB 时所对应的频率为低音频率和高音频率，两者之差即为扩音机的通频带。通频带宽表明扩音机的音质较好。以信号频率为横轴，以电压放大倍数为纵轴得到的曲线称为放大器的频率响应曲线。从这个曲线可以直接得到放大器的通频带。

4. 输入阻抗

扩音机放大器输入端（如话筒放大器输入端）两端的阻抗即为其输入阻抗。

5. 听音实验

对准 MIC 说话或将声音信号送入扩音机电路，逐一改变音调电位器 R_{W1} 和 R_{W2}，试听喇叭发音情况。

4.3 波形产生电路的设计与测试

一、实验目的

1．进一步掌握应用集成运放构成波形产生电路的原理。

2．掌握文氏桥振荡电路的设计原理及性能测试方法。

3．掌握波形产生电路的设计原理及其性能测试方法。

二、实验预习与思考

1．复习如何应用集成运放实现方波、三角波、正弦波的产生原理。并自拟电路实现这三种波形的产生电路。

2．设计文氏桥振荡电路，实现正弦信号的产生并设计表格，记录实验数据。

3．文氏桥振荡电路中，D_1和D_2是如何稳幅的？

三、实验原理

1．*方波产生电路*

方波发生器常在脉冲和数字系统中作为信号源，可实现的方法很多，如图 5-3-1 所示是其中一种基本形式，由迟滞比较器、储能元件 C、限幅电路 D_{W1} 和 D_{W2} 组成。R_o 为限流电阻。假定两只稳压管的稳压电压均为 U_Z，正向压降为 U_D，则电路输出的高、低电压为：

$$U_{OH} = -U_{OL} = U_Z + U_D$$

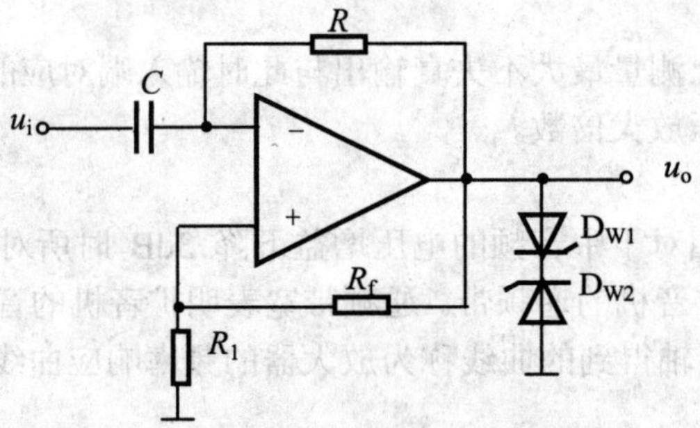

图 4-3-1　方波产生电路

该电路的工作原理是：当$u_o = U_{OH}$时，同相端电位$u_+ = U_{RH} = \frac{R_1}{R_1 + R_f}U_{OH}$，小于输出电压，因此通过电阻 R 对电容充电，使得 u_-电压上升，当$u_- = u_+$时，u_o发生跳变，跳变成低电平 U_{OL}。同相端电位$u_+ = U_{RL} = \frac{R_1}{R_1 + R_f}U_{OL}$，此时，输出比反相端电位高，电容通过电阻放电，反相端电压减小。当减小到$u_- = u_+ = \frac{R_1}{R_1 + R_f}U_{OL}$时，输出再次发生跳变，跳变为高电平。如此周而复始，输出便得到一方波波形。

该方波的频率取决电路中电容 C 和电阻 R 的乘积。设电路中电容充电至输出翻转所需时间为 T_1，电容放电至输出翻转所需时间为 T_2，图 4-3-1 所示电路中显然 $T_1=T_2$，因此方波输出的周期为 $T=2T_0$。根据电路分析知识，电容的电压响应为

$$u_C(t)=u_C(\infty)+[u_C(0)-u_C(\infty)]e^{\frac{-t}{\tau}}$$

此电路中，电容充电时的初始值为 V_{RL}，稳态值为 V_{OH}，时间常数 $\tau=RC$，代入上式中可得

$$u_C(t)=U_{OH}+[U_{RL}-U_{OH}]e^{\frac{-t}{RC}}$$

而经过 T_1 时间充电后，可充至 U_{RH}，因此 $U_{RH}=U_{OH}+[U_{RL}-U_{OH}]e^{\frac{-T_1}{RC}}$

由此可以求出 $$T_1=RC\ln(1+\frac{2R_1}{R_f})$$

方波信号输出的频率为 $$f_o=\frac{1}{2RC\ln(1+\frac{2R_1}{R_f})}$$

因此，若改变电路中外围参数就可以改变电路的输出频率。输出的复制取决于稳压管的稳压电压 U_Z。在实际应用中，方波的前后沿的陡峭程度取决于运算放大器的转换速率 SR，SR 越大前后沿越陡峭，方波波形愈好。

2. 三角波和方波产生电路

如图 4-3-2 所示，电路由同相滞回比较器 A_1 和反相积分器 A_2 构成。比较器 A_1 输出的方波经积分器 A_2 积分可得到三角波 u_o。u_o 经电阻 R_1 为比较器提供输入信号，形成正反馈，即构成三角波、方波发生器。

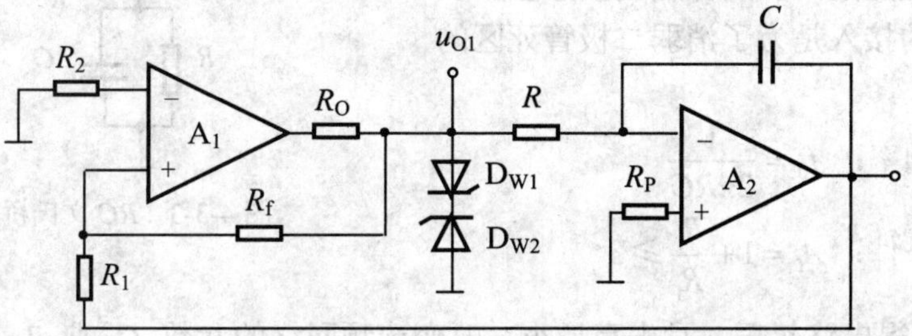

图 4-3-2 方波、三角波产生电路

该电路的工作原理是：若 u_{o1} 为高电平，则电容充电，u_{o2} 按线性规律逐渐下降，当 u_{o2} 下降到负的某一值时，使得第一级运放的 u_+ 比 u_- 略小，即略小于零时，u_{o1} 发生跳变，跳变为低电平。之后电容开始放电，u_{o2} 按线性规律上升，上升至一定值时，使得第一级的 u_+ 略大于 u_-，即略大于零时，u_{o1} 跳变为高电平。如此周而复始，产生振荡。由于电容的冲、放电电路相同，积分电路中输出电压上升和下降的时间相等，因此上升和下降的斜率绝对值相等，即输出为三角波。

第一级运放发生跳变的条件是 $u_+=u_-=0$，此时流过 R_f 和 R_1 的电流相等，即

$$I_1 = I_f = \frac{u_{o1}}{R_f}$$

因此
$$u_{o2m} = R_1 I_1 = \frac{R_1}{R_2} u_{O1H}$$

根据积分电路的输入输出关系可得

$$\frac{1}{C}\int_0^{T/2} \frac{u_{o1m}}{R} \mathrm{d}t = 2u_{o2m}$$

可求出
$$T = 4RC\frac{u_{o2m}}{u_{o1m}}$$

将 $u_{o2m} = R_1 I_1 = \frac{R_1}{R_2} u_{O1H}$ 代入上式中可得 $T = 4RC\frac{R_1}{R_f}$

因此该电路的振荡频率是 $f = \frac{1}{T} = \frac{R_f}{4RCR_1}$

从以上分析表明，输出电压的峰值只与电阻 R_1、R_f 及稳压管的稳压值有关；而振荡频率和 R_1、R_f、R、C 均有关。

3. 正弦波振荡器

如图 4-3-3 所示为 RC 文氏桥振荡电路，其中 RC 串、并联电路构成正反馈支路，并起选频作用，R_1、R_2、R_W 及二极管等元件构成负反馈和稳幅环节。调解 R_W 可以改变负反馈深度，以满足振荡的振幅条件和改善波形。利用两个反向并联二极管 D_1、D_2 正向电阻的非线性特性来实现稳幅。D_1 和 D_2 要求特性匹配，以确保输出波形正、负半周期对称。R_3 的接入是为了消弱二极管死区的影响，改善波形失真。

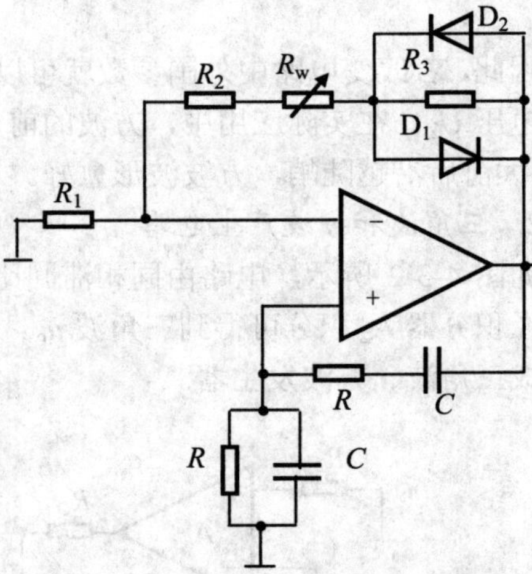

图 4-3-3　RC 文氏桥振荡器

电路的振荡频率：$f_0 = \frac{1}{2\pi RC}$

起振的幅值条件：$A_f = 1 + \frac{R_f}{R_1} \geqslant 3$

调整 R_W，使得电路起振，且失真最小。改变选频网络的参数 C 或 R，即可调节振荡频率。

四、测试方法

本次实验设计的测试方法有：直流电压、交流信号的定量测试，前面均已介绍过，在此不再赘述。

五、实验内容

1. 三角波和方波发生器的设计与测量

根据元件包中所提供元件，应用集成运放自主设计并搭建实现一个三角波和方波产生电路，对输出波形进行定量，并绘出。改变 R_1、R_f、R、C 参数，观测其对输出幅度和频率的影响，并记录结果。

2. 文氏桥振荡器的设计、实现与测量

（1）文氏桥振荡器的实现

根据元件包中所提供元件，应用集成运放设计并搭建实现文氏桥振荡电路，调节电路中参数使得电路输出从有到无，从正弦波到失真。定量的绘出正弦波的波形，记录起振时的电路参数，分析负反馈强弱对起振条件及输出波形的影响。并记录出最大不失真输出时的振幅。

（2）研究 RC 参数对振荡频率的影响

改变 R、C 参数的大小，用示波器观测起振的正弦输出，分析 R、C 参数对振荡频率的影响。

（3）断开稳幅电路中的 D_1、D_2，调节电路参数，使得输出为最大不失真状态，分析 D_1、D_2 在电路中的稳幅作用。

六、注意事项

1．运算放大器工作在线性放大器的最基本条件是偏置电源的正确提供，在实现放大器增益的测试时，偏置电源一定要保证。

2．在设计时一定要注意积分器中并联电阻 R_f 以及微分电路中串联小电阻 R_1 的合理选取。

七、实验报告要求

1．整理实验数据与波形，将实测结果与理论值进行比较。

2．分析文氏桥振荡器中二极管的稳幅作用、起振条件、电路参数对振荡频率及振幅的影响。

3．分析三角波方波产生电路中，元件参数对输出幅值及频率的影响。

八、实验器材

1．函数发生器一台

2．万用表一台

3．示波器一台

4．直流稳压电源一台

5．电阻、电容、稳压二极管、集成运放、导线若干

6．面包板一个

第五章　计算机辅助分析

随着集成电路与计算机的迅速发展，以计算机辅助设计（Computer Aided Design，CAD）为基础的电子设计自动化（Electronic Design Automation，EDA）技术已成为电子学领域的重要学科。它的兴起与发展，又促进了集成电路和电子系统的迅速发展。同时，电路设计工作者必须拥有强有力的 EDA 工具才能面对各种挑战，不断地创造出新的电子产品。

5.1　计算机辅助分析概述

模拟电路的设计与数字电路设计有很大的区别。数字电路可以很方便地抽象出逻辑门、寄存器、加减法器等不同层次的逻辑单元，并将这些逻辑单元和高层次行为描述用于不同层次的电路设计，这使得数字电路结构简单、规则、易于抽象化。这些特点使得数字电路的设计得到极大发展，迅速实现了由早期 CAD 向 EDA 技术的转换。EDA 技术的特点是以大规模可编程逻辑器件为设计载体，以硬件描述语音为逻辑描述的表达方式，以计算机、大规模可编程逻辑器件开发软件为设计工具。对于数字电路，从高层次的自动综合到低层次的版图布局布线都有成熟的实用软件工具，实现了从顶到底的整体自动设计。

而模拟电路则要复杂得多。首先，模拟电路种类繁多，性能通常与连续变化的变量有关。比如：放大器的幅度和增益不仅仅是电路拓扑结构的函数，而且与元件参数和工作频率等都有关系。其次，模拟电路结构差异很大，同样的电路特性可由不同的电路结构实现。还有，模拟电路与工艺条件、工作环境等直接相关。模拟电路的这些特点使其性能和结构的抽象提取和表达都较为困难，甚至还不能实现完善的高层次仿真。目前，模拟电路的 EDA 设计有很多研究结果发布，但整体仍停留在计算机辅助分析（Computer Aided Analysis，CAA）阶段，在模拟电路的设计中，CAA 技术仍是主要的 CAD 工具。所以掌握计算机辅助分析工具对模拟电路的设计以及数模混合电路的设计具有重要意义。

计算机辅助分析是电子 CAD 独有的技术，它从开始的对电路的直流分析、交流分析、瞬态分析，逐渐发展到可以实现容差分析、最坏情况分析，数字模拟和数模混合模拟等功能。目前国际上各大 EDA 公司的模拟电路设计工具，都是以美国加利福尼亚大学伯克利（Berkeley）分校开发的 SPICE（Simulation Program with Integrated Circuit Emphasis）程序为基础实现的。SPICE 程序首次于 1972 年用 FORTRAN 语言编写推出，1975 年推出正式的实用化版本。1985 年，Berkeley 将 SPICE 用 C 语言改写，在数据结构和执行效率上都有很大改善，1988 年被定为美国国家工业标准。一些在国际上享有盛誉的 EDA 系统中都有相当强的 SPICE 模拟电路仿真工具，如 Mentor Graphics 公司的 AccuSim，Cadence 公司的 Cadence SPICE，Analogy 公司的 Saber，以及 Meta Software 公司的 HSPICE，MicroSim 公司的 PSpice 等。各种以 SPICE 为核心的商用电路仿真工具，在 SPICE 的基础上做了许多实用化工作，例如输入是以原理图方式，输出绘图更加灵活，求解收敛性更好，模拟功能的扩充，增加了宏模型，以及备用丰富的元器件模型库等等。1984 年，美国 MicroSim 公司推出基于 SPICE 的微机版本 PSpice（Personal-SPICE），使计算量大而且精度要求高的 SPICE 程序不仅可用于大型机，而且也可用于 IBM PC 机及其兼容机上，此后，Pspice 教育版本在我国流行。随着计算机软件的飞速发展，特别是 Windows 操作系统软件的广泛流行，各种衍生的 SPICE 程序不断推出，它们的特点是均可在 Windows 环境下运行，使得程序操作界面直观，易于掌握。这其中加拿大 IIT（Interactive Image Technologies）公司推出的 EWB 软件从众多 SPICE 软件中脱颖而出。

5.2 Multisim 介绍

Electronics Workbench（简称EWB）是加拿大IIT（Interactive Image Technologies）公司于1988年推出的基于SPICE的电子线路仿真软件。由于界面形象直观、操作方便、分析功能强大，受到全世界各个国家的青睐，到目前为止，超过32个国家、被译成10多种语言在使用。进入21世纪，IIT公司将EWB软件更新换代推出EWB 6.0版本，并称为MultiSim（多种仿真），即Multisim 2001版本，2003年升级为Multisim 7版本，增加了3D元件以及安捷伦的万用表、示波器、函数信号发生器等仿实物的虚拟仪表，使得虚拟电子工作平台更加接近实际的实验平台。2005年年初，美国国家仪器公司（National Instruments，简称NI）并购了属于加拿大IIA公司的Electronics Workbench公司，将NI公司在虚拟仪器设备方面的优势与Electronics Workbench公司的Multisim易学易用的仿真平台相结合，推出了最新的电子设计仿真平台Multisim 8。Multisim 8在虚拟仪器设备方面，除已有的传统虚拟仪器外，还整合了当今领先仪器设备制造的著名公司的典型产品的仿真虚拟版。2005年年底，隶属于NI的Electronic Workbench公司第一次推出Multisim 9，Multisim 9集成了最新发布的NI LabVIEW 8图形化开发环境软件和NI SignalExpress交互测量软件的功能，增加了以8051为内核的微控制器的仿真模型。

2012 年年初，NI 公司发布了 Multisim 12.0。Multisim 12.0 专业版基于工业标准 SPICE 仿真，以获得最优化的利用。使用 Multisim 仿真工具（包括在NI LabVIEW 图形化系统设计软件下开发的自定义分析，标准 SPICE 分析以及直观的测量仪器）可以将发生错误和原型返工的机率最小化，从而提高设计性能。Multisim 12.0 与 LabVIEW 的紧密集成，可实现模拟和数字系统的闭环仿真。工程师可以在结束桌面仿真阶段之前同时验证应用中的现场可编程门阵列（FPGA）数字控制逻辑及模拟电路。Multisim 专业版为满足布局布线和快速原型需求进行了优化，使其能够与 NI 硬件（例如 NI 可重新配置 I/O(RIO)FPGA 平台和用于原型校验的 PXI 平台）无缝集成。Multisim 12.0 教学版内含丰富的教学特性，并配备了一套完整的硬件、教科书和课程解决方案。该集成系统通过交互式的动手实践方法来研究电路行为，帮助教师更好地将学生引入教学系统并且加强电路理论教学。Multisim 12.0 中新增了许多新功能，进一步激发学生对于机电一体化、功率和数字课程的理解，扩展了仿真环境在整个工程教育中的使用。

一、Multisim 特点

Multisim可以对模拟、数字和模拟/数字混合电路进行仿真，克服了传统电子产品的设计受实验室客观条件限制的局限性，用虚拟的元件搭建各种电路，用虚拟的仪表进行各种参数和性能指标的测试。因此，在电子工程设计和高校电子类教学领域中得到广泛应用。与其他电路仿真软件相比，Multisim具有以下特点。

1. 界面直观，操作方便

Multisim 把电路图的创建、电路的测试分析和仿真结果等内容都集成到一个电路窗口中。整个操作界面就像一个实验平台。创建电路所需的元器件、仿真电路所需的测试仪器均可以直接从电路窗口中选取，并且虚拟的元器件、仪器与实物外形非常相似，仪器的操作开关、按键同实际仪器也极为相似。界面对最为陌生的用户来说都是非常直观的，这使用户运用 SPICE 的功能而不必去担心 SPICE 复杂的句法。

2. 提供丰富的元器件库

Multisim 的元器件库提供了数千种类型的元器件及各类元器件的理想参数，元件库含有所有的标准器件及当今最先进的数字集成电路。数据库中的每一个器件都有具体的符号、仿真模型和封装，用于电路图的建立、仿真和印刷电路板的制作。Multisim 还含有大量的交互元件、指示元件、虚拟元件、额定元件和三维立体元件。交互元件可以在仿真过程中改变元器件的参数，避免为改变元器件参数而停止仿真，节省了时间，也使仿真的结果能直观反映元件参数的变化；指示元件可以通过改变外观来表示电平大小，给用户一个实时视觉反馈；虚拟元件的数值可以任意改变，有利于说明某一概念或理论观点；额定元件通过“熔断”来加强用户对所设计的参数超出标准的理解；3D 元件的外观与实际元件非常相似，有助于理解电路原理图与实际电路之间的关系。

3. 强大的 SPICE 仿真功能

Multisim 的核心是基于使用带 XSPICE 扩展的伯克利 SPICE 的强大的工业标准 SPICE 引擎。除了用常用的测试仪表来对仿真电路进行测试之外，为了更好地掌握电路的性能，还提供了直流工作点分析、交流分析、敏感度分析、3dB 点分析、批处理分析、直流扫描分析、失真分析、傅里叶分析、模型参数扫描分析、蒙特卡罗分析、噪声分析、噪声系数分析、温度扫描分析、传输函数分析、用户自定义分析和最坏情况分析等 19 种分析，这些分析在现实中有可能是无法实现的，可满足一般电子电路的分析和设计要求。

4. 兼容性好

Multisim 的元件库与 SPICE 的元件库完全兼容，电路文件可以直接输出到常见印刷电路板设计软件中，如 Protel、OrCAD 等。

5. 虚拟仪器

Multisim 提供了逻辑分析仪、安捷伦仪器、波特图仪、失真分析仪、频率计数器、函数信号发生器、数字万用表、网络分析仪、频谱分析仪、瓦特表和字信号发生器等 18 种虚拟仪器，其功能与实际仪表相同。特别是安捷伦的 54622D 示波器、34401A 数字万用表和 33120A 信号发生器，它们的面板与实际仪表完全相同，各旋钮和按键的功能也与实际一样。由于这些公司的仪器产品在科研、教学中有着广泛的应用，所以推出与这些实际仪器型号对应的虚拟仿真仪器，更有利于消除虚拟环境和实际环境的差异。无论是在面板外观上，还是在操作使用方面，虚拟仪器都与真实的仪器一致，比如，在使用虚拟仪器前需要打开电源等。这使得那些已经熟悉真实仪器使用的人能够跳过学习虚拟仪器的步骤，直接使用。而熟悉了虚拟仪器操作的人在以后遇到真实仪器也不会感到陌生和无从下手。这些虚拟仿真仪器比传统的虚拟仪器更贴近实际，功能也更强大，更适合在电路计算机辅助分析和电子教育教学中使用。通过这些虚拟器件，免去昂贵的仪表费用，用户们可以毫无风险地接触所有仪器，掌握常用仪表的使用。

6. 强大的作图功能

Multisim 提供了强大的作图功能，可将仿真分析结果进行显示、调节、储存、打印和输出。使用作图器还可以对仿真结果进行测量、设置标记、重建坐标系以及添加网格。所有显示的图形都可以被微软 Excel、Mathsoft 公司的 Mathcad 以及 LABVIEW 等软件调用。

7. 后处理器

利用后处理器，可以对仿真结果和波形进行传统的数学和工程运算。如算术运算、三角运算、代数运算、布尔代数运算、矢量运算和复杂的数学函数运算。

8. RF 电路的仿真

大多数 SPICE 模型在进行高频仿真时，SPICE 仿真的结果与实际电路测试结果相差较大，因此对射频电路的仿真是不准确的。Multisim 提供了专门用于射频电路仿真的元件模型库和仪表，以此搭建射频电路并进行实验，提高了射频电路仿真的准确性。

9. HDL 仿真

利用 MultiHDL 模块（需另外单独安装），Multisim 还可以进行 HDL（Hardware Description Language，硬件描述语言）仿真。在 MultiHDL 环境下，可以编写与 IEEE 标准兼容的 VHDL 或 Verilog HDL 程序，该软件环境具有完整的设计入口、高度自动化的项目管理、强大的仿真功能、高级的波形显示和综合调试功能。

二、Multisim 界面操作

下面以 Multisim 12 教育版为例，介绍 Multisim12 的界面操作以及使用方法，如图 5-2-1 所示。

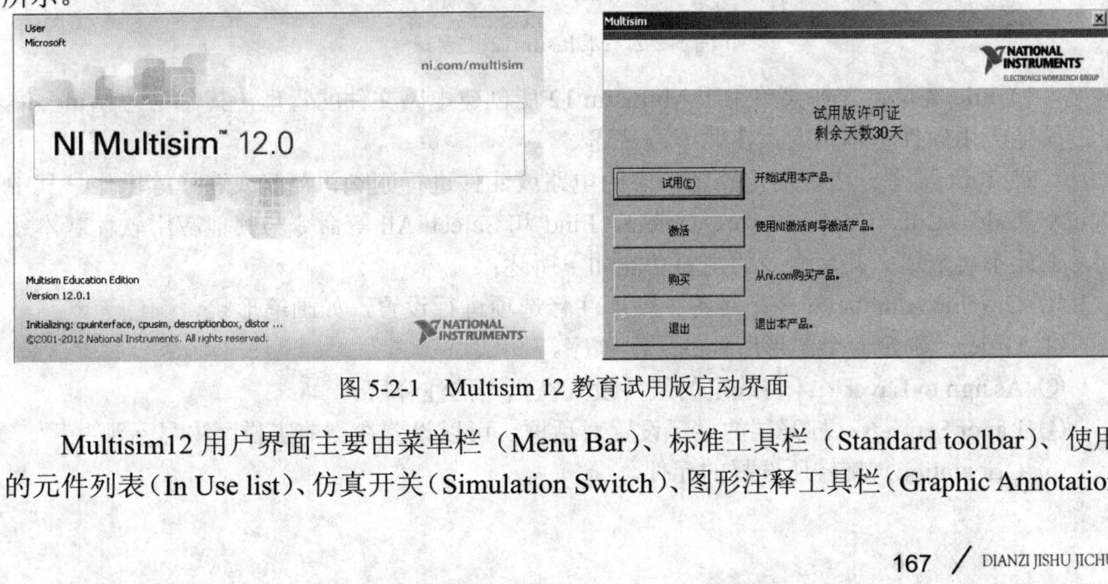

图 5-2-1 Multisim 12 教育试用版启动界面

Multisim12 用户界面主要由菜单栏（Menu Bar）、标准工具栏（Standard toolbar）、使用的元件列表（In Use list）、仿真开关（Simulation Switch）、图形注释工具栏（Graphic Annotation

Toolbar)、项目栏(Project Bar)、元件工具栏(Component Toolbar)、虚拟工具栏(Virtual Toolbar)、电路窗口(Circuit Windows)、仪表工具栏(Instruments Toolbar)、电路标签(Circuit Tab)、状态栏(Status Bar)和电路元件属性视窗(Spreadsheet View)等组成。下面分别对上述各部分内容进行介绍。

1. 菜单栏

与其他 Windows 应用程序相似,Multisim 12 软件的菜单栏提供了绝大多数的功能命令,如图 5-2-2 所示。菜单栏从左向右依次是文件菜单(File)、编辑菜单(Edit)、窗口显示菜单(View)、放置菜单(Place)、微控制器菜单(MCU)、仿真菜单(Simulate)、文件输出菜单(Transfer)、工具菜单(Tools)、报告菜单(Reports)、选项菜单(Options)、窗口菜单(Window)和帮助菜单(Help)共 12 个主菜单。

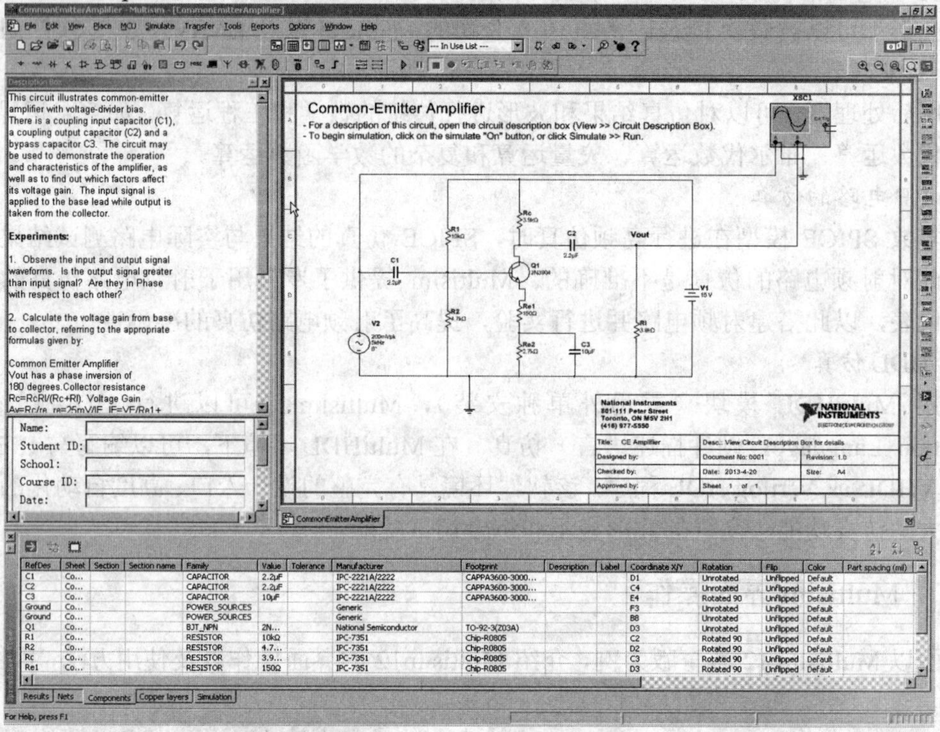

图 5-2-2 Multisim 12 主窗口

(1)File 菜单:文件菜单用于 Multisim 12 所创建电路文件的管理,其命令与 Windows 下的其他应用软件基本相同,在此不再赘述。

(2)Edit 菜单:主要对电路窗口中的电路或元件进行删除、复制或选择等操作。其中 Undo、Redo、Cut、Copy、Paste、Delete、Find 和 Select All 等命令与其他应用软件基本相同,在此不再赘述。其余命令的主要功能如下所述:

① Graphic Annotation…:对各种图形注释选项进行设置,如画笔形状、颜色等。

② Order:确定一个图形所处的层次顺序。

③ Assign to Layer…:将选定的组件设置在指定的注释层。

④ Layer Settings:打开层的显示设置对话框,可以设置在当前工作区中显示那些层。

⑤ Orientation:旋转所选择的元件。

⑥ Title Block Position：表题区位置。

⑦ Questions…：用于电路设计者和他人交流，比如老师和学生进行互动、测试等。

（3）View 菜单：用于显示或隐藏电路窗口中的某些内容（如工具栏、栅格、纸张边界等）。其菜单下部分命令的功能如下所述：

⑧ Parent Sheet：显示当前子电路或块的父层。

⑨ Show Grid：显示栅格，有助于把元件放在正确的位置。

⑩ Show Border：显示电路的边界。

⑪ Show Page Bound：显示纸张边界。

⑫ Ruler Bars：显示标尺。

⑬ Status Bar：显示或隐藏工作区间下方的状态栏。

⑭ Design Toolbox：显示或隐藏管理电路图各种设计元素的设计工具箱。

⑮ Spreadsheet View：显示或隐藏电路元件属性表格，其中包含电路图详尽信息

⑯ Circuit Description Box：显示或隐藏电路窗口的描述窗，利用该窗口可以添加电路的某些信息（如电路的功能描述等）。

⑰ Grapher：显示或隐藏仿真结果的图表。

（4）Place 菜单：用于在电路窗口中放置元件、节点、总线、文本或图形等，其菜单下各命令的功能如下所述：

⑱ Component…：在电路窗口中放置元件。

⑲ Junction：放置一个节点。

⑳ Bus：放置创建的总线。

㉑ Bus Vector Connect：放置总线矢量连接。

㉒ Connector：给电路添加各种电路连接器。

㉓ Hierarchical Block form file…：将一个已建立的*.Ms12 文件作为一个分层模块放入当前电路窗口中。

㉔ New Hierarchical Block：建立一个新的分层模块（该模块是只含有输入、输出节点的空白电路）。

㉕ New Subcircuit：放置一个子电路。

㉖ Multi-Page：将电路分成多个页面表述。

㉗ Replace by Subcircuit：用一个子电路替代所选择的电路。

㉘ Text：放置文本。

㉙ Graphics：放置线、折线、长方形、椭圆、圆弧、多变形等图形。

㉚ Title：放置一个标题块。

（5）MCU 菜单：在 Multisim 12 中，支持汇编语言和 C 语言，也可以调用外部编译器产生的二进制文件。菜单中包括常用的调试模式操作，如编译、单步调试，设置断点等操作。

（6）Simulate 菜单：主要用于仿真的设置与操作，其菜单下各命令的功能如下所述：

㉛ Run：启动当前电路的仿真。

㉜ Pause：暂停当前电路的仿真。

㉝ Instruments：在当前电路窗口中放置万用表、函数发生器、瓦特计、双踪示波器、失真度分析仪等 18 种仪表。

㉞ Default Instrument Settings…：对与瞬态分析相关的仪表（如示波器、频谱分析仪和逻辑分析仪等）进行默认设置。

㉟ Digital Simulation Settings…：对含数字元件的电路仿真时的精度和速度之间的选择。

㊱ Analyses：对当前电路进行直流工作点分析、交流分析、瞬态分析、傅里叶分析、噪声分析、噪声系数分析、失真分析、直流扫描分析、灵敏度分析、参数扫描分析、温度扫描分析、极点-零点分析、传输函数分析、最坏情况分析、蒙特卡罗分析、线宽分析、用户自定义分析、批处理分析、射频分析这 19 种分析的选择。

㊲ Postprocessor：对电路分析进行后处理。

㊳ Simulation Error Log/Audit Trail：仿真错误记录/审计追踪。

㊴ Xspice Command Line Interface：显示 Xspice 命令行窗口。

㊵ VHDL Simulation：运行 VHDL 仿真软件。

㊶ Dynamic Probe Properties：动态探针属性。

㊷ Auto Fault Option…：用于选择电路元件发生故障的数目和类型。

㊸ Use Tolerances：设置元件容差开关。

（7）Transfer 菜单：用于将 Multisim 12 的电路文件或仿真结果输出到其他应用软件，其菜单下各命令的功能如下所述：

㊹ Transfer to Ultiboard 12：传送给应用软件 Ultiboard 12。

㊺ Transfer to Ultiboard file：传送给应用软件 Ultiboard 以前版本。

㊻ Export to PCB Layout：传送给其他印刷电路板设计软件。

㊼ Forward Annotate to Ultiboard 12：将 Mutisim 12 中电路元件注释的变动传送到 Ultiboard 12 的电路文件中，使 Ultiboard 12 电路元件注释也作相应的变化。

㊽ Backannotate from file ：将 Ultiboard 中电路元件注释的变动传送到 Mutisim12 的电路文件中，使 Mutisim12 电路元件注释也作相应的变化。

㊾ Highlight Selection in Ultiboard ：对 Ultiboard 电路中所选择的元件以高亮度显示。

㊿ Export Netlist：输出设计网表。

（8）Tools 菜单：用于编辑或管理元件库或元件，其菜单下各命令的功能如下所述：

51 Component Wizard…：建立新元件向导。

52 Database…：数据库管理。

53 Circuit Wizards：包括 555 定时器创建向导、滤波器创建向导、运放电路向导、共射放大电路设计向导。

54 Electrical Rulers Check：电气特性规则检查。

55 Clear ERC Markers：清除 ERC 标记。

56 Renumber Component：元件重新编号。

57 Replace Component：元件替换。

58 Update HB/SB Symbol：在含有子电路的电路中，随着子电路的变化改变 HB/SB 连接器的标号。

59 Toggle NC Marker：对 NC 引脚加标记以阻止连线。

60 Modify Title Block Data…：修改标题块内容。

61 Title Block Editor…：标题块编辑器。

⑫ View Breadboard：显示面包版。

⑬ Education Webpage：登录 Electronics Workbench 的教育网站。

（9）Reports 菜单：产生当前电路的各种报告，其菜单下各命令的功能如下所述：

⑭ Bill of Materials：产生当前电路文件的元件清单文件。

⑮ Component Detail Report：产生特定元件存储在数据库中的所有信息。

⑯ Netlist Report：产生含有元件连接信息的网表文件。

⑰ Schematic Report：产生电路图的统计信息。

⑱ Spare Gates Report：产生电路图中未使用门的报告。

⑲ Cross Reference Report：当前电路窗口中所有元件的详细参数报告。

（10）Options 菜单：用于定制电路的界面和某些功能的设置，其菜单下各命令的功能如下所述：

⑳ Global Preferences…：打开参数对话框，设定电路或子电路的有关参数。

㉑ Sheet Properties…：设置表单属性。

㉒ Global Restrictions…：利用口令对其他用户设置 Multisim 12 某些功能的全局限制。

㉓ Circuit Restrictions…：利用口令，对其他用户设置特定电路功能的全局限制。

㉔ Customize User Interface：对 Multisim 12 用户界面进行个性化设计。

㉕ Simplified Version：在标准工具栏中隐藏一些复杂的命令、工具和分析来简化 Multisim 12 的用户界面，比如在学生使用时。所简化的用户界面选项能够通过使用全局限制来控制其使用与否。简化的用户使用界面中不能使用的复杂命令、工具和分析在菜单中呈灰色。

（11）Window 菜单：用于控制 Mulitisim 12 窗口显示的命令，并列出所有被打开的文件，其菜单下各命令的功能如下所述：

㉖ Cascade：电路窗口层叠。

㉗ Tile：调整电路窗口尺寸以使它们全部显示在屏幕上。

㉘ Arrange Icons：电路窗口重排。

（12）Help 菜单：为用户提供在线技术帮助和使用指导。其菜单下各命令的功能如下所述：

㉙ Multisim Help：帮助主题目录。

㉚ Component Reference：帮助主题索引。

㉛ Release Notes…：版本发行说明。

㉜ About Multisim…：有关 Multisim 说明。

2. 工具栏说明

除了 Windows 应用程序共有的编辑、缩放、保存等标准工具栏外，下面对 Multisim 主要的一些工具栏进行介绍：

（1）主工具栏

如图 5-2-3 所示，该工具栏包含了有关电路窗口基本操作的按钮，从左向右依次是设计工具箱显示 / 隐藏开关、电路元件属性表格、SPICE 网表、面包板视图、显示图形分析、后处理、返回父层、建立元件、元件库管理、显示当前所用元件列表、ERC 检查、与 Ultiboard 互动开关、查找例程、进入 NI 教育网站、显示帮助。

图 5-2-3　主工具栏

（2）仿真工具栏

仿真工具栏如图 5-2-4 所示。主要用于仿真过程的控制。从左向右依次是开始 / 继续仿真开关、暂停仿真开关、停止仿真开头、暂停于下条 MCU 指令、单步进入函数体、单步、单步出函数体、运行到光标位置、断点切换、去除所有断点。

图 5-2-4　MCU 仿真工具栏

（3）元件工具栏

Multisim 12 工具栏，如图 5-2-5 所示。元件工具栏从左向右依次是电源库（Source）、基本元件库（Basic）、二极管库（Diode）、晶体管库（Transistor）、模拟元件库（Analog）、TTL 元件库（TTL）、CMOS 元件库（CMOS）、数字元件库（Miscellaneous Digital）、混合元件库（Mixed）、指示元件库（Indicator）、电源相关库（Power Components）、其他元件库（Miscellaneous）、周边设备库（Peripherals），射频元件库（RF）、机电类元件库（Electromechanical）、NI 元件、接口件、微控制器库（MCU）、放置分层模块、放置总线。

图 5-2-5　元件工具栏

（4）图形注释工具栏

放置工具栏如图 5-2-6 所示。该工具栏主要用于在电路窗口中放置各种图形、注释，从左向右依次是放置图片、多边形、弧线、椭圆、矩形、多线段、直线、文本、注释。

图 5-2-6　图形注释工具栏

（5）仪表工具栏

Multisim 12 提供了 18 种仪表以及 LabVIEW 虚拟仪器，仪表工具栏通常位于电路窗口的右边，也可以用鼠标将其拖至菜单的下方，呈水平状，如图 5-2-7 所示。

图 5-2-7　仪表工具栏

仪表工具栏从左向右依次是数字万用表（Multimeter）、函数信号发生器（Function Generation）、瓦特表（Wattmeter）、双踪示波器（Oscilloscope）、4 通道示波器（4 Channel Oscilloscope）、波特图仪（Bode Plotter）、频率计数器（Frequency Counter）、字信号发生器（Word Generator）、逻辑转换器（Logic Converter）、逻辑分析仪（Logic Analyzer）、IV 分析仪（IV-Analysis）、失真分析仪（Distortion Analyzer）、频谱分析仪（Spectrum Analyzer）、网络分析仪（Network Analyzer）、安捷伦函数信号发生器（Agilent Function Generation）、安

捷伦数字万用表（Agilent Multimeter）、安捷伦示波器（Agilent Oscilloscope）、泰克示波器（Tektronix Oscilloscope）、测量探针（Measurement Probe）、LabVIEW 仪器（LabVIEW Instrument ）、NI ELVISmx 仪器、电流探针（Current Probe）。

5.3 Multisim 12 常用虚拟仪器使用

Multisim 提供了很多实用的虚拟仪器，这些虚拟仪器的设置、使用方法都与现实中的仪器类似。除已有的传统虚拟仪器外，还整合了当今领先仪器设备制造的著名公司的典型产品的仿真虚拟版。由于这些公司的仪器产品在科研、教学中有着广泛的应用，所以推出与这些实际仪器型号对应的虚拟仿真仪器，更有利于消除虚拟环境和实际环境的差异。无论是在面板外观上，还是在操作使用方面，虚拟仪器都与真实的仪器一致，比如，在使用虚拟仪器前需要打开电源等。这使得那些已经熟悉真实仪器使用的人能够无缝上手，更加得心应手。而熟悉了虚拟仪器操作的人在以后遇到真实仪器也不会感到陌生和无从下手。这些虚拟仿真仪器比传统的虚拟仪器更贴近实际，功能也更强大，更适合在电路计算机辅助分析和电子教育教学中使用。

一、万用表（Multimeter）

Multisim 提供的万用表外观和操作与实际的万用表相似，如图 5-3-1 所示，有正极和负极两个引线端。提供直流和交流信号的测试，含电压挡、电流挡、电阻挡和电压分贝挡。

实际仪表对电路电压电流的测量有一定的影响，若要在虚拟万用表中考虑这些影响，或是依据具体电路对万用表进行调节，则需要对万用表参数，如电压表的内阻、电流表的内阻等进行进一步的设置。

dB 量程的参考电压值的缺省定义为在 600 Ω 电阻上产生 1mW 的功率的电压值。

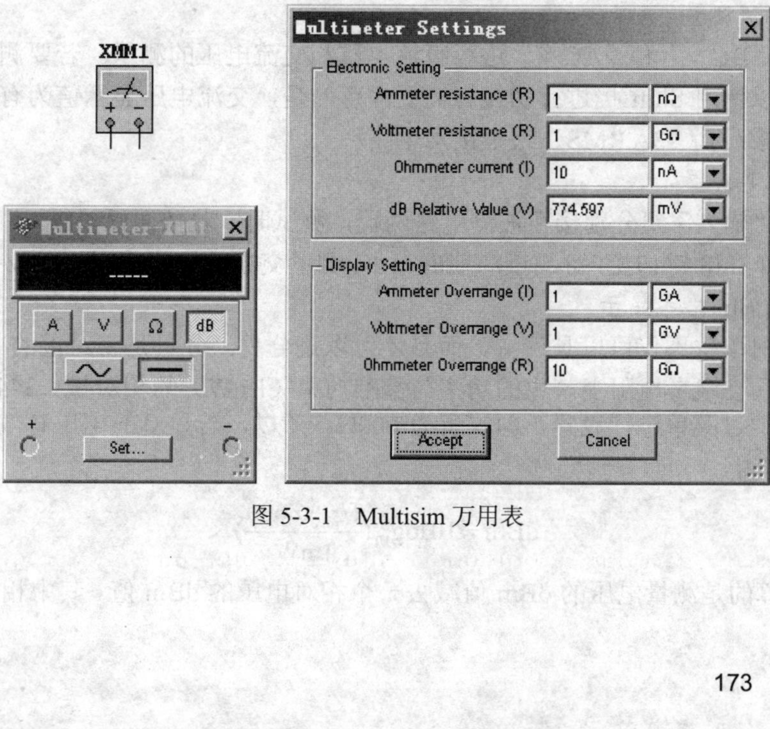

图 5-3-1　Multisim 万用表

第五章　计算机辅助分析

二、Agilent 数字万用表

Agilent 万用表的型号是 34401A，这是一款位高性能 6 位半数字万用表，内置数学运算、存储功能。基本直流电压精度为 24 小时 0.0015%。如图 5-3-2 所示，此图是数字万用表实物图与 Multisim 中的虚拟仪器面板图比较。Agilent 万用表有五个连接端，应注意面板的提示信息连接，其中“200Vmax”组为检测端，在 4 线法测电阻和测试电压相对比值时用。“1000Vmax”组为输入端，用来测量电阻电压、频率周期、二极管通断等，“3A RMS”组用来测量电流。单击最左侧的电源按钮，即可使用万用表，实现对各种电类参数的测量。34401A 使用菜单方式进行相关参数的设置，可以用 Shift 键切换到 MENU 进行。单击面板的 Power 开关，数字万用表的面板点亮，每个按钮具有双功能，可以用 Shift 换挡键进行切换。主要测试功能和测试方法如下：

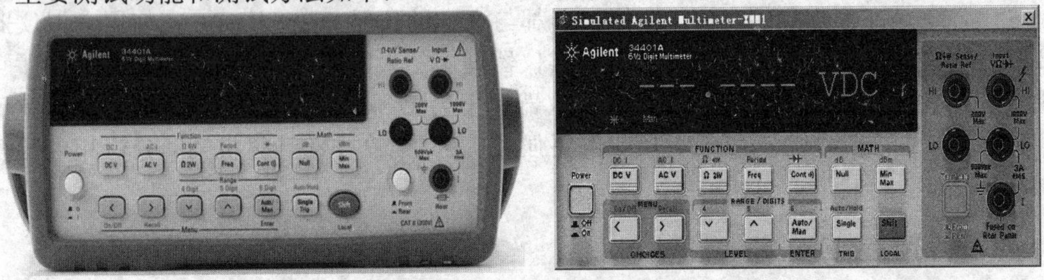

图 5-3-2　Agilent 数字万用表 34401A 实物图（左）与虚拟仪器面板图（右）

1. 电阻测量

可以使用 2 线测量法和 4 线测量法测试电阻。4 线测量法是为了更准确测量小阻值电阻，由于能减小接触电阻，所以测量精度比普通的 2 线测量法高。测量时，用 Shift 键切换至“Ω 4W”。连线时组合接线孔“检测”组和“输入”组，使正端相连、负端相连。2 线测量时，可以使用“输入”组。

2. 电压电流测量

直接选择“DC V”和“AC V”进行直流电压和交流电压的测量。若要测量直流电流和交流电流，可以使用 Shift 挡进行切换。需要注意的是，交流电压显示值为有效值，而测量电流时，要将接线孔“3A RMS”组串接入电路。

3. 频率周期测量

将测试孔“输入”组分别接在被测电路两端，测试时，若按面板“Freq”按钮，可测量频率大小。若用 Shift 键切换，可测量周期的大小。测量交流信号的范围为 3Hz~1.99999MHz。

4. dB 或 dBm 格式显示

测量电压时单位不仅可以是伏特，而且还可以是分贝。分贝是相对量的单位，dBm 计算的是测试电压在参考电阻上产生的功率与基准功率（1mW）的相对量。34401A 允许改变参考阻值，可通过菜单进行设置，但缺省为 600Ω。所以，若显示的电压有效值为 U_{rms}，则显示的 dBm 值为

$$\mathrm{dBm}=10\log_{10}\left(\frac{U_{\mathrm{rms}}{}^{2}/600}{1\mathrm{mW}}\right)$$

而 dB 计算的是测量电压的 dBm 值减去一个相对电压的 dBm 值。其中相对电压的 dBm

值可以直接通过 MENU→B：MATH MENU→3：dB REL 进行设置，也可以以首次测量的 dBm 值自动作为相对值。

Agilent 34401A 数字万用表还有其他功能，如连续模式测量电阻，直流电压比率测试，进行相对测量(NULL)，存储测量过程中的最大值、最小值、平均值和测量次数(MIN-MAX)，限幅测试（Limit Testing）等，可通过菜单进行读出、存储、设置等操作来完成。

三、函数发生器

Multisim 提供的函数发生器如图 5-3-3 所示，此函数发生器可以产生正弦波、三角波和矩形波：

- 信号频率（Frequency）可在 1Hz 到 999MHz 范围内调整。
- 信号幅度（Amplitude）可在 1V～999kV 调节。
- 信号直流偏移（Offset）设置范围是−999～999kV。
- 占空比（DutyCycle）设置范围为 1%～99%。

信号发生器有三个引线端口：正向输出、反向输出和公共端，其中公共端通常接参考地。在设置幅度时需要注意，这里的 Amplitude 指的是幅值，而我们通常说的峰-峰值是 2 倍的幅值，所以在设置时，可以根据要求的峰-峰值除以 2 后再填入。若以正负端输出，则需将要求的峰-峰值除以 4 后再填入。

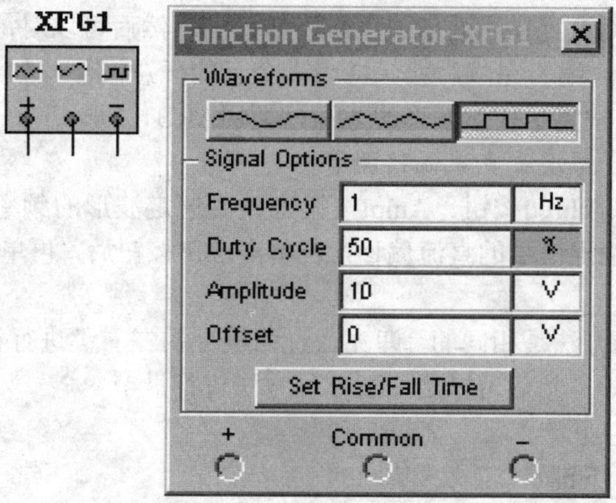

图 5-3-3　Multisim 函数发生器

四、Agilent 函数发生器

Agilent 函数发生器的型号是 33120A，其图标和面板如图 5-3-4 所示，这是一款高性能函数发生器，频带是 15MHz。具有 10 个标准波形输出，并具有任意波形产生的能力。图 5-3-4 是信号源实物图与 Multisim 中的虚拟仪器面板图比较。Agilent 信号发生器有两个连接端，上方是外同步输入端，下方是信号输出端，单击最左侧的电源按钮，接通仪表电源，旋转显示屏右侧的圆形调节旋钮，即可按照要求改变输出信号数值。

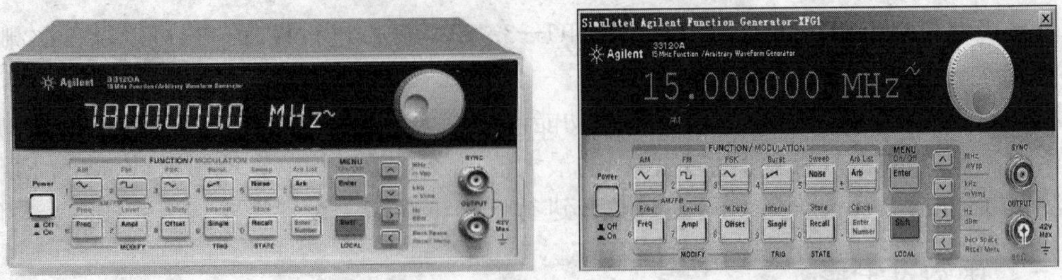

图 5-3-4　Agilent 信号源 33120A 实物图（左）与虚拟仪器面板图（右）

1. 输出波形选择

33120A除了可以输出正弦波，三角波，方波外，还可以输出锯齿波、噪声（Noise）。结合Shift键后，可以输出AM信号、FM信号、FSK调制信号、突发（Burst）信号和扫描（Sweep）信号。另外，如果按下Offset键不放，2秒后，可以产生直流电压，电压范围在–5V～+5V。

除此之外，函数发生器还可以产生一些特殊波形，如Sinc函数、负斜波函数（NEG_RAMP）、按指数上升波形（EXP_RISE）、按指数下降波形（EXP_FALL）及心率波形（Cardiac）。产生的方法是：单击Shift按钮，再单击Arb按键，进入Arb list功能，再单击Arb键，屏幕显示**SINC**[Arb]，然后可以用左右方向键进行显示波形的选择。

2. 任意波形的产生

33120A不仅能产生标准的函数波形，而且能够产生8～256点的任意波形。可以在菜单中建立新的Arb波形，并设置描述波形的点数，如16点。然后可以对每个点的幅度值进行编辑取值范围为–1～+1V。编辑完成后就保持为一个新的任意波形，如ARB1。如果需要显示创建的任意波形，可以按显示任意波形的方法，调用ARB1波形。

3. 常规波形频率、幅度、直流偏移调节

选定波形后，可以按Freq按钮、Ampl按钮来改变选定波形的频率和幅度。如果需要，可以按Offset按钮调节输出信号的直流偏移，若单击Shift按钮后，再单击Offset按钮，则改变信号的占空比。

改变面板显示值的方法是相同的，即先通过面板上的左右键进行符号、数字、单位的选择（选中的部分将闪烁），然后可以用如下几种方法进行调节：

- 面板右边的旋钮。
- 面板中的上、下键。
- 面板上的按键，除功能键外，还可以分别代表数字0～9、小数点、正负号。所以也可以通过直接输入数字来改变面板显示值的大小，方法是先按“Enter Number”按键，然后按对应的按键直接输入数字。

4. 频率单位和幅度显示选择

在显示频率的情况下，频率的单位可以在Hz、kHz、MHz之间直接进行切换。方法是先按“Enter Number”按键，然后按向上方向键，切换到MHz；按向下方向键，切换到kHz；按向左方向键，切换到Hz。

在显示幅度的情况下，幅度的显示可以在峰-峰值、有效值和分贝值之间进行切换。方法是先按“Enter Number”按键，然后按向上方向键，切换到峰-峰值（vpp）；按向下方向键，切换到有效值（vrms）；按向左方向键，切换到分贝值（dBm）。

五、双踪示波器

双踪示波器是实验中常用到的仪器，如图 5-3-5 所示。Multisim 提供的双通道示波器与实际的示波器外观和基本操作基本相同，该示波器可以观察一路或两路信号波形的形状，分析被测周期信号的幅值和频率，时间基准可在秒直至纳秒范围内调节。示波器图标有四个连接点：A 通道输入、B 通道输入、外触发端 T 和接地端 G。这里，A、B 两通道只需一根线与被测点相连，测的是该点与地之间的波形，当电路图中有接地符号时，双踪示波器的接地端可以不接。

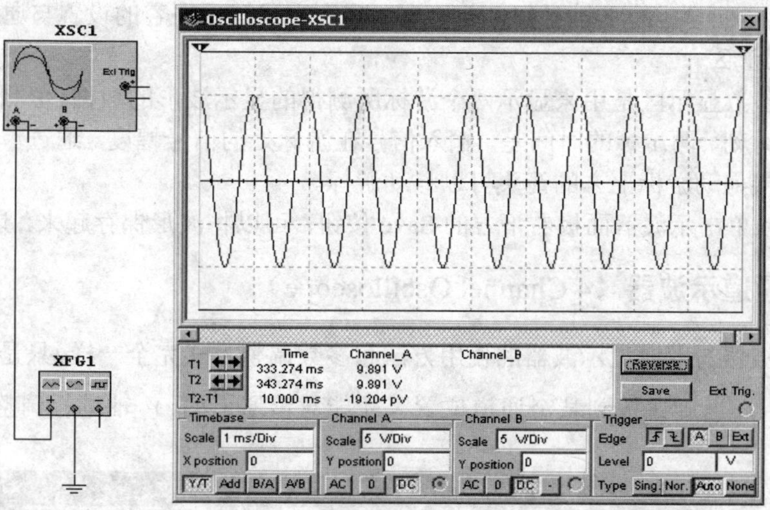

图 5-3-5 Multisim 双踪示波器

示波器的控制面板分为四个部分：

1. 水平通道部分

Time base（时基）：设置显示波形时的 *X* 轴时间基准扫描时间。

● Scale（量程）：设置 *X* 轴方向每一大格所表示的时间。单击该栏出现上下箭头，可根据显示信号频率的高低，通过箭头选择合适的时间刻度。

● X position（*X* 轴位置）：设置 *X* 轴的起始位置。

● 显示方式设置有四种：Y/T 方式指的是 *X* 轴显示时间，*Y* 轴显示电压值；Add 为叠加方式，指的是 *X* 轴显示时间，*Y* 轴显示 A 通道和 B 通道电压之和；A/B 或 B/A 为示波器 *X-Y* 方式，*X* 轴和 *Y* 轴都显示电压值，分别指的是将 B 通道/A 通道的输入信号作为 *X* 轴扫描信号，A 通道/B 通道的输入信号作为 *Y* 轴信号。

Tigger（触发）：设置示波器的触发方式，触发方式主要用来设置 *X* 轴的触发信号、触发电平及边沿等。

● Edge（边沿）：设置被测信号的上升沿或下降沿作为触发信号。

● Level（电平）：设置触发信号的电平大小，使触发信号在某一电平时启动扫描。

● 扫描方式选择：Auto 为自动扫描，用相应的通道信号作为触发信号；Ext 为外触发，用示波器的外触发端的输入信号作为触发信号；Sing 为单次扫描；Nor 为触发扫描。

2. 垂直通道部分

Channel A（通道 A）：

- Scale（量程）：通道 A 的 Y 轴电压刻度设置。
- Y position（基线位置）：设置 Y 轴的起始点位置，起始点为 0 表明 Y 轴和 X 轴重合，起始点为正值表明 Y 轴原点位置向上移，否则向下移。
- 触发耦合方式：AC（交流耦合）、0（接地）或 DC（直流耦合），交流耦合只显示交流分量；直流耦合显示输入信号的交、直流成分；接地时，在 Y 轴设置的原点处显示一条直线。

Channel B：通道 B 的 Y 轴量程、起始点、耦合方式等项内容的设置与通道 A 相同。

3. 游标测量区

游标测量参数显示区是用来显示两个游标所测得的显示波形的数据。可测量的波形参数有游标所在的时刻、两游标的时间差、输入信号在游标处的信号幅度。通过单击游标中的左右箭头或者直接拖动游标上方的箭头可以移动游标。

此外，可以单击示波器面板右下方的 Save 按钮，可以将波形保存起来，以备后续处理。

六、四通道示波器（4 Channel Oscilloscope）

四通道示波器与双通道示波器的使用方法和参数调整方式完全一样，只是多了一个通道控制器旋钮，当旋钮拨到某个通道位置，才能对该通道的 Y 轴进行调整，如图 5-3-6 所示。

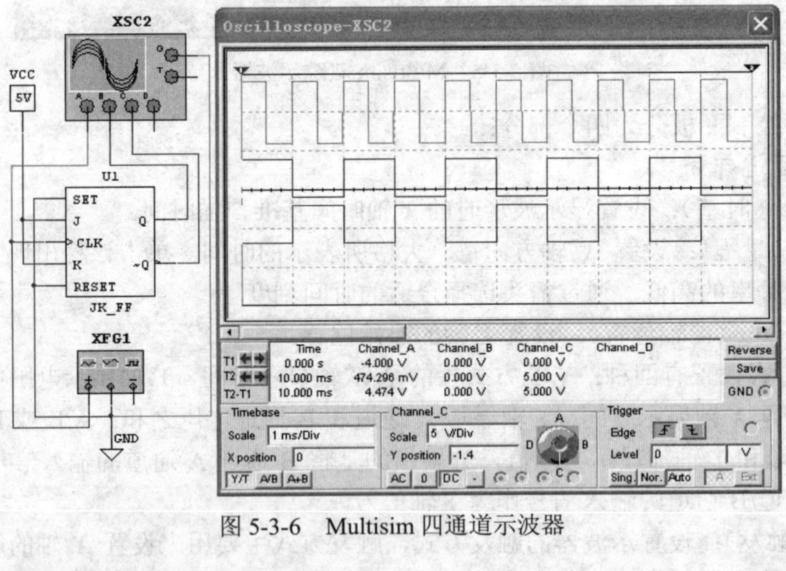

图 5-3-6　Multisim 四通道示波器

七、Agilent 示波器

Multisim中的这款混合信号示波器（Mixed-Signal Oscilloscopes，MSO），型号为54622D，具有2个模拟通道和6个数字通道，把示波器对信号细节的详尽分析与逻辑分析仪的多通道时序测量融为一体。能同时看到多达18个通道上信号间的复杂交互关系，解决了传统示波器无能为力的模拟和数字混合电路设计的调试问题。图5-3-7是示波器实物图与Multisim中的虚拟仪器面板图比较。

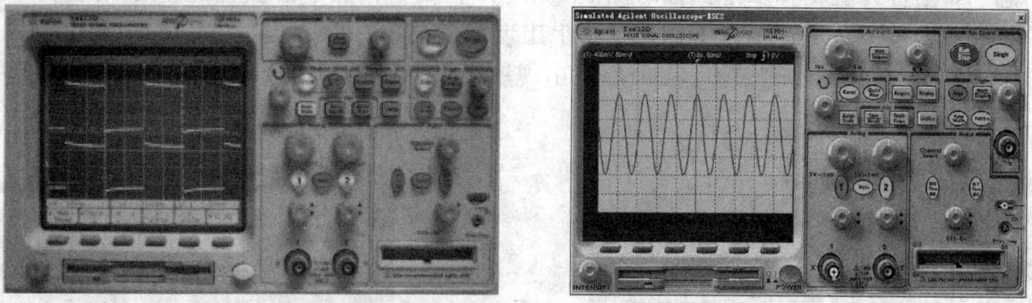

图 5-3-7　Agilent 示波器 54622D 实物图（左）与虚拟仪器面板图（右）

1. 示波器图标和示波器校正

Agilent54622D 的图标如图 5-3-8 所示，图标下方有两个模拟通道（通道 1 和通道 2）、16 个数字逻辑通道（D0～D15），面板右侧有触发端（Trig）、数字地和探头补偿输出（Probe Comp）。在使用前，可以对示波器的工作状况进行检查，方法是连接探头补偿输出到模拟通道和数字通道，观察显示波形的情况。探头补偿输出连接到模拟通道 1，显示的波形应该是方波，其峰-峰值为 5V，频率为 1.25kHz（周期为 0.8ms）。如果没有显示，可以按前面板上的 Save/Recall 保存调用键，再按面板上的 Autoscale 键显示波形。同样，可以将探头补偿输出端连接到数字通道，单击面板上的数字通道选择按钮，选择数字通道 D0~D15，以对数字通道进行校正。

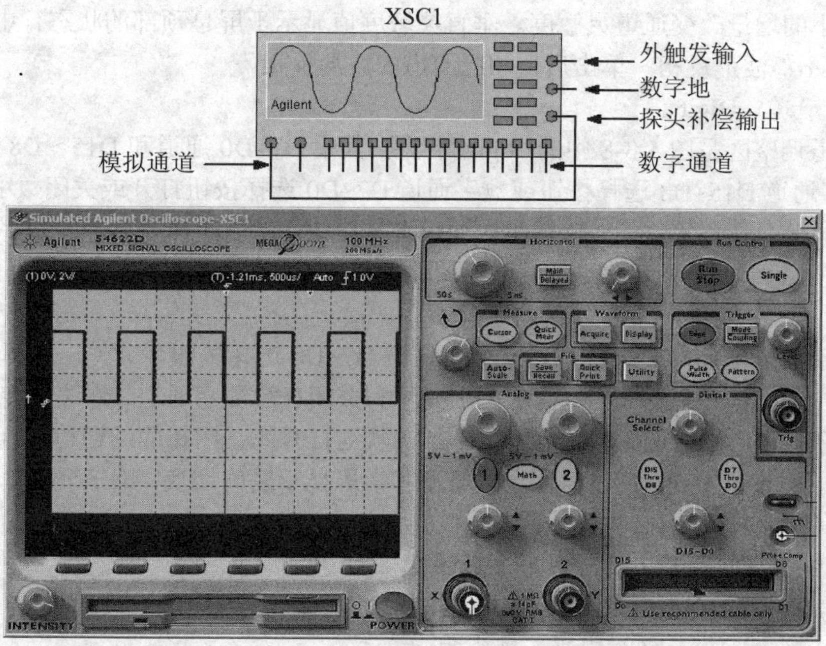

图 5-3-8　示波器图标及校正信号显示

2. 模拟通道（Analog）

模拟通道垂直部分如图 5-3-9 所示，从上到下分别为垂直灵敏度旋钮、垂直通道的选择、垂直位移旋钮和通道输入旋钮。屏幕显示如图 5-3-10 所示，在屏幕的上方显示了基本的波形信息，如垂直灵敏度和水平扫描时间因数信息。同时，也显示了垂直位移的信息和水平位移的信息。当按下通道选择按键后，屏幕上出现通道菜单：Coupling、Vernier、Invert。每个菜单下对应一个菜单选择按键，点击后可出现次级菜单进行相应选择。

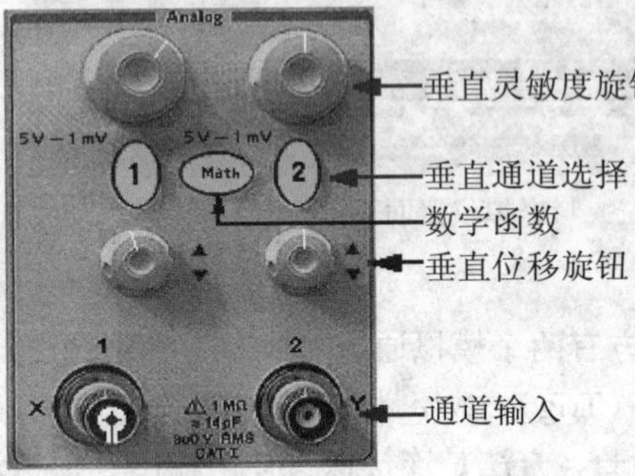

图 5-3-9　模拟通道旋钮

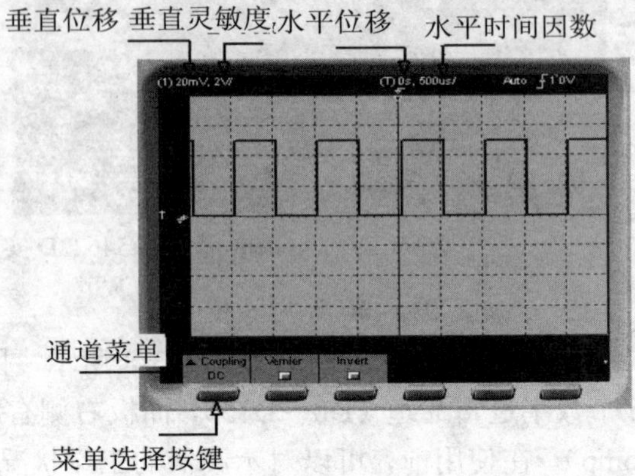

图 5-3-10　模拟通道屏幕显示信息

- Coupling：垂直输入的耦合方式开关。耦合方式有三种：DC（直流耦合）、AC（交流耦合）和 Ground（接地）。
- Vernier：垂直灵敏度微调旋钮。如果微调关闭，垂直灵敏度旋钮能以 1-2-5 的步进序列改变通道灵敏度，改变范围是 1nV/格～50V/格。如果选择了微调，则可用垂直灵敏度旋钮以更小的增量改变通道灵敏度。垂直灵敏度值显示于屏幕顶部的状态行中。
- Invert：波形反相。单击后，相应通道的波形反相。

3. 数字通道（Digital）

数字通道调整区是图 5-3-8 中的 Digital 区域，其中 D7~D0 通道和 D15～D8 通道分别选择，单击数字通道 D15~D8 选择按钮或数字通道 D7~D0 选择按钮打开或关闭数字通道显示，当按钮被点亮时显示数字通道。旋转组内通道选择旋钮，可以选择要显示的数字通道，并在所选的通道号右侧显示 7。旋转通道位置调整旋钮，可以将所选的通道定位在屏幕上新的位置。

单击数字通道 D15~D8 选择按钮或数字通道 D7~D0 选择按钮，会弹出选择菜单，如图 5-3-11 所示。其中第一个菜单可以在屏幕上显示和关闭任意数字通道，方法是旋转屏幕上的选择按键，选择相应的通道，然后点击菜单下的软键打开或关闭相应的通道；第二个菜单是改变数字通道的显示格式，使显示在全屏显示和半屏显示之间切换；第三个菜单可以改变高低电平切换的阈值：

- TTL（1.4V）：TTL 电平，缺省为 1.4V。
- CMOS（2.5V）：CMOS 电平，缺省为 2.5V。
- ECL（–1.3V）：ECL 电平，缺省为–1.3V。
- User：用户自定义。

最后一个菜单为用户自定义阈值选择，这个菜单必须在阈值菜单选择 User 时才有效，然后通过旋转屏幕上的选择按键来完成。

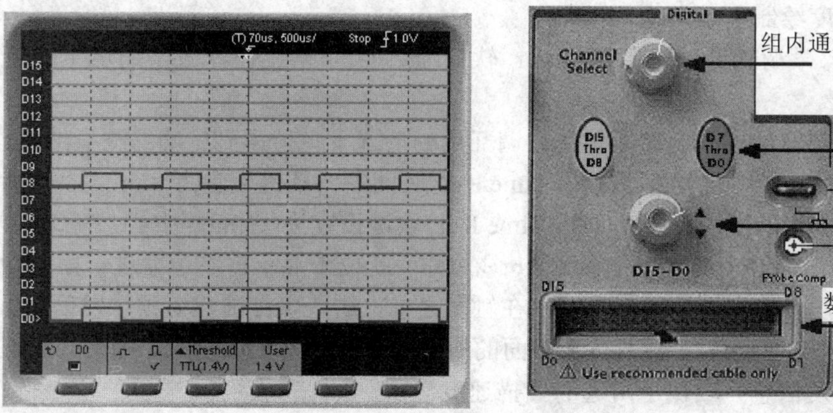

图 5-3-11　数字通道设置

4. 水平通道（Horizontal）

水平通道部分由扫描速度旋钮、主扫描 / 延迟扫描旋钮、延时旋钮组成，如图 5-3-12 所示。

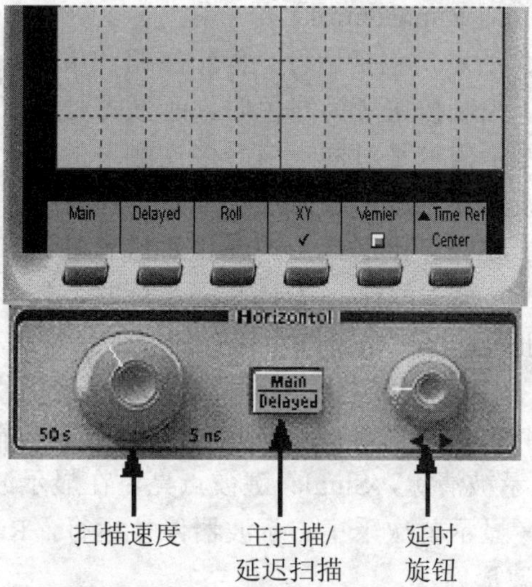

图 5-3-12　水平通道设置

● 旋转水平扫描速度时间/格旋钮注意所引起的状态行变化，扫描速度旋钮以 1-2-5 的步进序列在 5ns/div 至 50s/div 范围内改变，扫描速度显示屏顶部的状态行显示出扫描速度值。

● 按 Main/Delayed （主扫描/ 延迟扫描键）然后会出现菜单选项，其中：

a：Main，选择主扫描。

b：Delayed，选择在显示屏观察测试波形的延迟显示。

c：Roll，滚动软键。选择滚动模式，滚动模式引起波形在屏幕上从右向左缓慢移动。以屏幕上的右端为固定参考点，并引用当前时间作为参考。

d：XY，XY 模式。XY 模式把显示屏从电压对时间显示变成电压对电压显示，一般用来比较两个信号的频率和相位关系。此时，时基被关闭，通道 1 的电压幅度绘制于 X 轴上，而通道 2 的电压幅度绘制于 Y 轴上。

e：按 Vernier 微调软键，可用 Vernier 软键通过时间/格旋钮以较小的增量改变扫描速度。

这些较小增量均经过校准因而即使在微调开启的情况下也能得到精确的测量结果。

f：Time Ref，时间参考点位置。如果 Time Ref 时间参考软键设置为 Left 左▽ 就位于显示屏，左边缩进一格的网格位置；如果 Time Ref 软键设置为 Center 中心，▽ 就位于显示屏的中央；如果 Time Ref 软键设置为 Right 右，▽ 就位于显示屏右边缩进一格的网格位置，所有显示于触发点▼左面的事件都发生在触发之前，这些事件被称为预触发信息。这一功能用于看导致触发点的事件。触发点▼右面的所有事件称为后触发信息，可用的延迟范围量（预触发和后触发信息）取决于所选的扫描速度。

● 延时旋钮：延时旋钮用以水平移动主扫描，旋转延时旋钮可以在状态行中显示出它的数值。网格顶部是一个实心三角符号▼和一个空心三角符号▽。实心三角符号指示触发点，它随延迟时间旋钮移动。▽ 符号指示时间参考点，该点同时也是放大/缩小的参考点。延迟数显示出时基参考点 ▽ 与触发点▼间的时间。

5. 连续运行与单次采集（Run Control）

运行控制区如图 5-3-13 所示，包括运行 / 停止按钮和单次触发按键。当运行 / 停止控制按钮变为绿色时，示波器处于连续运行模式，显示屏显示信号是对同一信号多次触发的结果，这种方法与模拟示波器显示波形的方法类似。当运行 / 停止按钮变为红色时，示波器停止运行，即停止对信号触发，显示屏顶部状态行中触发模式位置上显示 Stop。此时，波形被保存，旋转水平旋钮和垂直旋钮可以对保存的波形进行平移和缩放。

图 5-3-13 运行控制区域

当 Single（单次触发）按钮变为绿色时，示波器处于单次运行模式，显示屏显示的波形是对信号的单次触发。利用 Single 运行控制按钮观察单次事件，显示波形不会被后继的波形覆盖。当按 Single 键时显示被清除，Single 键被点亮。在显示波形前示波器等待触发条件产生，当示波器被触发时，显示单次采集，示波器停止运行，Run/Stop 键点亮为红色。再次按 Single 键采集另一个波形。

6. 触发控制（Trigger）

触发控制区域由触发 / 耦合软键，触发电平旋钮，外触发输入端子，以及三种触发方式按键：边沿触发、脉冲宽度触发、码型触发组成，如图 5-3-14 所示。

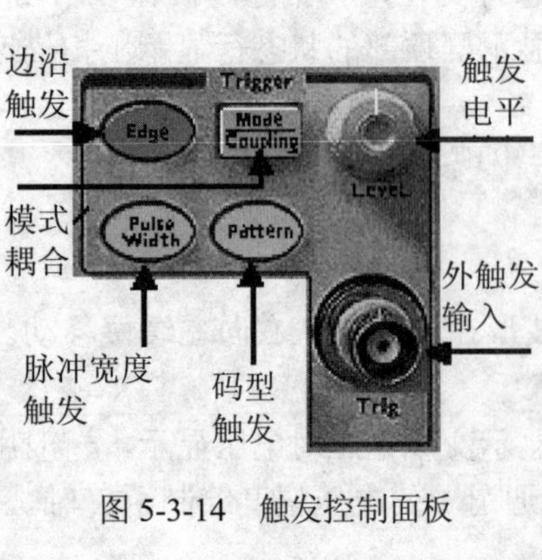

图 5-3-14 触发控制面板

触发类型把示波器显示与被测电路的行为同步，其触发类型有边沿触发、脉冲宽度触发、码型触发 3 种类型。而对应的实际仪表的触发方式还有 CAN 触发、区域网络触发、持续时间触发、I2C 触发、序列触发、SPI 触发、TV 触发及 USB 触发等。

（1）使用边沿触发（Edge）

边沿触发类型通过在波形上查找指定斜率和电压电平识别触发，如图 5-3-15 所示。按下前面板 Trigger

部分的 Edge 键显示边沿触发菜单，共有两项，souce 软键和 slope 软键。其中 source 软键定义触发源，单击软键后显示触发源菜单。可用的触发源有模拟通道 1、2，数字通道 D0～D15 以及外部触发 EXT。触发源显示于屏幕右上角。当按下模拟通道触发源软键选择一个模拟触发源，旋转触发 Level 电平旋钮调整所选模拟通道的触发电平。当选择 DC 耦合时模拟通道触发电平的位置由位于显示屏最左端的触发电平图标指示。若模拟通道开启，旋转触发电平旋钮调节所选模拟通道的外部触发电平，模拟通道触发电平值显示于屏幕右上角。

Slope 斜率软键选择上升沿或下降沿，确定触发是在输入信号的上升沿还是在下降沿上产生。所选斜率显示于屏幕右上角。

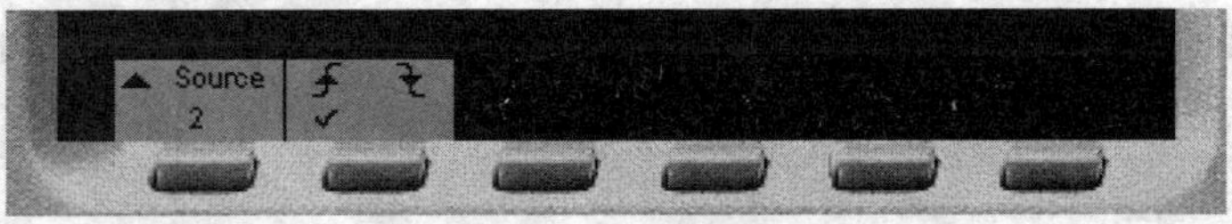

图 5-3-15　边沿触发

（2）使用脉冲宽度触发（Pulse Width）

脉冲宽度毛刺触发把示波器设置为对指定宽度的正脉冲或负脉冲触发。单击Pulse Width按钮，选择脉冲宽度触发并显示脉冲宽度触发菜单，如图5-3-16所示。

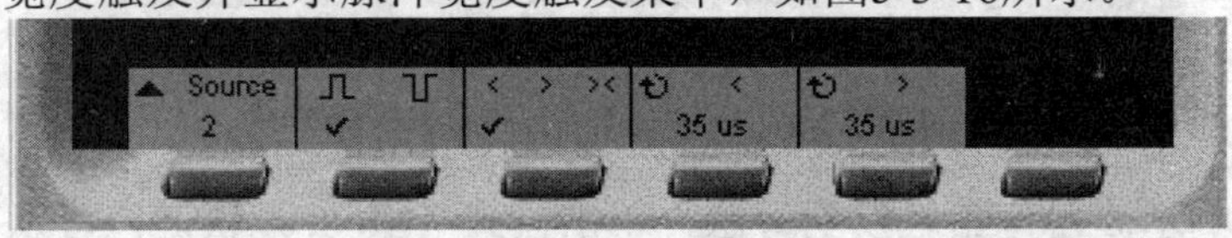

图 5-3-16　脉冲宽度触发

- Source：触发源。和边沿触发类似，可用的触发源有模拟通道 1、2，数字通道 D0～D15 以及外部触发 EXT。
- 触发极性：选择所要捕获的脉冲宽度的正极性或负极性，同时脉冲极性会显示于屏幕右上角。
- 时间设定符：限定符符号“<”，设置脉冲触发时刻小于一个时间值。限定符符号“>”，设置脉冲触发时刻小于一个时间值。限定符符号“>”，设置脉冲触发时刻大于一个时间值。限定符符号“>”和“<”，设置脉冲触发时刻在一个时间值范围内。

（3）使用码型触发（Pattern）

码型触发通过查找指定码型识别触发条件。对所选择的每个通道按条件软键设置该通道的条件，码型是各通道的逻辑组合，每个通道都有高（H）低（L）和忽略（X）值，还可以指定码型中包括的一个通道的上升沿或下降沿。

单击面板触发（Trigger）区的Pattern按钮，进入码型触发设置菜单，如图5-3-17所示。

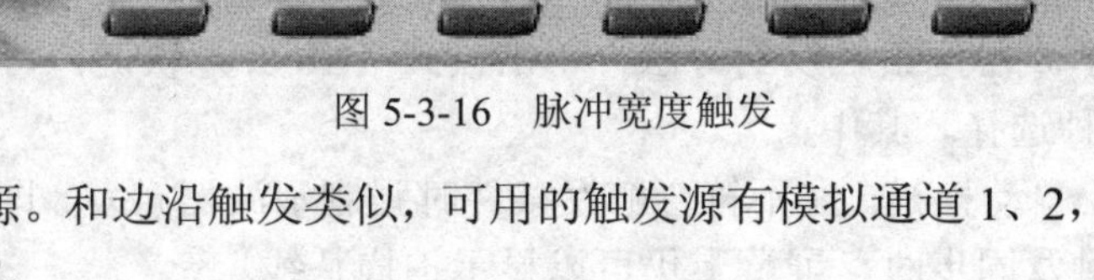

图 5-3-17　码型触发

- Channel：通道选择。选择一个包含期望码型的模拟通道或数字通道。模拟通道可以选择通道1和通道2，数字通道可以选择数字通道D1～D15。

- L：把所选通道码型设置为低，低代表电压电平低于通道的触发电平或门限电平。
- H：把所选通道码型设置为高，高代表电压电平高于通道的触发电平或门限电平。
- X：把所选通道码型设置为忽略，任何被设置为忽略的通道都被忽略不作为码型的一部分，如果码型中所有通道均被设置为忽略，示波器将不触发。
- 上升沿或下降沿：软键把码型设置为所选通道上的一个边沿，码型中只能指定一个上升沿或下降沿。当指定边沿后如果其他通道的码型设置均为真，示波器将在指定的边沿上触发，如果未指定边沿，示波器将在码型为真的最后一个边沿上触发。在码型中，只能指定一个上升沿或下降沿项，如果定义了一个边沿项，然后在码型中选择不同通道定义另一个边沿项，那么原先的边沿定义就变成忽略。

（4）触发模式

单击触发区的Mode / Compling软键，进入触发模式（Mode）菜单，如图5-3-18所示。

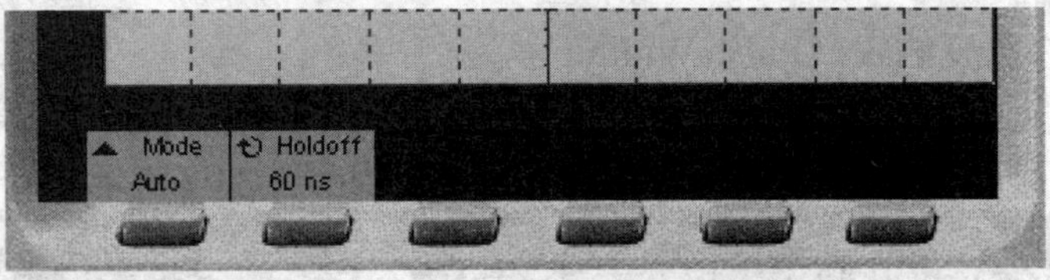

图 5-3-18　触发模式和释抑时间设置

触发模式影响示波器搜索触发的方法，单击模式（Mode）软键，可以有Normal、Auto和Auto_Level触发3种选择。其中：

- Auto模式：自动扫描。在不符合触发条件时强制示波器触发，即在没有输入信号或是输入信号没有被触发同步时，屏幕上仍可以显示扫描基线。
- Normal模式：触发扫描。显示符合触发条件时的波形，否则示波器不触发，显示屏也不更新。对于低重复率信号或不需要自动触发的情况应使用触发扫描模式。
- Auto_Level：仅当边沿在模拟通道上触发或外部触发时可用。示波器首先尝试常规触发扫描，如果未找到触发它将在触发源至少 10% 满刻度的范围搜索信号并把触发电平设置于 50% 幅度点。如果仍没有信号，示波器就自动触发扫描。在把探头从电路板一点移到另一点时这种工作模式是很有用的。

（5）释抑时间设置

释义时间是指触发电路重新触发前，示波器所等待的时间。这个功能用于在上一触发后的指定时间内避免产生触发，用于稳定复杂波形的显示。当波形在一个周期内多次穿越触发电平时此功能非常有用。如果没有释抑，示波器就要在每个穿越处触发，而产生混乱的波形。通过正确的释抑设置，示波器就总能在同一穿越处触发。正确的释抑设置一般应略小于一个周期。把释抑设置为这一时间就产生一个唯一的触发点。即使在触发时间有许多波形周期通过，它仍能按要求工作，因为释抑电路是在输入信号上连续工作。改变时基设置，并不影响释抑值。单击触发区的 Mode / Compling 软键，进入释抑时间（Holdoff）菜单，如图 6-3-18 所示：释抑时间调节通过旋转屏幕上的输入旋钮来完成。

7. 测量控制区（Measure）

测试控制区共有两个软键：Cursor 和 Quick Mear 测量键。按下 Cursor 键后，进入游标菜单，如图 5-3-19 所示，通过改变菜单中的参数，可以选择测量源和设置测量轴的刻度。

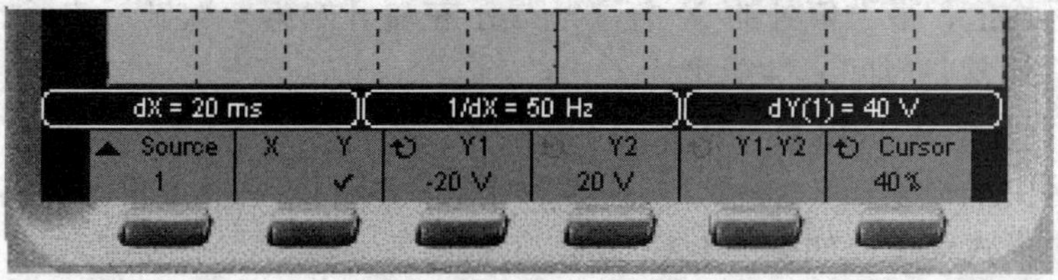

图 5-3-19　游标菜单

- Source：测量源。测量源可以是模拟通道 1、模拟通道 2 或数学源 Math。
- XY：选择是对 X 游标还是 Y 游标进行设置。X 游标是进行水平调整的垂直虚线，通常指示相对于触发点的时间，当与 FFT 数学函数一起作为源使用时，X 游标代表频率。Y 游标是进行垂直调整的水平虚线，通常指明 Volts 或 Amps。当把数学函数作为源使用时，测量单位对应于该数学函数。图中是设置 Y 游标，X 游标类似。
- X1、X2（Y1、Y2）：X1 游标（垂直短虚线）和 X2 游标（垂直长虚线）用来进行水平调整指示除 FFT 数学函数指示频率外所有源相对于触发点的时间。在 XY 水平模式中 X 游标显示通道 1 的数值（Volts 或 Amps），对于所选的波形源，游标值在 X1 和 X2 软键中显示。

Y1 游标（水平短虚线）和 Y2 游标（水平长虚线）用来进行垂直调整除了 FFT 数学函数用来指示与 0 dB 的相对值外，均指示与波形接地点的相对值。在 XY 水平模式中 Y 游标显示通道 2 的数值（Volts 或 Amps）。对于所选的波形源游标值在 Y1 和 Y2 软键中显示。

- X1-X2（Y1-Y2）：按下该软键可通过旋转输入旋钮同时调节 X1 和 X2 游标（Y1 和 Y2 游标），由于是同时调节游标，dx 值将保持不变。这个功能可用于脉冲宽度的检查。
- 单击 Cursor 软键，通过输入旋钮，改变游标的灰度级。

快捷测试（Quick Meas）可对任何通道源或任何运行中的数学函数进行自动测量。所选择的最后三次测量结果显示在该软键上方的专用行上或当选择某些菜单时在显示区中示出，当平移或缩放时也可用快捷测量方法测量已停止的波形。按下 Quick Mear 按钮，进入快速测量菜单。如图 5-3-20 所示，单击右箭头软键，可以显示更多的测试参数。

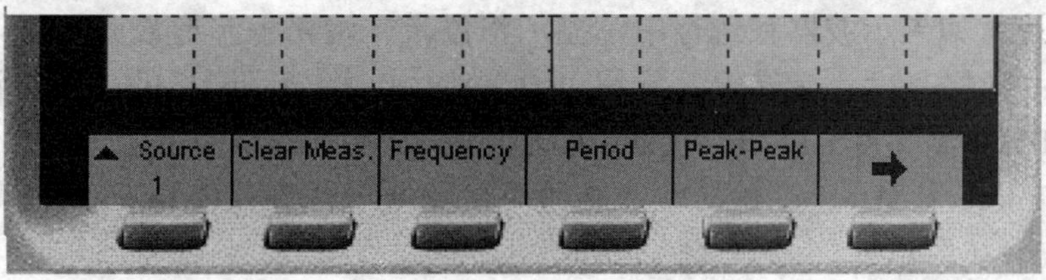

图 5-3-20　快速测量菜单

- Source：测量源。测量源可以是模拟通道 1、模拟通道 2 或数学源 Math。
- Clear Meas：停止测量，清除测量数据。
- 单击 Frequency、Period、Peak-Peak、Maximum、Minimum、Rise Time、Fall Time、Duty Cycle、RMS、+Width、−Width、Average、X at Max 软键，分别测量被测波形的频率、

周期、峰-峰值、最大值、最小值、上升时间、下降时间、占空比、有效值、正脉冲宽度、负脉冲宽度、平均值、最大值处的 X 值（从显示左端开始第一次显示波形最大值产生处对应的 X 轴的值，通常是时间）性能指标。

8. 波形控制区（Waveform）

波形控制区由采集模式（Acquire）和显示模式（Display）两个软键组成。单击 Acquire 按键，进入采集模式菜单，如图 5-3-21 所示。

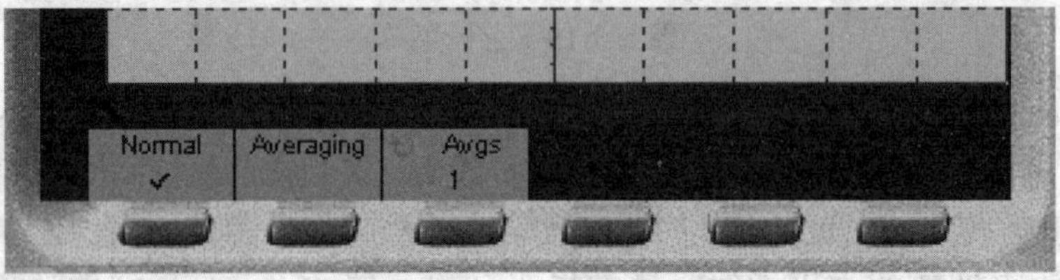

图 5-3-21　采集模式菜单

- Normal：常规模式。在绝大多数使用情况下示波器常规采集模式能得到最好的波形图像。每个模拟通道具有高达两百万样本的采样，在 1000 像素列示波器显示屏上要显示多点显然需要对样本进行压缩。但由于高波形绘制率，压缩要小得多，这意味着看到的波形更符号实际。
- Averaging：平均模式。平均化模式能平均化多次触发，以减小噪声并提高分辨率。对多次触发的平均化需要有稳定的触发。平均的触发数显示在（Avgs）软键中，通过输入旋钮改变。

单击 Display 按键，进入显示模式菜单，如图 5-3-22 所示。

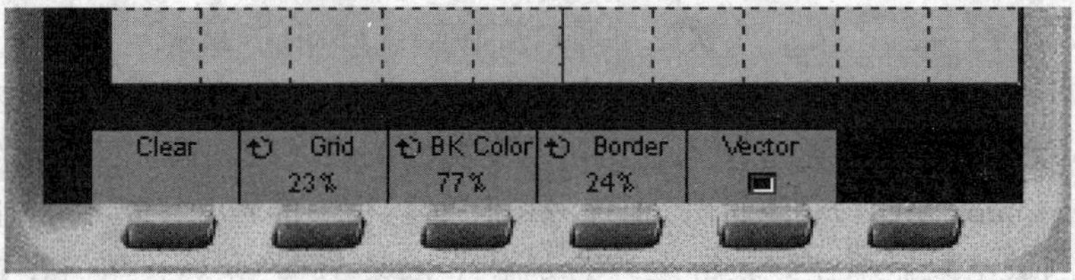

图 5-3-22　显示模式菜单

- Clear：清除显示。擦除所有先前采集的显示，并擦除任何从示波器内部存储器或软盘调入的轨迹。如果示波器在运行中，显示将再次开始累积波形数据。
- Grid：网格亮度。旋转输入旋钮可设置8×10 格显示网格的亮度。设置范围从0%（关闭）到100%（满亮度）。Grid 软键中示出网格亮度值。
- BK Color：背景颜色。旋转输入旋钮可设置波形背景颜色的灰度级。设置范围从0%（黑色）到100%（白色）。
- Border：边界颜色。旋转输入旋钮可设置屏幕边界颜色。设置范围从0%（黑色）到100%（蓝色）。
- Vector：矢量开关。在启用矢量开启模式时，在相继的波形数据点间绘制连线，矢量给予数字化波形以模拟的视感，能用矢量看到像方波这类波形上的陡峭边沿，也可以查看复杂波形中即使是只有几个像素大小的很细微的细节，使显示的波形与模拟示波器轨迹相似。

9. 数学函数

单击模拟通道面板上的 Math 软键，进入数学运算菜单，如图 5-3-23 所示。示波器能对任何模拟通道上采集的信号进行数学运算，包括信号相减、相乘、积分、微分和快速傅里叶变换等数学运算。

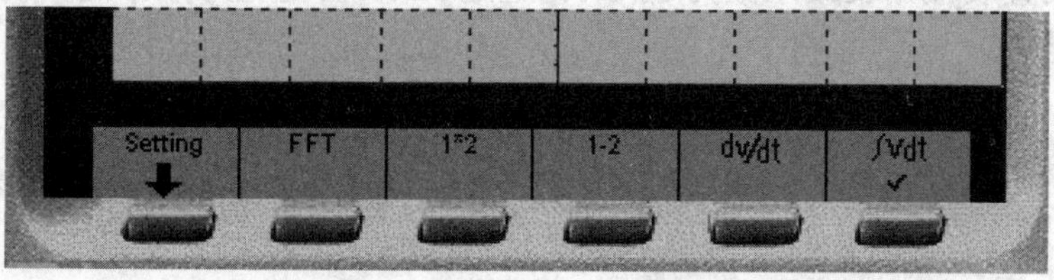

图 5-3-23　数学函数设置菜单

（1）FFT 运算

FFT 使用模拟输入通道或数学函数（1 + 2）、（1 – 2）或（1 * 2）计算快速傅里叶变换。FFT 获取特定源的数字化时间记录，并把它转换到频域。当选择 FFT 函数时，示波器上绘出幅度-频率关系的FFT频谱，纵轴幅度以dBV为单位，水平轴为频率（Hz）。FFT的0dBV是指有效值为1V正弦曲线幅值的分贝值。在图5-3-24中单击FFT软键，此时可以再点击Setting软键改变FFT运算源、频谱范围、中心设置、衰减或偏置。

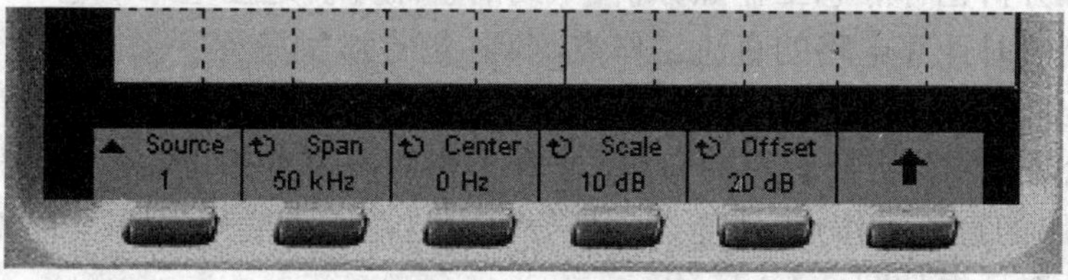

图 5-3-24　FFT 设置菜单

- Source：选择FFT源。可以是任意模拟通道或数学函数（1+2），（1–2），and（1*2）。
- Span：频谱范围。显示屏左边到右边所占的频谱宽度。除以10就得到每格的频率数。
- Center：中心频谱。设置显示屏中心网格处所代表的 FFT 频谱频率。
- Scale：改变垂直方向dB / div数。
- Offset：设置FFT偏置数。

（2）乘法运算（1*2）

当选择（1*2）时，通道 1 和通道 2 的电压值将逐点相乘并显示相乘结果。当一个通道与电流成正比时（1 * 2）可用于查看功率关系。

（3）减法运算（1–2）

选择减法运算时，模拟通道 1 和模拟通道 2 的电压值将逐点相减，并显示相减结果。应用减法运算能进行差分测量或比较两个波形。若要实现通道 1 和通道 2 的信号的加法运算，可以在通道 2 菜单中选择 Invert 软键，再选择（1–2）运算。

（4）微分运算（dv/dt）

选择微分运算时，计算所选信号源的离散时间导数。信号源可以是模拟通道1，模拟通道2或数学函数（1+2），（1–2），and（1*2）。单击Scale软键可以为微分函数设置衰减，衰减系数为V/s/div。通过Offset软键能为微分运算设置合适的偏置，偏置值的单位是V/s（伏/秒）。

（5）积分运算（$\int vdt$）

选择积分运算时，计算所选信号源的积分。信号源可以是模拟通道1，模拟通道2或数学函数（1+2），（1–2），and（1*2），积分运算的结果与源信号的偏置有关。单击Scale软键可以为积分函数设置衰减，衰减系数为Vs/div。通过Offset软键能为微分运算设置合适的偏置，偏置值的单位是Vs。

5.4 仿真分析方法

Multisim提供了多达18种的分析方法，这样多的仿真分析功能是其他电路分析软件不能比拟的。同时，Multisim还允许用户使用SPICE语句或调入SPICE文件，使分析更加灵活以满足个体需要。本节对Multisim分析方法进行介绍，其中一些常用的分析方法的详细使用过程将在教材第五章5.5节和5.6节，结合具体的应用电路进行。

一、直流工作点分析（DC Operating Point Analysis）

直流工作点分析也称静态工作点分析，电路的直流分析是在电路中电容开路、电感短路、数字器件视为高阻时计算电路的直流工作点，即在恒定激励条件下求电路的稳态值。在电路工作时，无论是大信号还是小信号，都必须给半导体器件以正确的偏置，以便使其工作在所需的区域，这就是直流分析要解决的问题。求解电路的直流工作点在电路分析过程中是至关重要的。了解电路的直流工作点，才能进一步分析电路在交流信号作用下电路能否正常工作。直流工作点分析对话框如图 5-4-1 所示。

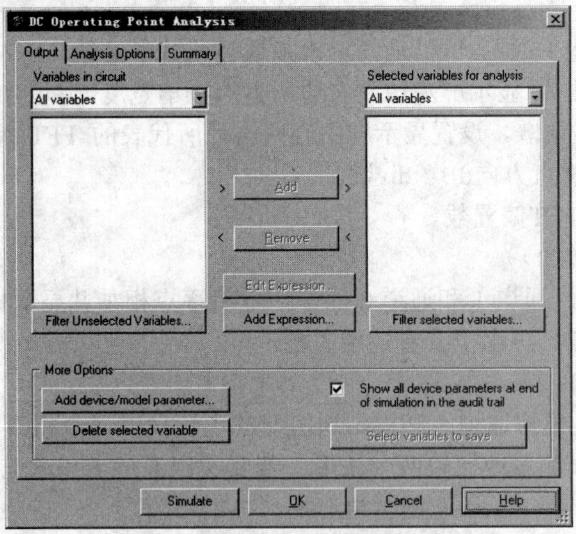

图 5-4-1　直流工作点分析对话框

1. Output 页

Output 用于选定需要分析的节点。左边 Variables in circuit 栏内列出电路中各节点电压变量和流过电源的电流变量。右边 Selected variables for 栏用于存放需要分析的节点。在下部的 More Options 中，可以选择特定的器件或模型中的参数做为分析变量，还可以将变量保存以便进行后处理。具体做法是先在左边 Variables in circuit 栏内选中需要分析的变量（可以通过鼠标拖拉进行全选），再单击 Add 按钮，相应变量则会出现在 Selected variables for 栏中。如果 Selected variables for 栏中的某个变量不需要分析，则先选中它，然后点击 Remove 按钮，该变量将会回到左边 Variables in circuit 栏中。

2. Analysis Options 页

这些选项可以增加分析时的灵活性，但需要熟悉 Spice 指令，适合定制用户。一般情况下，可以不用修改。在下方可以对此次分析命名。

3. Summary 页

分析的参数设置和 Summary 页中排列了该分析所设置的所有参数和选项。用户通过检查可以确认这些参数的设置。

二、交流分析（AC Analysis）

交流分析是在正弦小信号工作条件下的一种频域分析。它计算电路的幅频特性和相频特性，是一种线性分析方法。在进行交流频率分析时，首先分析电路的直流工作点，并在直流工作点处对各个非线性元件做线性化处理，得到线性化的交流小信号等效电路，并用交流小信号等效电路计算电路输出交流信号的变化。在进行交流分析时，电路工作区中自行设置的输入信号将被忽略。也就是说，无论给电路的信号源设置的是三角波还是矩形波，进行交流分析时，都将自动设置为正弦波信号，分析电路随正弦信号频率变化的频率响应曲线。交流分析对话框如图 5-4-2 所示。

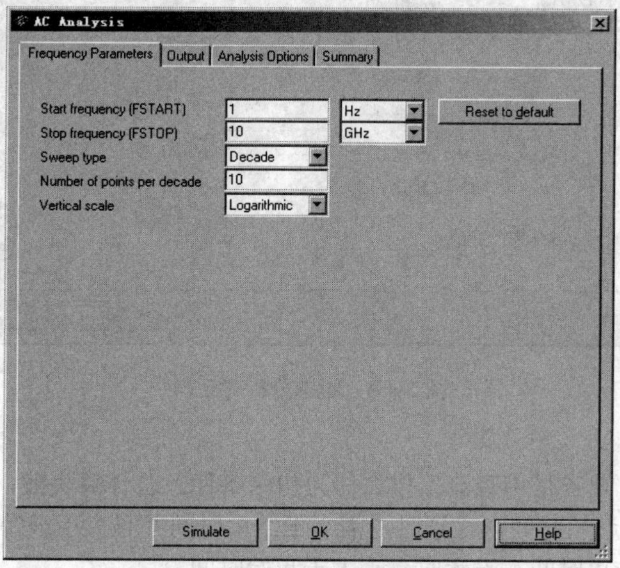

图 5-4-2 交流分析对话框

1. 频率参数页

- 起始频率：扫描的开始频率，缺省为 1Hz。
- 终止频率：扫描的终止频率，缺省为 10GHz。

第五章 计算机辅助分析

- 扫描类型：定义在扫描范围内，频率分布的方式。可选类型有线性、十倍频程、倍频程。
- 扫描点数：在分析过程中扫描的点数。
- 纵轴刻度：输出图形的纵轴刻度。可选有线性、对数、分贝、倍频程。

2. Output、Analysis Options、Summary 页：与直流工作点分析时的设置相同

三、瞬态分析（Transient Analysis）

瞬态分析是一种非线性时域分析方法，是在给定输入激励信号时，分析电路输出端的瞬态响应。Multisim 在进行瞬态分析时，首先计算电路的初始状态，然后从初始时刻起，到某个给定的时间范围内，选择合理的时间步长，计算输出端在每个时间点的输出电压，输出电压由一个完整周期中的各个时间点的电压来决定。启动瞬态分析时，只要定义起始时间和终止时间，Multisim 可以自动调节合理的时间步进值，以兼顾分析精度和计算时需要的时间，也可以自行定义时间步长，以满足一些特殊要求。瞬态分析的结果通常是分析节点的电压波形，示波器也可观察到相同的结果。瞬态分析对话框如图 5-4-3 所示。

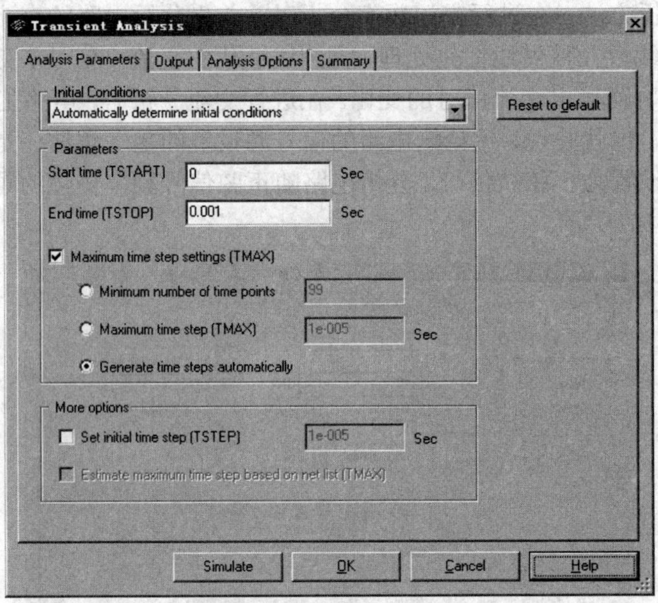

图 5-4-3　瞬态分析对话框

1. 分析参数页

- 初始条件：缺省是用直流工作点作为初始条件。若计算失败，则使用用户定义。
- TSTART：起始时间。设置时，需小于结束时间并且大于或等于 0。
- TSTOP：结束时间。设置时，需大于起始时间。
- TMAX：最大时间步长设置。选中后，可以进一步进行最小时间点数和最大时间步长的设置。通常可以选择最后一项，由 Multisim 根据电路自动设置。
- TSTEP：设置起始步长。设置时，小于设置的最大步长。

2. Output、Analysis Options、Summary 页：与直流工作点分析时的设置相同

四、傅立叶分析（Fourier Analysis）

傅立叶分析是一种分析复杂周期性信号的方法，它将非正弦周期信号分解为一系列正弦波、余弦波和直流分量之和。可以将一个时域信号的直流分量、基波分量和各谐波分量的幅度计算出来。根据傅立叶级数的数学原理，周期函数 $f(t)$ 可以写为

$$f(t) = A_0 + A_1\cos\omega t + A_2\cos 2\omega t + \cdots + B_1\sin\omega t + B_2\sin 2\omega t + \cdots$$

傅立叶分析以图表或图形方式给出信号电压分量的幅值频谱和相位频谱。傅立叶分析同时也计算了信号的总谐波失真（THD），THD 定义为信号的各次谐波幅度平方和的平方根再除以信号的基波幅度，并以百分数表示：

$$\mathrm{THD} = [\{\sum_{i=2} U_i^2\}^{\frac{1}{2}} / U_1] \times 100\%$$

五、失真分析（Distortion Analysis）

放大电路输出信号的失真通常是由电路增益的非线性与相位不一致造成的。增益的非线性将会产生谐波失真，相位的不一致将产生互调失真。Multisim 失真分析通常用于分析那些采用瞬态分析不易察觉的谐波失真（Harmonic Distortion）和互调失真（Intermodulation Distortion）。如果电路有一个交流信号，Multisim 的失真分析将计算每点的二次和三次谐波所造成的失真，如果电路有两个频率不同的交流信号源，则分析三个特定频率上的失真，这三个频率分别是：(f_1+f_2)，(f_1-f_2)，($2f_1-f_2$)。

六、噪声分析（Noise Analysis）

噪声分析就是定量分析电路中噪声的大小，检测电路输出信号的噪声功率。电路中的电阻和半导体器件在工作时都会产生噪声，Multisim 提供了热噪声、散弹噪声和闪烁噪声等三种不同的噪声模型。噪声分析利用交流小信号等效电路，计算由电阻和半导体器件所产生的噪声总和。假设噪声源互不相关，而且这些噪声值都独立计算，总噪声等于各个噪声源对于特定输出节点的噪声均方根之和。

七、直流扫描分析（DC Sweep Analysis）

直流扫描分析是根据电路直流电源数值的变化，计算电路相应的直流工作点。在分析前可以选择直流电源的变化范围和增量。在进行直流扫描分析时，电路中的所有电容视为开路，所有电感视为短路。在分析前，需要确定扫描的电源是一个还是两个，并确定分析的节点。如果只扫描一个电源，得到的是输出节点值与电源值的关系曲线。如果扫描两个电源，则输出曲线的数目等于第二个电源被扫描的点数。第二个电源的每一个扫描值，都对应一条输出节点值与第一个电源值的关系曲线。直流扫描分析对话框如图 5-4-4 所示。

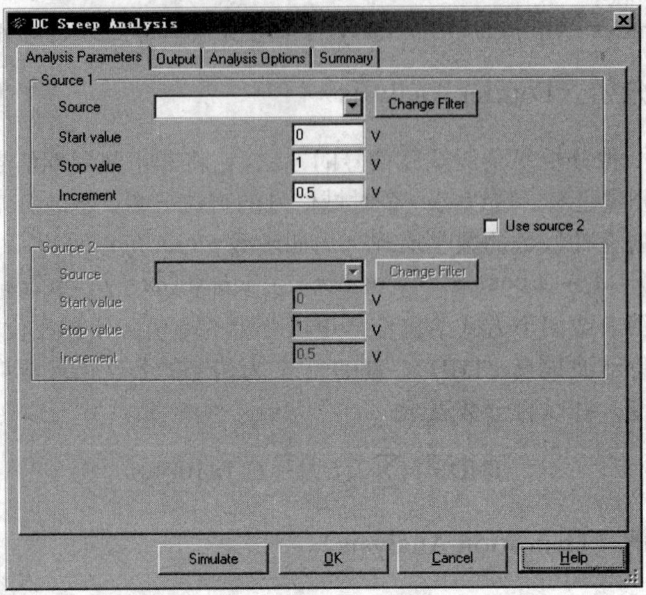

图 5-4-4　直流扫描分析对话框

1. 分析参数页

- Source：选择要扫描的直流电源。如果有第二个直流源，则选择 Use source 2
- Start value：扫描的起始值。
- Stop value：扫描的终止值。
- Increment：定义扫描步长。

2. Output、Analysis Options、Summary 页：与直流工作点分析时的设置相同

八、灵敏度分析（Sensitivity Analysis）

灵敏度分析是研究电路中某个元件的参数发生变化时，对电路节点电压或支路电流的影响程度。灵敏度分析可分为直流灵敏度分析和交流灵敏度分析，直流灵敏度分析的仿真结果以数值形式显示，而交流灵敏度的仿真结果则绘出相应的曲线。

九、参数扫描分析（Parameter Sweep Analysis）

参数扫描分析是在用户指定每个参数变化值的情况下，对电路的特性进行分析。在参数扫描分析中，变化的参数可以从温度参数扩展为独立电压源、独立电流源、温度、模型参数和全局参数等多种参数。检测电路中某个元件的参数，在一定取值范围内变化时对电路直流工作点、瞬态特性、交流频率特性的影响。显然，温度扫描分析也可以通过参数扫描分析来完成。实际电路设计中，可以针对电路的某些技术指标利用参数扫描分析进行优化。参数扫描分析对话框如图 5-4-5 所示。

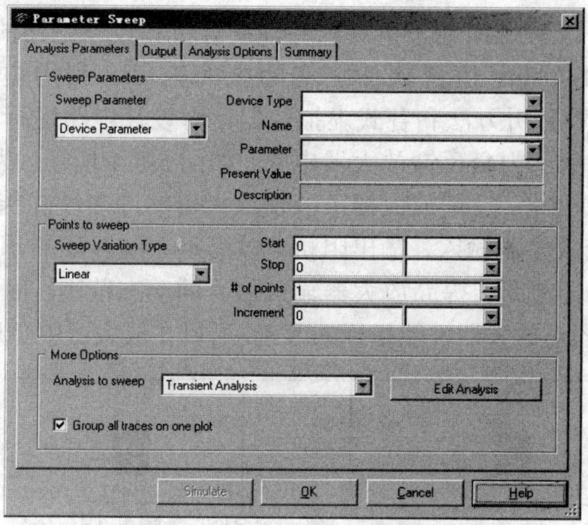

图 5-4-5　参数扫描分析对话框

1. 分析参数页

- Sweep Parameters：选择扫描参数。首先选择是器件参数还是模型参数。
- Device Type：选择要扫描的参数类型，如二极管、三极管等。
- Name：键入电路中扫描的元件名。
- Parameter：根据选择的器件类型，进一步选择元件关联的参数。
- Present Value：选择器件的当前值。
- Points to sweep：扫描点设置选项。可以对扫描类型，起止值，和要插入的点数以及这些点的增量进行设置。其中，扫描类型可以选择线性、十倍频程、倍频程。
- Analysis to sweep：元件参数扫描的类型。如瞬态分析、直流工作点分析、交流分析。同时可以点击旁边的 Edit Analysis 来进行相应分析的设置。
- Group all traces on one plot：选择后，扫描的结果将叠加在一个输出图上，便于结果分析。

2. Output、Analysis Options、Summary 页：与直流工作点分析时的设置相同

十、传输函数分析（Transfer Function Analysis）

传输函数分析是求解电路中一个输入源和两个节点的输出电压之间，或一个输入源和一个输出电流变量之间在直流小信号状态下的传递函数。电路中的输入源必须是独立源。传递函数也具有计算电路输入和输出阻抗的功能。在具体分析时，会先计算直流工作点，然后再求出电路中非线性器件的直流小信号线性化模型，最后得到电路的传递函数。

5.5　Multisim 仿真实例

本节主要介绍利用 Multisim 仿真软件对电路分析的基本规律和计算方法进行仿真分析，通过实际操作，进一步熟悉电路课程相关内容，实现电路分析、电路综合的统一，掌握 CAA

软件常用的分析方法，了解运用电子仿真软件辅助分析和设计电路的过程。

在此主要介绍 Multisim 仿真软件在实际中的应用。利用电子设计辅组分析软件 Multisim，可以结合多种分析方法和各式虚拟仪器，对设计电路进行模拟，达到分析、改进和优化的目的。选取的例子为负反馈放大器电路，如图 5-5-1 所示。为了改善放大器的性能，常常在放大器加入反馈网络。反馈放大器可以使放大器的许多性能指标得以改善：提高放大器增益的稳定性；改变放大器输入、输出阻抗，以满足系统匹配的不同需要；提高放大器的信噪比；扩展放大器的通频带；提高放大器输入信号的动态范围，而代价是使放大器的增益降低。由于负反馈放大器对放大器性能指标的改善，所以在放大器中负反馈技术得以广泛应用。

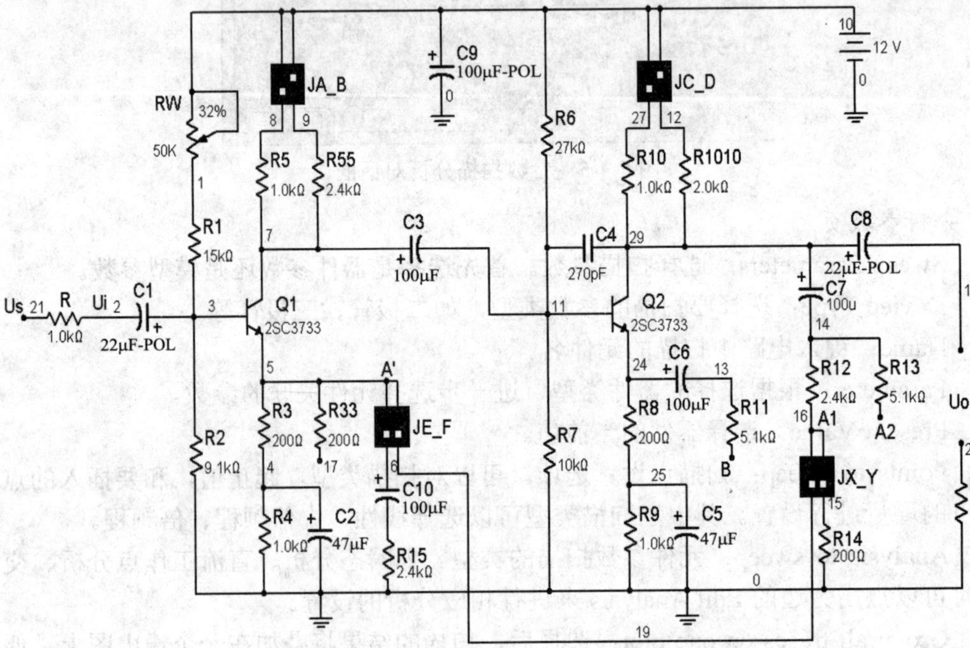

图 5-5-1　负反馈放大器测试原理图

1. 电路构成

在 Multisim 中调入所有电阻、电容、晶体管和电源地线，按图 5-5-1 连接好各元件并连接线。输出端需放置节点，方法是单击菜单栏中的 Place，在下拉菜单中选 Junction，将鼠标移到输出位置单击即可先放节点后连线。电路由两级放大器组成，其中第一级电路上偏置电阻由 R_1 和电位器 R_W 构成，下偏置电阻为 R_2，开关 JA_B 连接不同的集电极电阻，可以分别通断 R_5、R_{55}，缺省设置在 R_{55}。双击电位器 R_w，在 Value 标签的 key 值下拉菜单中选择"space"，即使用键盘的空格键控制电位器。射极电阻由两部分组成，R_3 和 R_4，交流电阻为 R_3，电阻 R_{33} 备用。第二级电路上偏置电阻为 R_6，下偏置电阻为 R_7，开关 JC_D 连接不同的集电极电阻，可以分别通断 R_{10}、R_{1010}，缺省设置在 R_{1010}。射极电阻由两部分组成，R_8 和 R_9，交流电阻为 R_8。双击开关 JA_B，在 Value 标签中选择控制开关通断的键，其中，Switch 1 key=“A”、Switch 2 Key=“B”。双击开关 JC_D，在 Value 标签中选择控制开关通断的键，其中，Switch 1 key=“C”、Switch 2 key=“D”。拨动开关 JE_F 和 JX_Y 负责连接负反馈网络。双击开关，在 Value 标签中选择控制开关通断的键，其中，分别设置 Switch 键为“E”、“F”、“X”、“Y”。

输入耦合电容为 C_1，输出耦合电容为 C_8，级间耦合电容为 C_3，C_2 和 C_5 为射级旁路电容，电源旁路电容为 C_9，C_4 为防自激电容。R_L 为可选输出负载，R 为输入取样电阻，用于测试输入电阻。电压反馈网络为 A_1 支路，由 C_7、R_{12} 构成，或者是 A_2 支路，由 C_7、R_{13} 构成。电流反馈网络由 C_6、R_{11} 构成。考虑电压串联负反馈 A 放大器的负载效应需在输入端连接 C_{10}、R_{15} 支路到地，输出端连接 R_{14} 到地，可以通过拨动开关进行选择。

2. 直流工作点测试

通过对电位器 R_W 进行参数扫描，确定第一级上偏置电阻 R_W 电位器阻值为 16kΩ，确保工作在放大区域。单击 Simulate 菜单中的 Analysis 命令，调出直流工作点分析（DC Operating Point）对话框，选择输出变量，U_{CC}→\$10，U_{c1}→\$7，U_{b1}→\$3，U_{e1}→\$5，U_{c2}→\$29，U_{b2}→\$11，U_{e2}→\$24。点击 Simulate 按键，获得仿真结果，如图 5-5-2 所示。

负反馈放大器
DC Operating Point

	DC Operating Point	
1	($10)(Vcc)	12.00000
2	($7)(VC1)	8.02529
3	($3)(VB1)	2.59785
4	($5)(VE1)	2.00873
5	($29)(VC2)	7.90156
6	($11)(VB2)	3.08084
7	($24)(VE2)	2.48577

图 5-5-2　两级放大器直流工作点测试

3. 两级放大器增益测试

当拨动开关 JE_F 和 JX_Y 都断开时，负反馈放大器为两级放大器。输入信号 f=1000Hz，U_i=5mV 时，对电路进行瞬态扫描分析（Trannsient Analysis），输出变量选择\$11（一级输出）和\$18（二级输出），仿真结果如图 5-5-3 所示。为计算两级放大器增益，弹出游标，分析两个波形的最大值和最小值，得出两级放大器的增益：

$$A_1=\frac{U_{o1}}{U_i}=\frac{y_{max1出}-y_{min1出}}{U_i}=\frac{3.1333\text{V}-3.0277\text{V}}{14.14\text{mV}}=\frac{105.6\text{mV}}{14.14\text{mV}}\approx 7.5$$

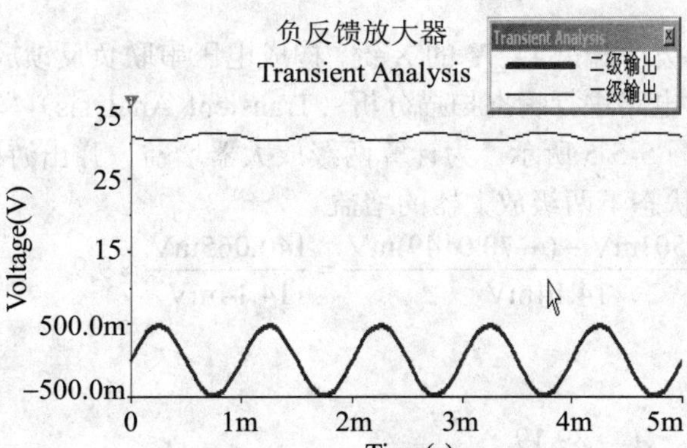

Transient Analysis

	二级输出	一级输出
x1	0.0000	0.0000
y1	0.0000	3.0808
x2	0.0000	0.0000
y2	0.0000	3.0808
dx	0.0000	0.0000
dy	0.0000	0.0000
1/dx		
1/dy		
min x	0.0000	0.0000
max x	5.0000m	5.0000m
min y	-492.3752m	3.0277
max y	482.0162m	3.1333
offset x	0.0000	0.0000
offset y	0.0000	0.0000

图 5-5-3　两级放大器增益测试

$$A_2=\frac{U_o}{U_{o1}}=\frac{y_{max2出}-y_{min2出}}{U_o}=\frac{482.0162\text{mV}-(-492.3752)\text{mV}}{105.6\text{mV}}=\frac{974.3914\text{mV}}{105.6\text{mV}}\approx 9.2$$

4. 负反馈放大器开环、闭环增益及反馈深度测试

当拨动开关 JX_Y 的 X 键，JE_F 的 F 键时，连接 A_1 和 A'点，接入电压取样电压求和负反馈（电压串联负反馈），构成闭环电路。而开环时，为了和闭环电路进行比较，必须考虑负反馈网络的负载效应。遵循串联开路、并联短路的基本放大器构成原则，第一级发射级必须并联一个 R_{12}=2.4kΩ 的电阻到地，而第二级输出端 A_1 点必须串联一个 R_3=200Ω 到地。这可以通过拨动开关 JX_Y 的 Y 键，JE_F 的 E 键来完成。

（1）开环电路增益

接通拨动开关 JE_F 的 E 键，以及拨动开关 JX_Y 的 Y 键，构成基本放大器。输入信号 f=1000Hz，U_i =5mV 时，对电路进行瞬态扫描分析（Trannsient Analysis），输出变量选择$18（二级输出），仿真结果如图 5-5-4 所示。为计算两级放大器增益，弹出游标，分析波形的最大值和最小值，得出开环状态下两级放大器的增益：

$$A=\frac{U_o}{U_i}=\frac{y_{max}-y_{min}}{U_i}=\frac{273.9637\text{mV}-(-280.1878)\text{mV}}{14.14\text{mV}}=\frac{554.1515\text{mV}}{14.14\text{mV}}\approx 39.19$$

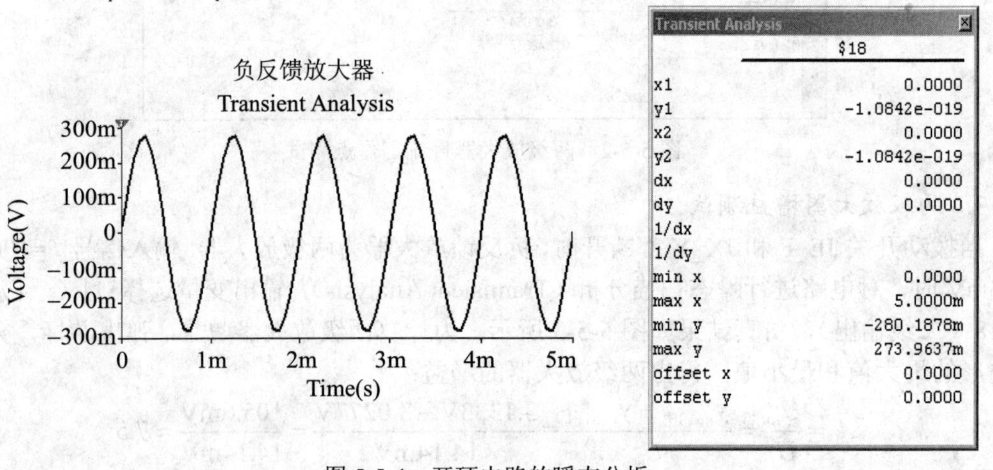

图 5-5-4　开环电路的瞬态分析

（2）闭环电路增益

接通拨动开关 JE_F 的 F 键，以及拨动开关 JX_Y 的 X 键，构成电压串联负反馈放大器。输入信号 f =1000Hz，U_i=5mV 时，对电路进行瞬态扫描分析（Transient Analysis），输出变量选择$18（二级输出），仿真结果如图 5-5-5 所示。为计算两级放大器增益，弹出游标，分析波形的最大值和最小值，得出开环状态下两级放大器的增益

$$A_f=\frac{U_o}{U_i}=\frac{y_{max}-y_{min}}{U_i}=\frac{70.0501\text{mV}-(-70.0149)\text{mV}}{14.14\text{mV}}=\frac{140.065\text{mV}}{14.14\text{mV}}\approx 9.9$$

（3）反馈深度

根据反馈深度的定义，反馈深度为

$$F=\frac{A}{A_f}=\frac{39.19}{9.9}=3.96$$

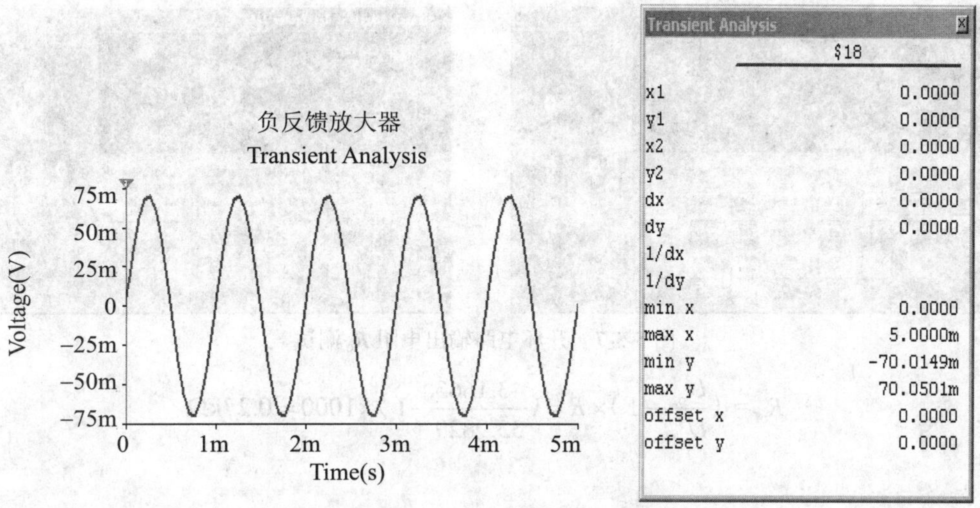

图 5-5-5　闭环电路的瞬态分析

5. 负反馈对放大器输出阻抗的影响

输出电阻是衡量放大电路带负载能力的指标，放大电路可以用一个等效电压源来代替，而这个电压源的内阻就是放大电路的输出电阻，相当于从负载端向放大电路看进去的交流等效电阻。输出电阻越小，电压源就越理想，表明带负载能力越强。当接入电压取样反馈后，放大器的输出电阻会减小，理论上减小的量是反馈深度那么多倍。输出电阻的测量需要借助取样电阻 R_L。当连接和不连接输出取样电阻 R_L 时，输出电压分别是 U_o 和 U_o'，则公式为 $R_o=(U_o / U_o' - 1)R_L$。

（1）开环电路输出电阻 R_o

接通拨动开关 JE_F 的 E 键，以及拨动开关 JX_Y 的 Y 键，构成无反馈基本放大器。输入信号 $f=1000\text{Hz}$，$U_i=5\text{mV}$ 时，将 Agilent 万用表接在输出端，测量出断开和连接 R_L 时，输出端的电压 U_o 和 U_o'，如图 5-5-6 所示。则输出电阻为

$$R_o=(\frac{U_o}{U_o'}-1)\times R=(\frac{196.9781}{92.9370}-1)\times 1000=1.12\text{k}\Omega$$

（2）闭环电路输出电阻 R_{of}

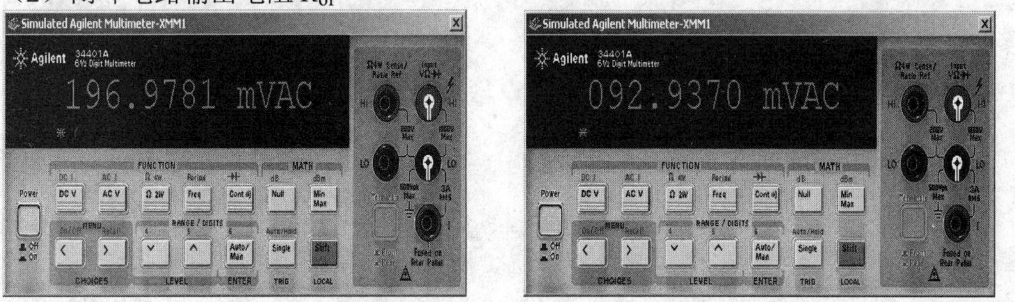

图 5-5-6　开环电路输出电阻 R_o 测试

接通拨动开关 JE_F 的 F 键，以及拨动开关 JX_Y 的 X 键，构成电压串联负反馈放大器。输入信号 $f=1000\text{Hz}$，$U_i=5\text{mV}$ 时，将 Agilent 万用表接在输出端，测量出连接和断开 R_L 时，输出端的电压 U_{of} 和 U_{of}'，如图 5-5-7 所示。则输出电阻为：

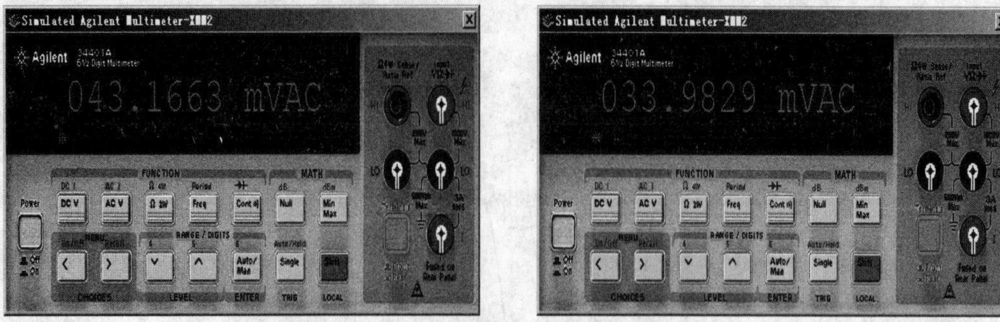

图 5-5-7　开环电路输出电阻 R_o 测试

$$R_{of}=(\frac{U_{of}}{U'_{of}}-1)\times R=(\frac{43.1663}{33.9829}-1)\times 1000=0.27\text{k}\Omega$$

参 考 文 献

1．胡翔骏. 电路分析. 北京：高等教育出版社，2007

2．刘光祜等. 模拟电路基础. 成都：电子科技大学出版社，2001

3．陈先荣. 电子技术基础实验. 北京：国防工业出版社，2007

4．许忠仁，穆克. 电路与电子技术实验教程. 大连：大连理工大学出版社，2007

5．伍爱莲等. 电路与电子技术实验教程. 武汉：华中科技大学出版社，2006

6．李汉珊. 电工与电子技术实验指导. 北京：北京理工大学出版社，2007

7．高玉良. 电路与电子技术实验教程. 北京：中国电力出版社，2006

8．汪惠等. 电子电路的计算机辅助分析与设计方法. 北京：清华大学出版社，2003

9．付炜. Multisim 中的虚拟仪器应用. 实验室研究与探索，2006. 25（10）：1205～1207

附录一　电容、电阻元器件的标称值

表 1　电容器标称电容值

系列号	标称值											
E24	1.0	1.1	1.2	1.3	1.5	1.6	1.8	2.0	2.2	2.4	2.7	3.0
	3.3	3.6	3.9	4.3	4.7	5.1	5.6	6.2	6.8	7.5	8.2	9.1
E12	1.0		1.2		1.5		1.8		2.2		2.7	
	3.3		3.9		4.7		5.6		6.8		8.2	
E6	1.0				1.5				2.2			
	3.3				4.7				6.8			9.1

注：目前我国采用的固定式标称容量系列是：E24、E12、E6 系列。他们分别使用的允许偏差是±5%、±10%、±20%。

表 2　精度为 5%的碳膜电阻，以欧姆为单位的标称值

Ω			kΩ			MΩ	
1.0	10	100	1	10	100	1	10
1.1	11	110	1.1	11	110	1.1	
1.2	12	120	1.2	12	120	1.2	
1.3	13	130	1.3	13	130	1.3	
1.5	15	150	1.5	15	150	1.5	15
1.6	16	160	1.6	16	160	1.6	
1.8	18	180	1.8	18	180	1.8	
2.0	20	200	2	20	200	2	
2.2	22	220	2.2	22	220	2.2	22
2.4	24	240	2.4	24	240	2.4	
2.7	27	270	2.7	27	270	2.7	
3.0	30	300	3	30	300	3	
3.3	33	330	3.3	33	330	3.3	
3.6	36	360	3.6	36	360	3.6	
3.9	39	390	3.9	39	390	3.9	
4.3	43	430	4.3	43	430	4.3	
4.7	47	470	4.7	47	470	4.7	
5.1	51	510	5.1	51	510	5.1	
5.6	56	560	5.6	56	560	5.6	

（续表）

Ω			kΩ			MΩ	
6.2	62	620	6.2	62	620	6.2	
6.8	68	680	6.6	68	680	6.8	
7.5	75	750	7.5	75	750	7.5	
8.2	82	820	8.2	82	820	8.2	
9.1	91	910	9.1	91	910	9.1	
			3.2k				

表 3　精度为 1%的金属膜电阻，以欧姆为单位的标称值

10Ω	100Ω	1kΩ	10kΩ	100kΩ	1.0MΩ
10.2Ω	102Ω	1.02kΩ	10.2kΩ	102kΩ	
10.5Ω	105Ω	1.05kΩ	10.5kΩ	105kΩ	
10.7Ω	107Ω	1.07kΩ	10.7kΩ	107kΩ	
11Ω	110Ω	1.1kΩ	11kΩ	110kΩ	
11.3Ω	113Ω	1.13kΩ	11.3kΩ	113kΩ	
11.5Ω	115Ω	1.15kΩ	11.5kΩ	115kΩ	
11.8Ω	118Ω	1.18kΩ	11.8kΩ	118kΩ	
12Ω	120Ω	1.2kΩ	12kΩ	120kΩ	
12.1Ω	121Ω	1.21kΩ	12.1kΩ	121kΩ	
12.4Ω	124Ω	1.24kΩ	12.4kΩ	124kΩ	
12.7Ω	127Ω	1.27kΩ	12.7kΩ	127kΩ	
13Ω	130Ω	1.3kΩ	13kΩ	130kΩ	
13.3Ω	133Ω	1.33kΩ	13.3kΩ	133kΩ	
13.7Ω	137Ω	1.37kΩ	13.7kΩ	137kΩ	
14Ω	140Ω	1.4kΩ	14kΩ	140kΩ	
14.3Ω	143Ω	1.43kΩ	14.3kΩ	143kΩ	
14.7Ω	147Ω	1.47kΩ	14.7kΩ	147kΩ	
15Ω	150Ω	1.5kΩ	15kΩ	150kΩ	1.5MΩ
15.4Ω	154Ω	1.54kΩ	15.4kΩ	154kΩ	
15.8Ω	158Ω	1.58kΩ	15.8kΩ	158kΩ	
16Ω	160Ω	1.6kΩ	16kΩ	160kΩ	
16.2Ω	162Ω	1.62kΩ	16.2kΩ	162kΩ	
16.5Ω	165Ω	1.65kΩ	16.5kΩ	165kΩ	
16.9Ω	169Ω	1.69kΩ	16.9kΩ	169kΩ	
17.4Ω	174Ω	1.74kΩ	17.4kΩ	174kΩ	
17.8Ω	178Ω	1.78kΩ	17.8kΩ	178kΩ	

（续表）

18Ω	180Ω	1.8kΩ	18kΩ	180kΩ	
18.2Ω	182Ω	1.82kΩ	18.2kΩ	182kΩ	
18.7Ω	187Ω	1.87kΩ	18.7kΩ	187kΩ	
19.1Ω	191Ω	1.91kΩ	19.1kΩ	191kΩ	
19.6Ω	196Ω	1.96kΩ	19.6kΩ	196kΩ	
20Ω	200Ω	2kΩ	20kΩ	200kΩ	
20.5Ω	205Ω	2.05kΩ	20.5kΩ	205kΩ	
21Ω	210Ω	2.1kΩ	21kΩ	210kΩ	
21.5Ω	215Ω	2.15kΩ	21.5kΩ	215kΩ	
22Ω	220Ω	2.2kΩ	22kΩ	220kΩ	2.2MΩ
22.1Ω	221Ω	2.21kΩ	22.1kΩ	221kΩ	
22.6Ω	226Ω	2.26kΩ	22.6kΩ	226kΩ	
23.2Ω	232Ω	2.32kΩ	23.2kΩ	232kΩ	
23.7Ω	237Ω	2.37Ω	23.7kΩ	237kΩ	
24Ω	240Ω	2.4kΩ	24kΩ	240kΩ	
24.3Ω	243Ω	2.43kΩ	24.3kΩ	243kΩ	
24.7Ω	249Ω	2.49kΩ	24.9kΩ	249kΩ	
24.9Ω	255Ω	2.55kΩ	25.5kΩ	255kΩ	
25.5Ω	261Ω	2.61kΩ	26.1kΩ	261kΩ	
26.1Ω	267Ω	2.67kΩ	26.7kΩ	267kΩ	
26.7Ω	270Ω	2.7kΩ	27kΩ	270kΩ	
27Ω	274Ω	2.74kΩ	27.4kΩ	274kΩ	
27.4Ω	280Ω	2.8kΩ	28kΩ	280kΩ	
28Ω	287Ω	2.87kΩ	28.7kΩ	287kΩ	
28.7Ω	294Ω	2.94kΩ	29.4kΩ	294kΩ	
29.4Ω	300Ω	3.0kΩ	30kΩ	300kΩ	
30Ω	301Ω	3.01kΩ	30.1kΩ	301kΩ	
30.1Ω	309Ω	3.09kΩ	30.9kΩ	309kΩ	
30.9Ω	316Ω	3.16kΩ	31.6kΩ	316kΩ	
32.4Ω	324Ω	3.24kΩ	32.4kΩ	324kΩ	
33Ω	330Ω	3.3kΩ	33kΩ	330kΩ	
33.2Ω	332Ω	3.32kΩ	33.2kΩ	332kΩ	
34Ω	340	3.4kΩ	34kΩ	340kΩ	
34.8Ω	348Ω	3.48kΩ	34.8kΩ	348kΩ	
35.7Ω	357Ω	3.57kΩ	35.7kΩ	357kΩ	
36Ω	360Ω	3.6kΩ	36kΩ	360kΩ	

（续表）

36.5Ω	365Ω	3.65kΩ	36.5kΩ	365kΩ	
37.4Ω	374Ω	3.74kΩ	37.4kΩ	374kΩ	
38.3Ω	383Ω	3.83kΩ	38.3kΩ	383kΩ	
39Ω	390Ω	3.9kΩ	39kΩ	390kΩ	
39.2Ω	392Ω	3.92kΩ	39.2kΩ	392kΩ	
40.2Ω	402Ω	4.02kΩ	40.2kΩ	402kΩ	
41.2Ω	412Ω	4.12kΩ	41.2kΩ	412kΩ	
42.2Ω	422Ω	4.22kΩ	42.2kΩ	422kΩ	
43Ω	430Ω		43kΩ	430kΩ	
43.2Ω	432Ω	4.32kΩ	43.2kΩ	432kΩ	
44.2Ω	442Ω	4.42kΩ	44.2kΩ	442kΩ	
45.3Ω	453Ω	4.53kΩ	45.3kΩ	453kΩ	
46.4Ω	464Ω	4.64kΩ	46.4kΩ	464kΩ	
47Ω	470Ω	4.7kΩ	47kΩ	470kΩ	
47.5Ω	475Ω	4.75kΩ	47.5kΩ	475kΩ	
48.7Ω	487Ω	4.87kΩ	48.7kΩ	487kΩ	
49.9Ω	499Ω	4.99kΩ	49.9kΩ	499kΩ	
51Ω	510Ω	5.1kΩ	51kΩ		
51.1Ω	511Ω	5.11kΩ	51.1kΩ	511kΩ	
52.3Ω	523Ω	5.23kΩ	52.3kΩ	523kΩ	
53.6Ω	536Ω	5.36kΩ	53.6kΩ	536kΩ	
54.9Ω	549Ω	5.49kΩ	54.9kΩ	549kΩ	
56Ω	560Ω	5.6kΩ	56kΩ	560kΩ	
56.2Ω	562Ω	5.62kΩ	56.2kΩ	562kΩ	
57.6Ω		5.76kΩ	57.6kΩ	576kΩ	
59Ω	590Ω	5.9kΩ	59kΩ	590kΩ	
60.4Ω	604Ω	6.04kΩ	60.4kΩ	604kΩ	
61.9Ω	619Ω	6.19kΩ	61.9kΩ	619kΩ	
62Ω	620Ω	6.2kΩ	62kΩ	620kΩ	
63.4Ω	634Ω	6.34kΩ	63.4kΩ	634kΩ	
64.9Ω	649Ω	6.49kΩ	64.9kΩ	649kΩ	
66.5Ω	665Ω	6.65kΩ	66.5kΩ	665kΩ	
68Ω	680Ω	6.8kΩ	68kΩ	680kΩ	
68.1Ω	681Ω	6.81kΩ	68.1kΩ	681kΩ	
69.8Ω	698Ω	6.98kΩ	69.8kΩ	698kΩ	
71.5Ω	715Ω	7.15kΩ	71.5kΩ	715kΩ	

（续表）

73.2Ω	732Ω	7.32kΩ	73.2kΩ	732kΩ	
75Ω	750Ω	7.5kΩ	75kΩ	750kΩ	
76.8Ω	768Ω	7.68kΩ	76.8kΩ	768kΩ	
78.7Ω	787Ω	7.87kΩ	78.7kΩ	787kΩ	
80.6Ω	806Ω	8.06kΩ	80.6kΩ	806kΩ	
82Ω	820Ω	8.2kΩ	82kΩ	820kΩ	
82.5Ω	825Ω	8.25kΩ	82.5kΩ	825kΩ	
84.5Ω	845Ω	8.45kΩ	84.5kΩ	845kΩ	
86.6Ω	866Ω	8.66kΩ	86.6kΩ	866kΩ	
88.7Ω	887Ω	8.87kΩ	88.7kΩ	887kΩ	
90.9Ω	909Ω	9.09kΩ	90.9kΩ	909kΩ	
91Ω	910Ω	9.1kΩ	91kΩ	910kΩ	
93.1Ω	931Ω	9.31kΩ	93.1kΩ	931kΩ	
95.3Ω	953Ω	9.53kΩ	95.3kΩ	953kΩ	
97.6Ω	976Ω	9.76kΩ	97.6kΩ	976kΩ	
75.5Ω	565Ω	8.8kΩ	33.6kΩ		
	578Ω				
	350Ω				

附录二　电子技术基础实验报告

学生姓名：__________班级学号：_____________考核成绩_________

实验名称：直流稳压电源、万用表的使用

一、实验预习与思考

1．色环电阻上色环的颜色含义是什么？

2．每种颜色的含义是什么？

3．电阻的阻值是任意的吗？

4．万用表的表笔线应该如何连接？

二、实验目的

1．了解_____________________、_____________的基本原理及其性能指标，并掌握这两种仪器的正确使用方法。

2．掌握___________的识别方法。

3．掌握______________、__________的测量方法。

三、实验原理与测试方法

1. 电阻的测试方法

用数字万用表测量电阻时，黑表笔线接________插孔，红表笔线接_________插孔；测量时应避免__________表笔与电阻，因为人体电阻会导致错误的测量结果。

测量电阻读数____________读数，但测量数值的单位是由______确定，如选用 200 Ω的量程测量显示值为“198.2”表示所测量电阻的阻值为_________；如选用 200k 的量程测量显示为“198.2”，则表示被测电阻的阻值为________。

2. 直流电压的测试方法

用数字万用表测量直流电压时，黑表笔线应该接_______插孔，红表笔线接______插孔；万用表的量程应该在__________挡；测量未知量值时应该从______量程起测，然后根据所测数值选择最靠近且大于被测值的量程进行测量。

3. 直流稳压电源的正确操作

1）打开__________开关，液晶显示部分有显示。

2）将__________旋钮旋至最大，保证直流稳压电压源可以向负载提供最大功率。

3）调节电压调节旋钮，液晶的电压显示会随之改变。

4）预热 10 分钟后，便可正常使用。

4. 数字万用表的正确操作

1）打开________开关，液晶显示部分有显示。

2）黑表笔线插入_________接孔，红表笔线插入_________接孔。

3）将量程置于__________挡，两只表笔线短路连接，此时如果蜂鸣器的______，液晶显示为______，则说明表笔线的正常，显示正常。

四、实验内容

（一）基本实验内容

1. 直流电压的测量

（1）用万用表判断直流稳压电源的____________。

直流稳压电源每组输出有 3 个端钮，如图 3-1-2 所示，完成表 3-1-1，并根据测量结果指出哪两个端钮为直流电压的输出端钮。测试条件，直流稳压电源液晶显示输出 12V。

表 3-1-1 用万用表判断直流稳压电源的输出端口

测量端口	“+”与“⏚”	“+”与“−”	“−”与“⏚”
测量值			

请根据上表测量结果说明直流稳压电源的输出端钮为哪两个端钮。

（2）用万用表判断直流稳压电源组合串联的内部原理

选择直流稳压电源的工作在“组合串联”状态，完成下表。测试条件，CH1 和 CH2 输出 12V。

表 3-1-2 用万用表判断直流稳压电源组合串联的内部连接原理

测量端口	CH1“+”与 CH2“+”	CH1“+”与 CH2“–”	CH1“-”与 CH2“+”	CH1“–”与 CH2“–”
测量值				

请根据上表测量数据画出组合串联工作状态时 CH1 与 CH2 两组电源的串联原理图。

2. ______________的识别与测量

识别并测量元件包中所有电阻的阻值。掌握色环电阻色环含义以及颜色的含义，并熟练掌握万用表测量电阻的方法，完成表 3-1-3。

表 3-1-3 识别并测量元件包中所有电阻的阻值

色环电阻颜色							
根据颜色判断阻值							
万用表测量值							
误差							

（二）扩展实验内容

检查实验桌上所有仪器所配电缆的好坏，并更换坏电缆。

五、思考题

1. 现有两组量值相等的独立电源，如何实现一组量值相等方向相反的正负电源？画出连接示意图。

2. 根据基尔霍夫电压定律，任意数值的电压源可以串联连接。问直流稳压电源在组合工作状态下，CH1 和 CH2 能不能输出不等量值的两组电压源串联？若不能，请问如何实现两组量值不等的电压源的串联输出？

3．取 100kΩ的电阻，试用手直接捏住表笔线与电阻的连接端，根据测量结果说明这样测量是否合理？为什么？

4．万用表测量数值和直流稳压电源显示数值之间有没有误差，若要合理避免这种仪器之间的系统误差，试问以万用表的测量值作为标称值还是直流稳压电源的显示值作为标称值呢？

5．归纳总结实验过程中故障出现的原因及排除方法。

六、心得体会与建议

电子技术基础实验报告

学生姓名：____________班级学号：____________考核成绩________

实验名称：示波器的使用

一、实验预习与思考

1．示波器可以测试______________的信号。其频响范围是________。

2．定性地画出直流电压的波形______________。

二、实验目的

1．了解______________系统的基本组成部分。

2．了解____________的基本原理及其性能指标。

3．掌握__________面板旋钮的正确使用；掌握用示波器定量测量__________的方法；掌握示波器测量____________的方法。

三、实验原理与测量方法

1．电子技术实验系统的框图

基本的电子技术实验系统框图如图 3-2-1 所示，由被测网络、激励、提供直流偏置的仪器、测量仪器组成。在本门课程中，采用__________作为激励；__________提供直流偏置；用__________、______________、____________等一些测量仪器测试激励或响应信号的参量。

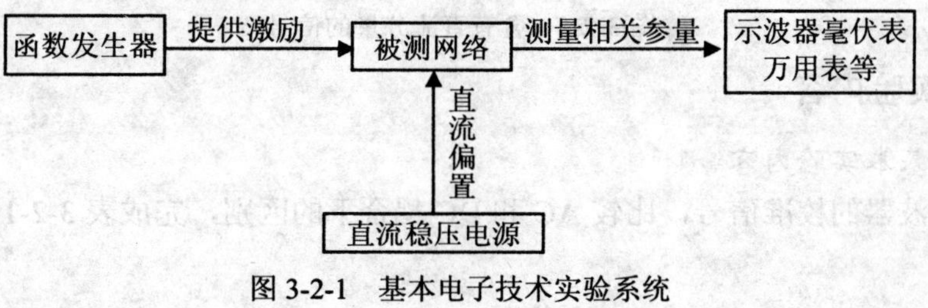

图 3-2-1　基本电子技术实验系统

2. 电缆线结构的介绍

开路电缆或探头在使用时，________夹接公共端，探头的__________ 接信号端；开路电缆的_________夹接信号端。

3. 周期信号中周期（频率）和峰峰值电压的测量方法

（1）周期的测量方法

读信号一个周期在荧光屏水平方向上所占的格数，记为 H_x（div），确定扫描时间因数旋钮刻度槽所对应的位置 X（sec/div），周期可确定为：

$$T = \underline{\qquad\qquad\qquad} \text{ s}$$

（2）电压的测量方法

读信号的波峰到波谷在荧光屏垂直方向上所占的格数，记为 H_y（div），读出垂直灵敏度旋钮刻度槽所对应的位置 Y（volts/div），峰-峰值可确定为

$$V_{PP} = \underline{\qquad\qquad\qquad\qquad} \text{ V}$$

4. 含有直流分量周期电压信号的定量测试方法

含有直流分量的周期信号在测量时，首先应将示波器的垂直耦合方式置于__________，此时示波器的扫描时基线便是___________，零电位在荧光屏上的位置可根据垂直位移旋钮确定。零电位的位置确定后，将示波器的垂直耦合开关置于 DC 耦合，其直流分量的大小可由以下公式求解：

从图 3-2-5 中可知，U_{max}=_________V，U_{min}=_________V，所以 $U_{直流}$=_________V。

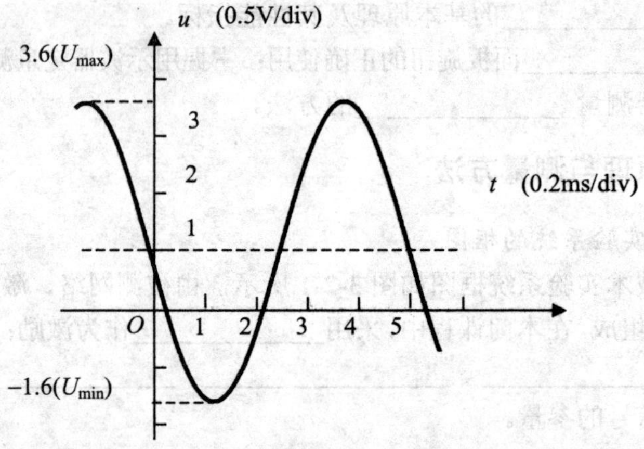

图 3-2-5 含有直流分量的信号

四、实验内容

（一）基本实验内容

测试示波器的校准信号，比较 AC 和 DC 耦合下的区别，完成表 3-2-1。

表 3-2-1　示波器校准信号的测量

参数	测量值	定量的波形（DC）	定量的波形（AC）
垂直灵敏度（volts/div）			
波峰-波谷所占格数			
峰-峰电压 U_{pp}			
直流分量 $U_{直流}$			
时间因数（sec/div）			
一个周期所占格数			
周期			

（二）扩展实验内容

1．示波器测量直流电压

用示波器测量直流稳压电源的输出，定量的画出输出波形。测试条件：直流稳压电源输出 12V 电压。

2．万用表测量示波器校准信号的直流分量

用万用表测量示波器校准信号的直流分量的大小 $U_{直流}$=_____V。

五、思考题

1. 示波器检测校准信号，调出完整的波形，如果将示波器的垂直灵敏度调高，再高，再高，请问看到什么现象？若将水平时间因数旋钮旋高呢，看到什么现象？

2. 观测直流电压波形时，若垂直灵敏度过高会看到什么现象？

3. 归纳总结实验过程中故障出现的原因及排除方法。

六、心得体会与建议

电子技术基础实验报告

学生姓名：__________班级学号：______________考核成绩_________

实验名称：函数发生器、晶体管毫伏表的使用

一、实验预习与思考

1．函数发生器可以输出哪些波形？其频响范围是多少？函数发生器能够输出直流电压吗，能输出含有直流分量的交流信号吗？

3．晶体管毫伏表可以测量什么样的信号，其测试的结果是有效值还是振幅？晶体管毫伏表的频响范围是多少？

4．万用表能不能测量函数发生器所输出的交流信号？为什么？数字万用表能测量函数发生器输出的直流分量吗？

二、实验目的

1．了解__________________、________________的基本原理及其性能指标。熟悉这两种仪器面板旋钮及正确使用方法。

2．掌握___________的定量测试方法，掌握示波器测量交流信号中_________的方法。

3．掌握交流信号___________的测试方法。

三、实验原理与测试方法

四、实验内容

（一）基本实验内容

1. 周期信号的定量测量

熟悉函数发生器和示波器的面板旋钮、定量地绘制波形，完成表 3-3-1。

表 3-3-1　周期信号的测量

信号	波形（定量）
正弦波（f=10kHz、u_{pp}=3V、$U_{直流}$=−1.5V）	
三角波（f=5kHz、u_{pp}=4V、$U_{直流}$=1V）	
方波（f=1kHz、u_{pp}=3V、$U_{直流}$= −1V）	

2. 函数发生器输出范围的测量

用晶体管毫伏表测量函数发生器的输出幅度范围，测试条件：f=1kHz、输出为正弦波，完成表 3-3-2。

表 3-3-2　函数发生器输出范围的测量

输出波形	输出频率	输出最大时 U_o	输出最小时 U_o
正弦	f=1kHz		

（二）扩展实验内容

了解电子测量仪器的频率响应范围

用函数发生输出峰峰值为 8V 的正弦信号，在不同的频率下，分别用示波器、晶体管毫伏表、万用表去测量，完成表 3-3-3 所示。

表 3-3-3　电子测量仪器频响范围的测量

测试条件（正弦波）	示波器（V）	晶体管毫伏表（V）	万用表（V）
400Hz	8		
10kHz	8		
400kHz	8		
2MHz	8		

五、思考题

1. 在用示波器观察正弦信号时，因面板旋钮使用不当，示波器荧光屏显示如图 3-3-1 所示现象或波形，你能分析出是因为哪些旋钮使用不当造成的吗？

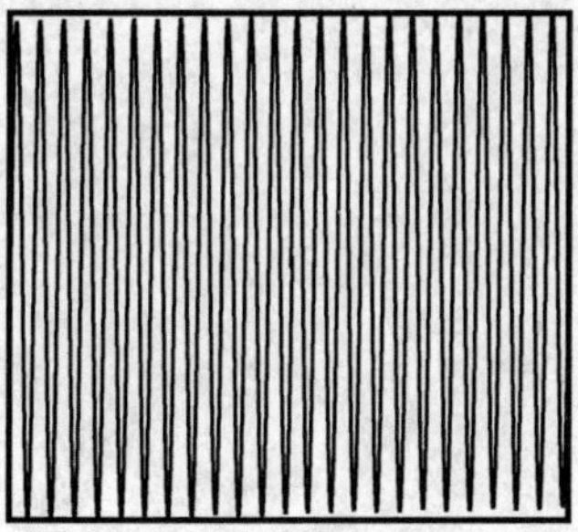

图 3-3-1-a

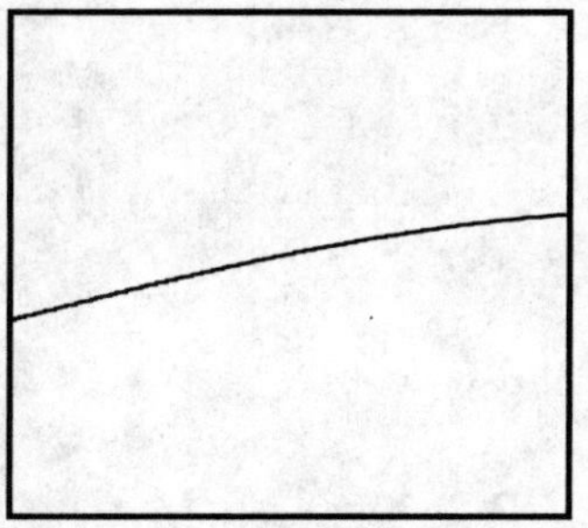

图 3-3-1-b

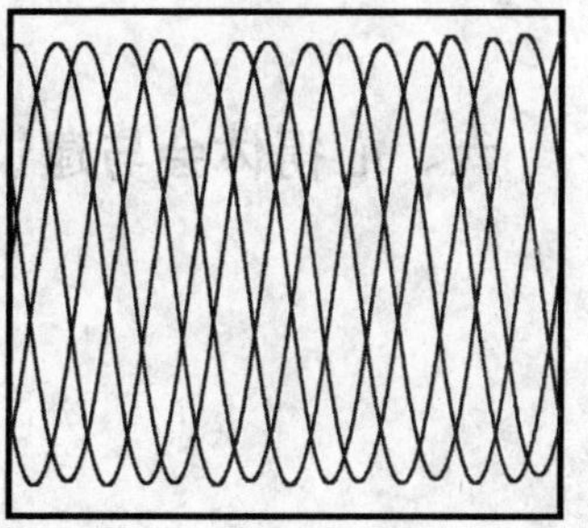

图 3-3-1-c

图 3-3-1　示波器面板旋钮使用不当时，观测波形图

2. 示波器在观测波形时，当垂直耦合方式置于 AC 耦合时，可以看到完整的波形，而置于 DC 耦合时，示波器显示波形却消失了，为什么？

3. 函数发生器的频率范围选择 10k 的指示灯亮，液晶显示频率数值为 1.0312，请问此时函数发生器的输出频率为多少？

4. 若要求函数发生器输出的振幅为 0.5V，而输出幅度旋钮已经旋至最小，函数发生器显示和示波器测量幅度均大于 0.5V，请问应该调节函数发生器的哪里，可以得到 0.5V 输出？

5. 函数发生器输出正弦波，液晶显示输出幅度为 2.82V，可是用晶体管毫伏表测量出的幅度为 1V，请问测量结果正确吗？为什么？

6. 归纳总结实验过程中故障出现的原因及排除方法。

六、心得体会与建议

电子技术基础实验报告

学生姓名：____________班级学号：______________考核成绩________

实验名称：叠加定理的验证

一、实验预习与思考

1. 叠加定理中，某一源单独作用时，其他源应置零。实验中如何实现电压源置零？可否将电压源直接短路？

2. 对于非线性电路，叠加定理可否成立？

3. 面包板的哪些哪些孔之间是连接的，哪些孔之间断开的？

二、实验目的

1. 进一步掌握______________和______________的使用方法。
2. 掌握_____________和______________的测试方法。
3. 进一步加深对_______定理的理解。

三、实验原理与测量方法

1. 叠加定理

叠加定理指出，全部电源在线性电路中产生的任一电压或电流，等于每一个电源单独作用产生的相应电压或电流的代数和。

如图 3-4-1 所示电路，请标出验证叠加定理时所选择的电阻参数和直流电源的大小。

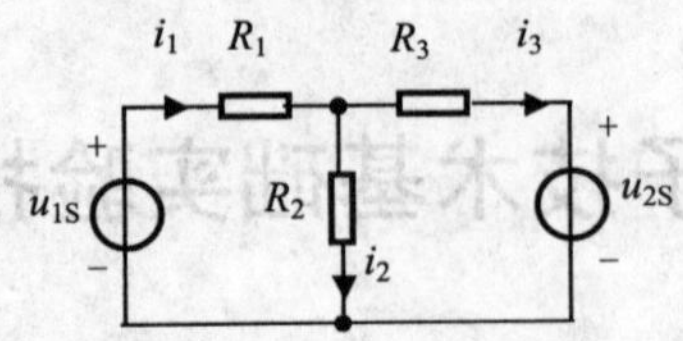

图 3-4-1　验证叠加定理电路图

2. 面包板的识别

面包板隔离槽两侧每列相近的 5 个小孔是________________。每排相邻的孔之间是________。

四、实验内容

（一）基本实验内容

叠加定理的验证

根据元件包中所提供元件，自拟实验电路，在面包板上实现实验电路的搭建；并根据自拟的实验电路设计表格，记录相关数据于表 3-4-1 中，验证叠加定理。

表 3-4-1　叠加定理的验证

参数	I_{R1}	I_{R2}	I_{R3}	U_{R1}	U_{R2}	U_{R3}
U_{S1} 单独作用						
U_{S2} 单独作用						
共同作用时的测量值						
验证叠加定理						

（二）扩展实验内容

根据上表中的数据验证基尔霍夫定理。

五、思考题

1. 在验证叠加定理的测量中，需要事先确定电压和电流的参考方向吗？

2. 归纳总结实验过程中故障出现的原因及排除方法。

六、心得体会与建议

电子技术基础实验报告

学生姓名：____________班级学号：________________考核成绩__________

实验名称：一阶电路时域响应的测量

一、实验预习与思考

1．能不能加直流激励用手动开关实现三种状态响应波形的观测？如果不行用什么样的激励信号实现？

2．激励信号的周期、电路的时间常数以及三种状态响应之间有什么样的关系？

二、实验目的

1．进一步掌握一阶 *RC* 电路的______________，______________和________三种响应状态。

2．掌握一阶电路的______________的测量方法。

3．进一步掌握______________、______________的使用方法。

三、实验原理与测量方法

描述含有储能元件的电路方程为微分方程，用一个____________方程描述的电路，称为一阶电路，典型的一阶电路为 *RC* 和 *RL* 电路。

1．零状态响应

储能元件的初始状态为_________，仅仅由______引起的响应，称为零状态响应。如图 3-5-1 所示的电路，电路达到稳态，$t=0$ 时，开关换路至 1 端，$t\geqslant 0$ 后，电路的响应为零状态响应，电容电压的响应为

$$u_C(t)=U_S\left(1-e^{\frac{-t}{\tau}}\right)\qquad t\geqslant 0$$

式中 τ=RC 称为时间常数，τ 反映了电容充放电的快慢，经过 5τ 后，电容电压可充至电源电压的______，因此工程上认为经过________后充电结束。电容的电压响应是随________规律上升的充电波形，如图 3-5-2 所示。

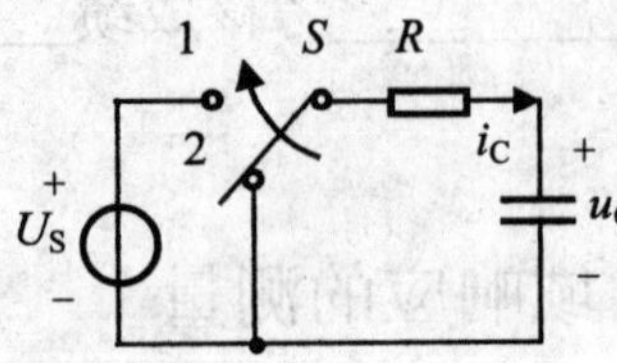

图 3-5-1　一阶 RC 电路

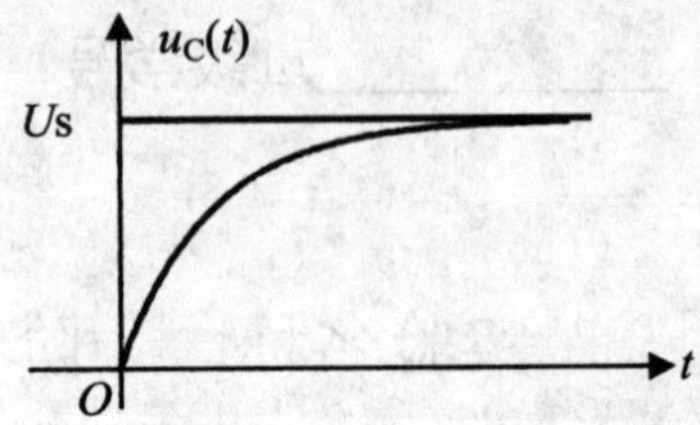

图 3-5-2　零状态响应

2. 零输入响应

仅仅由储能元件的____________引起的响应为零输入响应。如图 3-5-3 所示的电路,电路达到稳态，$t=0$ 时，开关换路至 2 端，$t\geqslant 0$ 后，电路的响应为零输入响应，电容的电压响应为

$$u_C(t)=U_S e^{\frac{-t}{\tau}}\qquad t\geqslant 0$$

电容的电压响应是随指数规律下降的放电波形，如图 3-5-4 所示。

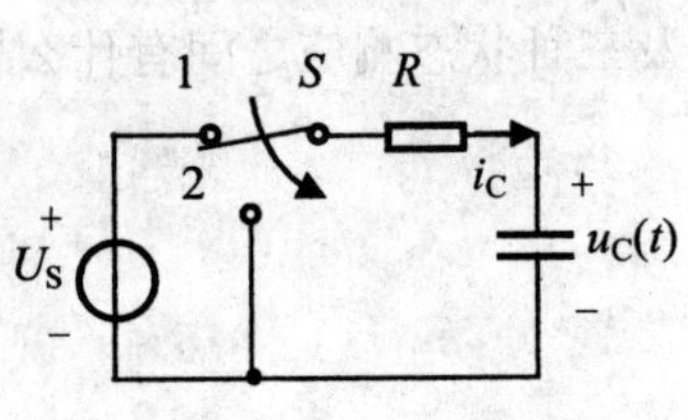

图 3-5-3　一阶 RC 电路

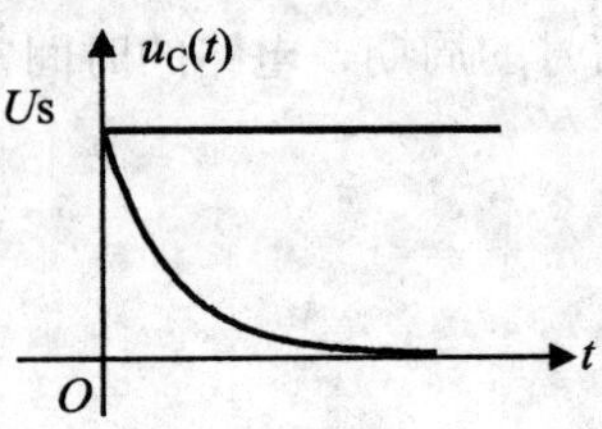

图 3-5-4　零输入响应

3. 全响应

由储能元件的____________和___________共同引起的响应，称为全响应。如图 3-5-5 所示的电路，电路达到稳态，$t=0$ 时，开关换路至 1 端，$t\geqslant 0$ 后，电路的响应为全响应，电容的电压响应为

$$u_C(t)=(U_0-U_S)e^{\frac{-t}{\tau}}-U_S\qquad t\geqslant 0$$

电容的电压响应波形如图 3-5-6 所示。

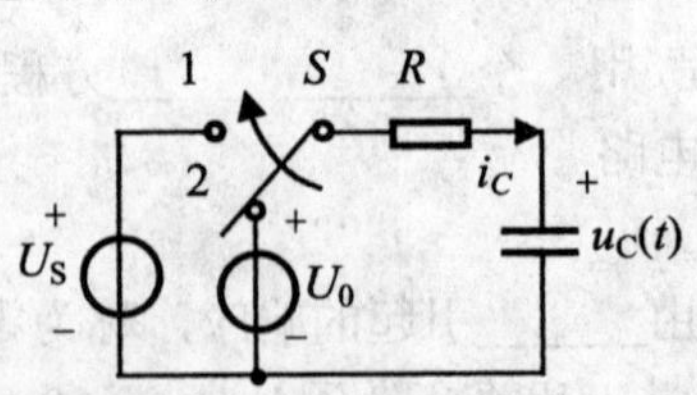

图 3-5-5　一阶 RC 电路

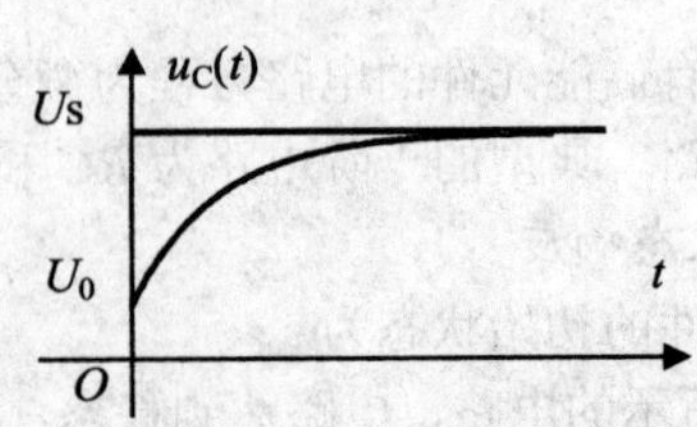

图 3-5-6　全响应

4. 暂态响应波形的测试方法

为了用示波器观测稳定的一阶电路暂态响应波形，将直流电源激励改成________信号，因此当方波信号的周期__________时，可通过示波器观测到电容电压的零输入和零状态响应；当方波信号的周期__________时，可通过示波器观测到电容电压的全响应。

用示波器同时观测输入输出波形时，首先要选择______显示；其次要注意波形含有直流分量，垂直耦合方式应该选用________耦合，并先确定好________在荧光屏上的位置。

5. 时间常数 τ 的测试方法

电容充电经过一个时间常数 τ，可充至稳态状态时量值的______%，同样一个 τ 后可放掉 63.2%。因此可根据充放电电压的大小，从零输入、零状态波形上测试出时间常数 τ。

四、实验内容

（一）基本实验内容

1. 零输入响应和零状态响应的测量

自选电容、电阻搭建如图 3-3-9 所示电路，观测零输入和零状态响应波形。输入条件为：方波信号，幅值 U_{PP}=4V，直流分量 $U_{直}$=2V，T=10τ 。

在同一坐标系下定量地记录激励和电容电压响应的波形，并根据波形测出时间常数 τ。

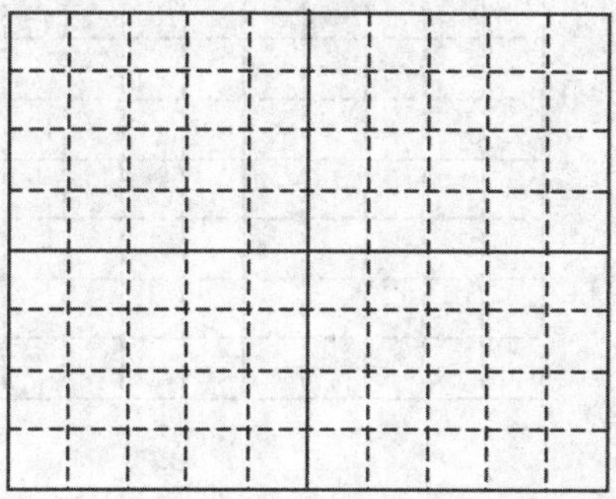

2. 全响应的测量

自选电容、电阻搭建电路，观测全响应波形。输入条件为：方波信号，幅值 U_{PP}=4V，直流分量 $U_{直}$=2V，f=2τ 。在同一坐标系下定量地记录激励和电容电压响应的波形。

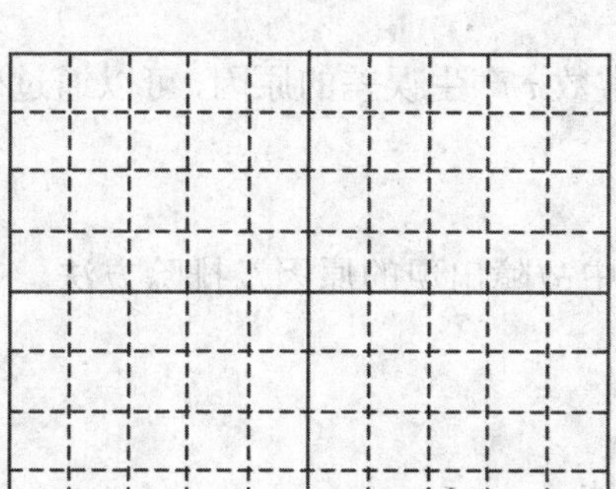

（二）扩展实验内容

1. 积分电路的观测

自选电容、电阻搭建电路，观测积分电路的波形。输入条件为：方波信号，幅值 U_{PP}=4V，T=0.5τ。在同一坐标系下定量地记录激励和电容电压响应的波形。

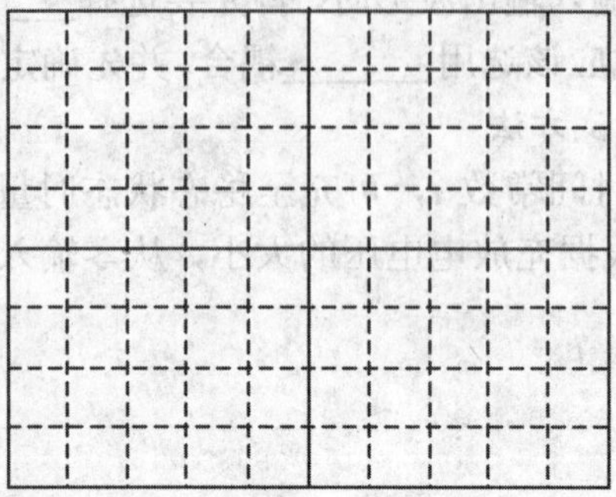

2. 微分电路的观测

自选电容、电阻搭建电路，观测电阻的电压波形。输入条件为：方波信号，幅值 U_{PP}=4V，T=0.5τ。在同一坐标系下定量地记录激励和电阻电压响应的波形。

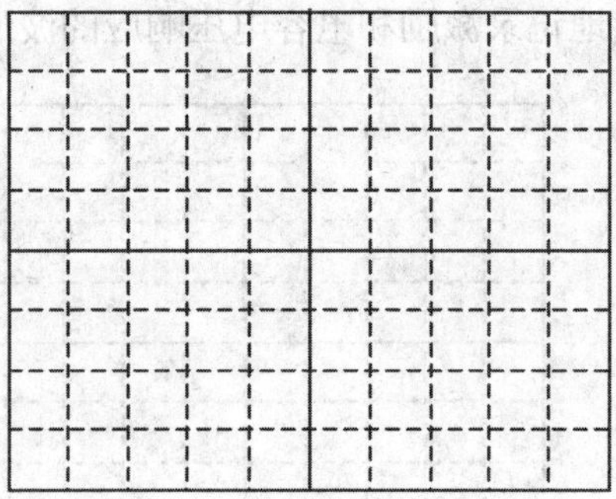

五、思考题

1．若选取大电容、小电阻（如 R=100Ω，C=0.1μF），会出现什么现象？试分析原因。

2. 试分析实测的时间常数 τ 产生误差的原因，可以通过什么样的途径改善该误差？

3．归纳总结实验过程中故障出现的原因及排除方法。

六、心得体会与建议

电子技术基础实验报告

学生姓名：＿＿＿＿＿＿ 班级学号：＿＿＿＿＿＿＿＿ 考核成绩＿＿＿＿＿＿

实验名称：串联 *RLC* 电路时域响应的测试

一、实验预习与思考

1．对于 *RLC* 串联电路，当元件满足什么样的关系时，可实现欠阻尼、过阻尼暂态波形的观测？

2．为了用示波器观测欠阻尼和过阻尼响应，给 *RLC* 串联电路什么样的激励信号？该激励信号的周期对响应有没有影响？

二、实验目的

1．进一步掌握＿＿＿＿＿＿＿＿＿＿＿＿电路暂态响应的基本规律和特点。

2．进一步掌握＿＿＿＿＿＿＿＿＿＿、＿＿＿＿＿＿＿＿＿＿＿＿＿＿的使用方法。

三、实验原理与测试方法

串联 *RLC* 电路的响应特性可以用一个＿＿＿＿＿＿方程描述的电路称为二阶电路。对于如图 3-6-1 所示的二阶 *RLC* 串联电路，根据基尔霍夫定律可得以 u_C（t）为变量的微分方程为

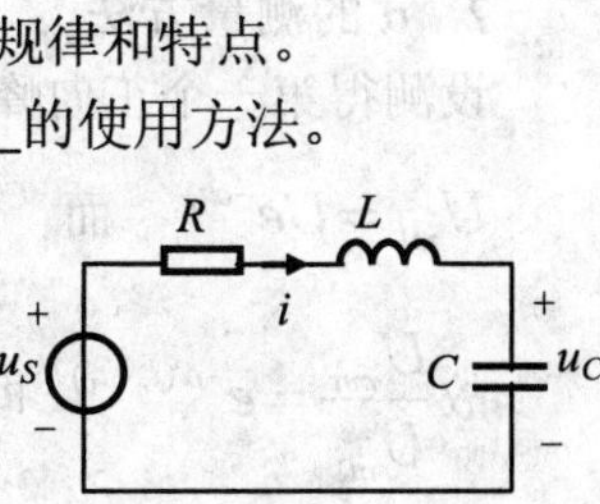

图 3-6-1　二阶 *RLC* 串联电路

若输入为零，即为零输入响应，电路方程为

电路的特征方程为 $LCP^2+RCP+1=0$

其解为 $P_{1,2}=-\frac{R}{2L}\pm\sqrt{(\frac{R}{2L})^2-\frac{1}{LC}}$

$P_{1,2}$是特征方程的根，由电路的结构和参数决定，称为电路的固有频率。当电路参数 R、L、C 取值不同时，电路的固有频率可能出现三种情况：

（1）当__________时，电路的固有频率是两个不相等的负实数，响应是非振荡性的，称为________阻尼情况。

（2）当__________时，电路的固有频率是两个相等的负实数，响应处于临界状态，称为 _________阻尼情况。

（3）当__________时，电路的固有频率是共轭复数，响应将形成衰减振荡，称为阻尼情况。可表示为

$$P_{1,2}=-\frac{R}{2L}\pm\sqrt{(\frac{R}{2L})^2-\frac{1}{LC}}=-\alpha\pm j\sqrt{\omega_0^2-\alpha^2}=-\alpha\pm j\omega_d$$

其中：$\alpha=\frac{R}{2L}$ 称为______________。

$\omega_0=\frac{1}{LC}$ 称为______________。

$\omega_d=\sqrt{\omega_0^2-\alpha^2}$ 称为______________。

1．ω_d的测量方法

如图 3-4-2(a)所示衰减振荡波形看出，若测得第一个波峰出现的时间为 t_1，第 n 个波峰出现的时间为 t_n 则自由振荡周期为：_________________，频率为______________，角频率为_______________。

2．α 的测量方法

设测得第一个正向峰值为 U_{m1}，第 n 个正向峰值为 U_{mn}，由于

$U_{m1}=Ue^{-\alpha t_1}$ 而 $U_{mn}=U_m e^{-\alpha t_n}$

故 $\frac{U_{mn}}{U_{m1}}=e^{-\alpha(t_n-t_1)}$ 即 α=_______________。

四、实验内容

（一）基本实验内容

自选元件，搭建如图 3-6-4 所示的电路，观测二阶 RLC 串联电路的过阻尼和欠阻尼响应曲线。测试条件：输入方波，幅值 U_{PP}=4V，f=500Hz。

（1）调节 R 使示波器的荧光屏上显示过阻尼的波形，并绘出 $u_c(t)$的波形。

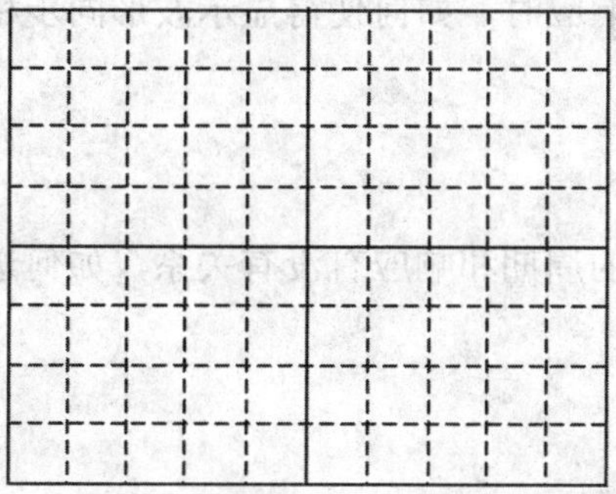

（2）调节 R 使示波器的荧光屏显示欠阻尼的波形，测出 α 和 ω_d，并绘出 $u_c(t)$的波形。

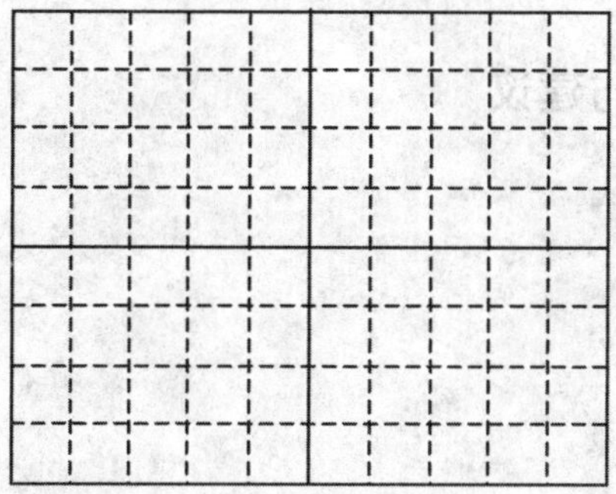

（二）扩展实验内容

观察二阶 *RLC* 串联电路的三种不同状态下的状态轨迹。

实验电路如图 3-6-5 所示，其中，信号源提供方波。画出三种不同响应时的状态轨迹。

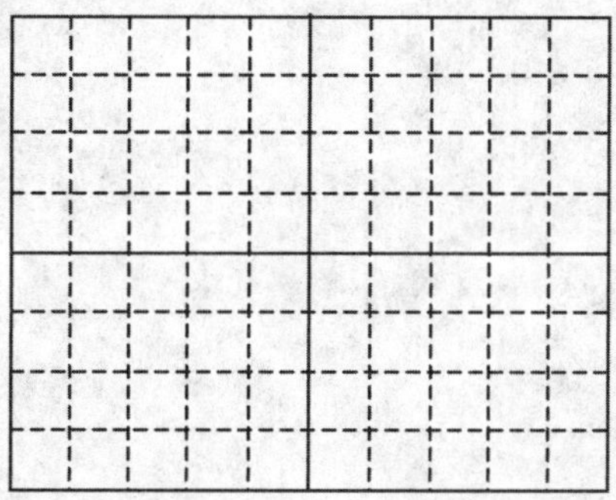

五、思考题

1．在观察欠阻尼响应时，如何使得显示波形同步稳定？

2．输入方波信号的周期和响应有没有关系，如何选取合适的周期？

3．归纳总结实验过程中故障出现的原因及排除方法。

六、心得体会与建议

电子技术基础实验报告

学生姓名：__________班级学号：____________考核成绩__________

实验名称：正弦稳态时 R、L、C 电压电流相位关系的测试

一、实验预习与思考

1．描述正弦稳态电路中 R、L、C 的电压电流的相位关系？

2．在正弦稳态电路，如何测量流过某个元件的电流？

二、实验目的

1．进一步理解正弦稳态电路中______、______、______元件的电压电流关系。

2．掌握____________的测试方法。

3. 进一步熟练掌握______的双踪测试方法。

三、实验原理

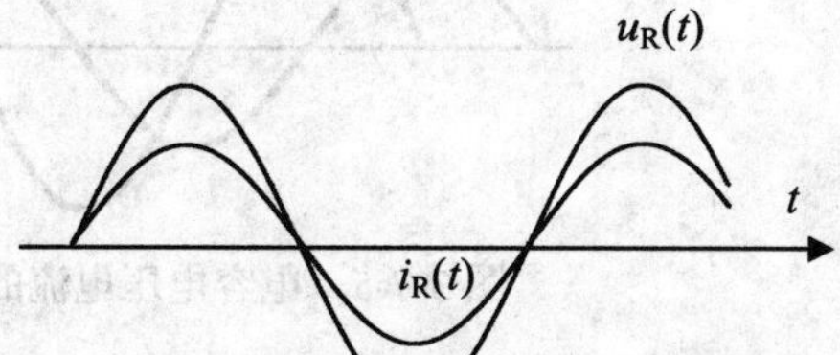

图 3-7-1　电阻电压电流波形

1．R 电压电流的相位关系

当电阻工作在正弦稳态时，在关联参考方向下，电阻的电压电流关系为：

____

电阻电压电流的波形如图 3-7-1 所示。对应的相量形式：

$$\dot{U}_R = R\dot{I}_R \text{ 即：} \begin{cases} U_R = RI_R \\ \varphi_u = \varphi_i \end{cases}$$

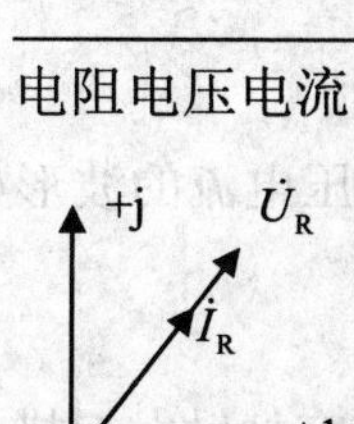

图 3-7-2　电阻 VCR 的相量图

对应映射到复平面，如图 3-7-2 所示。从以上数学表达式和波形以及相量图中均可看出，电阻电压、电流同相，即电压电流的__________为零。

2. *L* 电压电流的相位关系

当电感工作在正弦稳态时，在关联参考方向下，电感的电压电流相量关系为

__________________。

因此其幅度和相位关系分别为

$$\begin{cases} U_{\mathrm{L}} = \omega L I_{\mathrm{L}} \\ \varphi_{\mathrm{u}} = \varphi_{\mathrm{i}} + \dfrac{\pi}{2} \end{cases}$$

从上式中可以看出，电感的电压比电流__________90°，电感电压电流的波形如图 3-7-3 所示。相量图如图 3-7-4 所示。

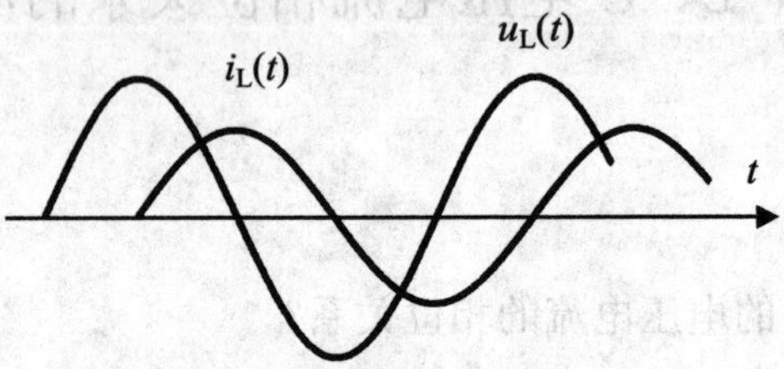

图 3-7-3　电感电压电流的波形图

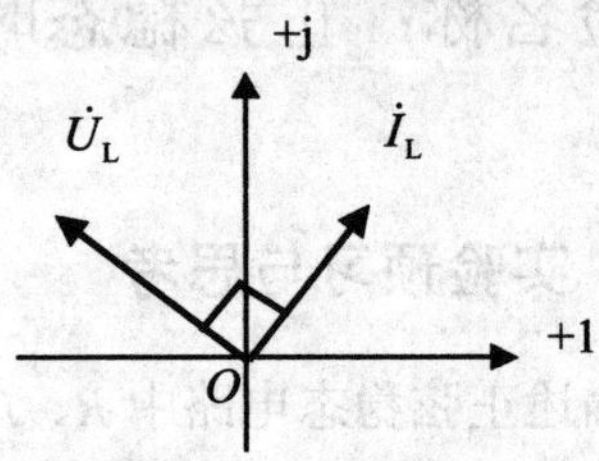

图 3-7-4　电感 *VCR* 的相量图

3. *C* 电压电流的相位关系

当电容工作在正弦稳态时，在关联参考方向下，其电压电流相量关系为

____________________。

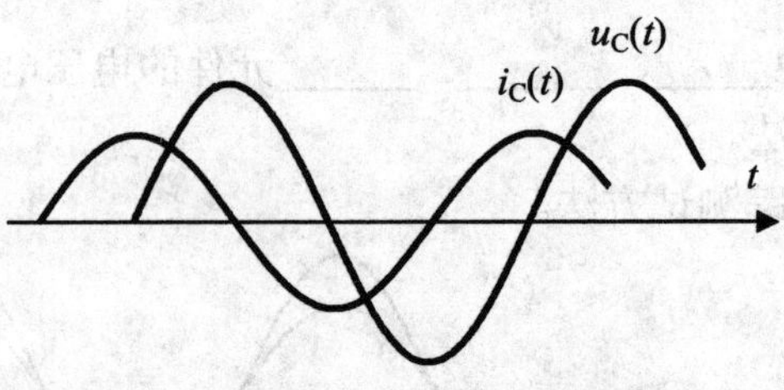

图 3-7-5　电容电压电流的波形图

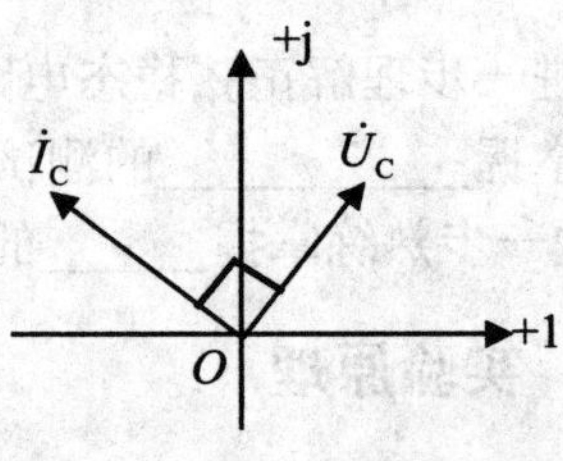

图 3-7-6　电容 VCR 的相量图

因此其幅度和相位关系分别为

$$\begin{cases} U_{\mathrm{C}} = \dfrac{1}{\omega C} I_{\mathrm{C}} \\ \varphi_{\mathrm{u}} = \varphi_{\mathrm{i}} - \dfrac{\pi}{2} \end{cases}$$

从上式中可以看出，电容的电压比电流__________90°，电容电压电流的波形如图 3-7-5 所示。相量图如图 3-7-6 所示。

2. 相位差的测量方法

先将示波器的两个通道的零基线与荧光屏的横坐标调重合，在非交替触发扫描的情况下，双踪同时观测激励和响应波形，可观测到如图 3-7-8 所示的波形。从图中可以测

量出输入或输出的周期为 T、输入比输出超前的时间 ΔT，一个周期对应的角度为 360°，则输入输出的相位差根据比例关系可求出：

____________________。

其中：T 是一个周期在水平通道所占的格数与水平扫描速度的乘积，ΔT 是二者之间超前的格数与水平扫描速度的乘积，因此上式中可以简化成：

____________________。

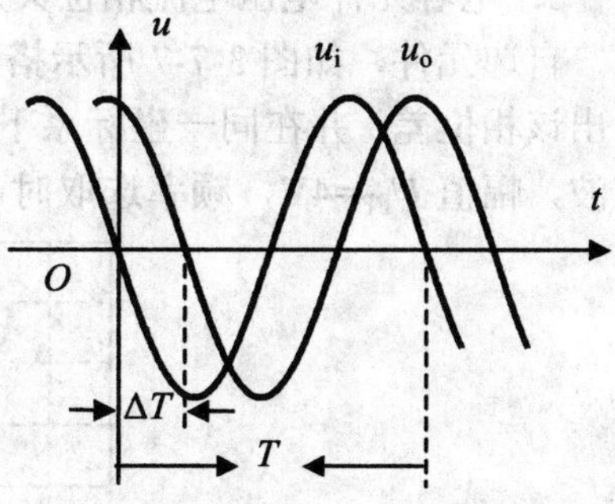

图 3-7-8　相位差的测量方法

四、实验内容

（一）基本实验内容

1．电阻元件电压电流相位关系的测试

自选元件，如图 3-7-7 所示搭建测试电路，测试电阻元件的电压电流相位关系，测量出该相位差，并在同一坐标系下定量的绘出电阻电压与电流的相位波形。测试条件：输入正弦波，幅值 U_{PP}=4V，频率任选。

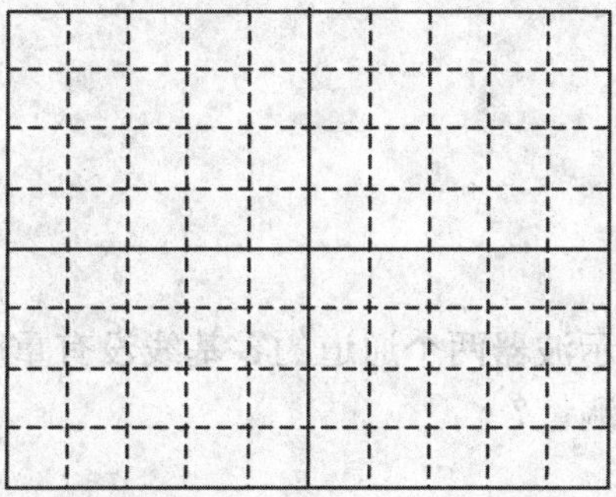

2．电感元件电压电流相位关系的测试

自选元件，如图 3-7-7 所示搭建测试电路，测试电感元件的电压电流相位关系，测量出该相位差，并在同一坐标系下绘出电感电压与电流的相位波形。测试条件：输入正弦波，幅值 U_{PP}=4V，频率选取时，应保证电感器件的感抗远大于电流取样电阻。

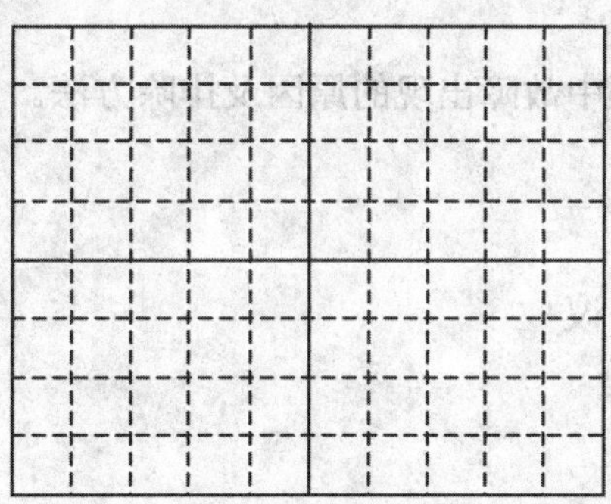

3．电容元件电压电流相位关系的测试

自选元件，如图 3-7-7 所示搭建测试电路，测试电容元件的电压电流相位关系，测量出该相位差，并在同一坐标系下绘出电容电压与电流的相位波形。测试条件：输入正弦波，幅值 U_{PP}=4V，频率选取时，应保证电容器件的容抗远大于电流取样电阻。

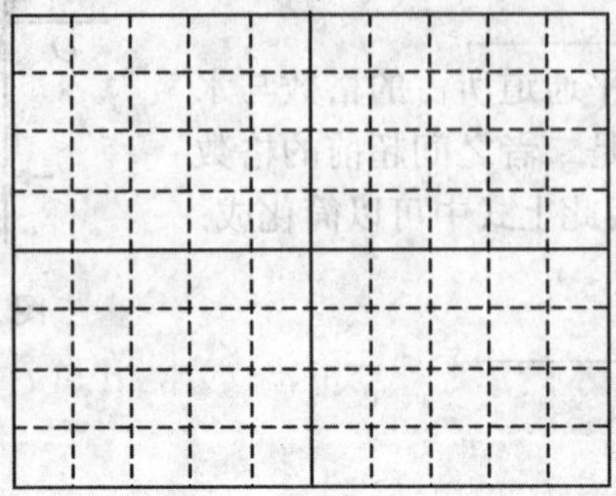

（二）扩展实验内容

1．观测频率对输出波形的影响

实验电路和测试条件如上述基本实验内容中 3，若将函数发生器提供的激励频率增大，观测激励与响应之间的相位关系、响应的幅度有无变化？若将函数发生器提供的激励频率减小，观测激励与响应之间的相位关系、响应的幅度有无变化？试分析原因。

五、思考题

1. 测量相位差时如果示波器两个通道的零基线没有重合，测出来的相位差正确吗？能测出正确结果吗？如何测量？

2．测量相位差时，如果将水平时间因数旋钮或者垂直灵敏度旋钮打开，会影响测量的结果吗？

3．归纳总结实验过程中故障出现的原因及排除方法。

六、心得体会与建议

电子技术基础实验报告

学生姓名：____________班级学号：_______________考核成绩__________

实验名称：*RC* 低通滤波器的设计与测试

一、实验预习与思考

1. 画出电阻和电容构成具有低通滤波特性的电路。

2. 试用 *RC* 器件设计一低通滤波器，要求该滤波器的的截止频率为 16kHz，给出元器件参数的选取的数值。

二、实验目的

1. 了解 *RC*__________无源滤波器的频率特性。
2. 掌握__________曲线的点频测试方法。
3. 进一步掌握____________、____________、________________的使用方法。

三、实验原理

1. 一阶 *RC* 无源低通滤波器

如图 3-8-1 是一阶 *RC* 串联电路，若以电容两端的电压作为输出，电路具有低通的滤波特性。电路的网络函数——电压转移比：

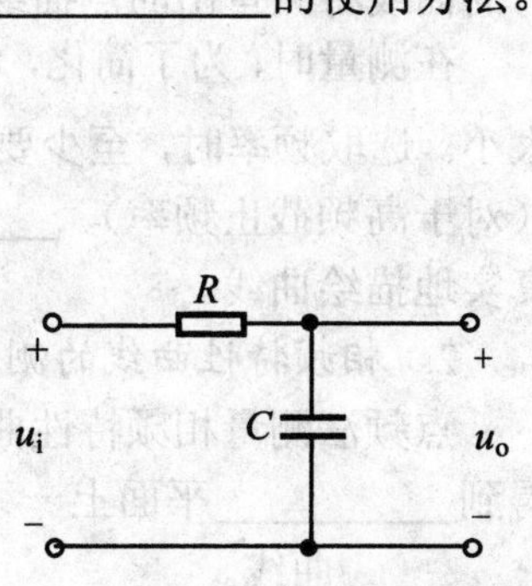

图 3-8-1　*RC* 低通滤波器原理图

______________________________。

其中，$|H(\mathrm{j}\omega)| = \dfrac{1}{\sqrt{1+(\omega RC)^2}}$，电压转移比的模是 ω 的函数，称为电路的____特性。

$\varphi(\omega) = -\arctan\omega RC$ 电压转移比的幅角也是 ω 的函数，称为电路的__________特性。

电路的幅频特性和相频特性统称电路的频率特性。将网络函数的模随频率的变化特性在幅——频平面上描绘出来，称为________特性曲线；将幅角随频率的变化特性在相位——频率平面上描绘出来，称为______特性曲线。一阶 RC 低通滤波电路的幅频特性曲线如图 3-8-2（a）所示，其相频特性曲线如图 3-8-2（b）所示。

从图 3-8-2（a）可看出，当输入信号的频率 ω =0（即 DC 信号）、输入为 1V 时，输出 1V；当输入信号的频率 $\omega = 1/RC$、输入为 1V 时，输出为 0.707V；当输入信号的频率 $\omega >> \omega_C$、输入为 1V 时，输出趋于 0V。

以上分析说明低频率的信号，可顺利通过该电路，高频率的信号被衰减掉。因此工程上称为“低通滤波器”。具体讲，该电路是一阶 RC 低通滤波电路。

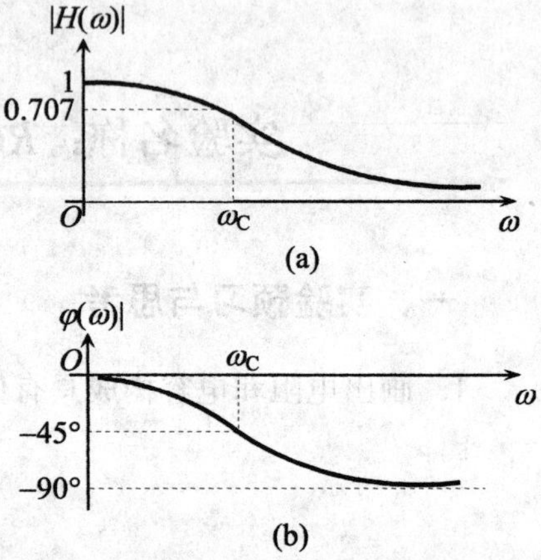

图 3-8-2　一阶低通滤波器频率特性曲线

对于滤波器，工程上定义当激励幅值不变，频率变化使得功率正好下降到_____倍，即输出电压的幅度刚好衰减到最大输出幅度的时，所对应的频率为截止频率。该 RC 滤波电路中 ω_C 为截止频率。滤波器中能通过的信号频率范围称为滤波器的通频带。因此一阶 RC 低通的通频带为__________。

四、测试方法

1. 幅频特性曲线的测量方法

电路的幅频特性曲线的测量方法有两种：______法和______法。扫频法是应用扫频仪直接显示出电路的频率特性，一般用于高频网络的测试。

点频法指在不同的频率下测量出幅度，得____________平面上一系列的点，用平滑的曲线将测量出的点描绘出来，即可得到___________曲线。

在测量时，为了简化，可保持输入的幅值不变，这样输出的幅值即可反应 $|H(\mathrm{j}\omega)|$ 的大小。选取频率时，至少要包含：____________、___________、_________的截止频率（对于高频截止频率）、_________的截止频率（对于低频截止频率）这些频率点，以便真实地描绘曲线。

2. 相频特性曲线的测量方法

点频法测量相频特性曲线，是在不同的频率下测量出输出输入之间的__________，得到_________平面上一系列的点，用平滑的曲线将测量出的点描绘出来，即可得到_________曲线。

五、实验内容

（一）基本实验内容

1．幅频特性和相频特性的测试

根据预习要求中的设计结果，选取出所需元件，搭建一阶 *RC* 无源低通滤波器，测量该滤波器的幅频和相频特性曲线，完成表 3-8-1。输入条件：正弦输入，有效值 U_i=1V。

表 3-8-1　一阶 *RC* 低通无源滤波器的频率特性测试数据

频率值	$0.05f_c$	$0.1f_c$	$0.5f_c$	f_c	$2f_c$	$5f_c$	$10f_c$
输出 U_o							
φ							

2．根据表 3-8-1 绘出幅频特性和相频特性曲线。

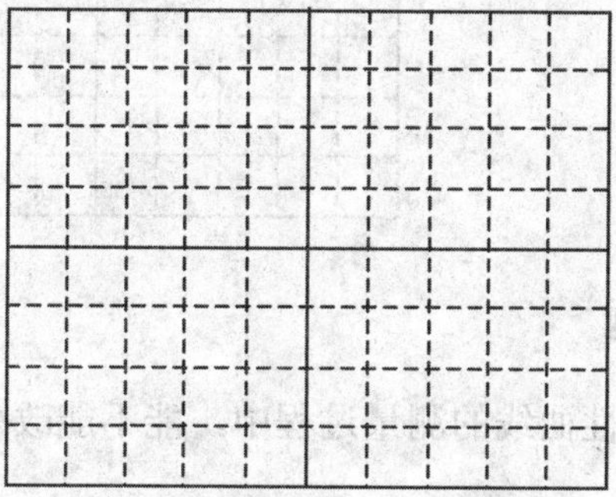

3．定量地画出在 $2f_c$ 时，输出和输入的相位差波形。

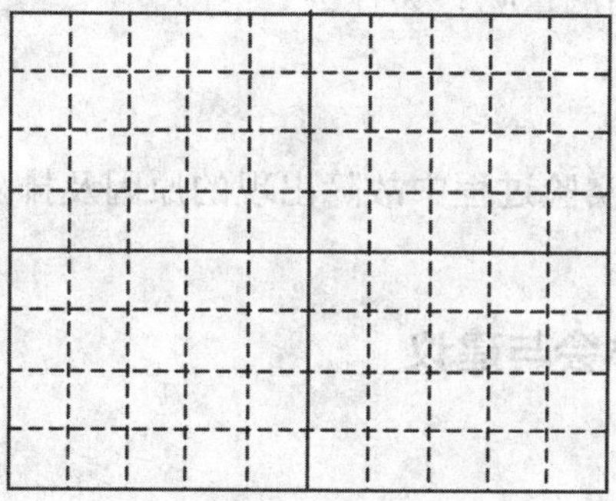

（二）扩展实验内容

1．幅频特性和相频特性的测试

设计并搭建二阶 *RC* 低通滤波器，要求截止频率 f=16kHz，测量该滤波器的幅频曲线。要求输入有效值 U_i=1V，完成表 3-8-2。

表 3-8-2　二阶 RC 低通无源滤波器的频率特性测试数据

频率值	$0.05f_c$	$0.1f_c$	$0.5f_c$	f_c	$2f_c$	$5f_c$	$10f_c$
输出 U_o							
φ							

2．根据表 3-8-1 和 3-8-2 的测试数据，绘出一阶和二阶 RC 低通无源滤波器的波特图，比较一阶和二阶低通 RC 无源滤波器的优缺点。

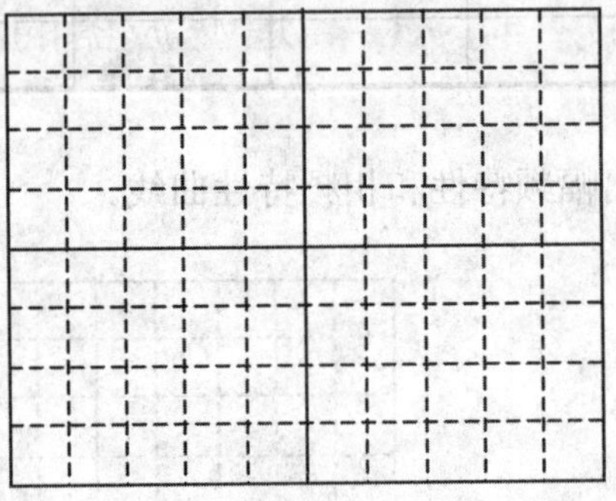

六、思考题

1．在频率特性曲线的测量过程中，能不能改变输入信号的幅度？为什么？

2．在频率特性曲线的测量过程中，用晶体管毫伏表测量输出电压幅度时，能不能保持量程不切换的测量呢？为什么？

3．归纳总结实验过程中故障出现的原因及排除方法。

七、心得体会与建议

电子技术基础实验报告

学生姓名：__________班级学号：__________考核成绩__________

实验名称：二阶 *RC* 高通滤波器的设计与测试

一、实验预习与思考

1．分别画出具有低通、高通、带通、带阻滤波特性的 *RC* 电路？并推导出所画电路的截止频率和带宽。

2．试分析一阶滤波电路与二阶滤波电路的优缺点。

4．试设计一个二阶 *RC* 高通无源滤波器，要求截止频率 f=21.3kHz，给出所选取的元器件参数。

二、实验目的

1．了解________________滤波器的频率特性。

2．进一步掌握__________特性的测试方法。

3．掌握__________________电路的设计方法。

三、实验原理与测量方法

1．二阶高通滤波器

如图 3-9-3（a）所示为二阶高通滤波器的原理图，根据分压公式可求出该电路的传输函数电压转移比为

$$H(\mathrm{j}\omega)=\frac{\dot{U}_\mathrm{o}}{\dot{U}_\mathrm{i}}=\frac{-\omega^2R^2C^2}{1-\omega^2R^2C^2+\mathrm{j}3\omega RC}$$

该电路的幅频特性：$\left|H(\mathrm{j}\omega)\right|=\dfrac{\omega^2R^2C^2}{\sqrt{(1-\omega^2R^2C^2)^2+9\omega^2R^2C^2}}$

从上式可以判断出，该电路具有高通的滤波特性，其幅频特性如图 3-9-3（b）所示。

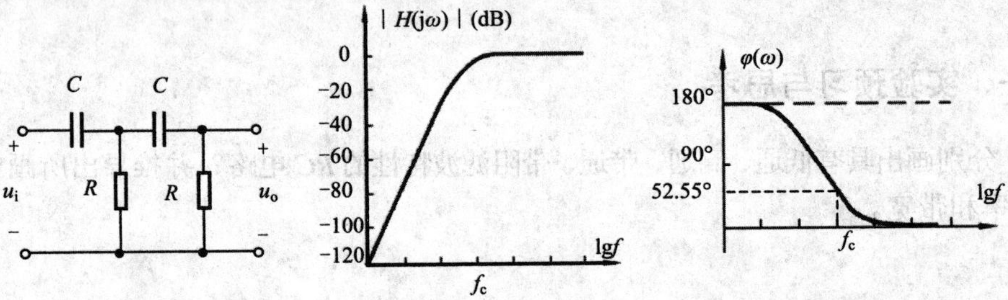

（a）原理图　　（b）幅频特性曲线　　（c）相频特性曲线

图 3-9-3　二阶 *RC* 高通滤波器

该电路的相频特性：$\varphi(\omega)=\arctan\dfrac{3\omega RC}{1-\omega^2R^2C^2}$

从上式可以得出，该电路的截止频率为__________________，此时，电路的相移为______________，其相频特性如图 3-9-3(c)所示。

与一阶 *RC* 滤波电路相比，二阶 *RC* 滤波电路比同频带外信号的抑制能力更强，滤波效果更好。二阶电路的移相范围为 180°～0°，比一阶电路的移相范围更大。

四、实验内容

（一）基本实验内容

二阶 *RC* 高通无源滤波器的测量

1．幅频和相频特性的测试

根据预习要求设计，搭建一个二阶 *RC* 高通滤波器，测量该滤波器的幅频和相频特性曲线。要求输入 U_i=3V，完成表 3-9-1。

表 3-9-1　二阶 *RC* 高通滤波器的频率特性测试数据

频率值	$0.01f_c$	$0.1f_c$	$0.5f_c$	f_c	$2f_c$	$5f_c$	$10f_c$
输出 U_o							
φ							

2．根据表 3-9-1 绘出幅频特性和相频特性曲线。

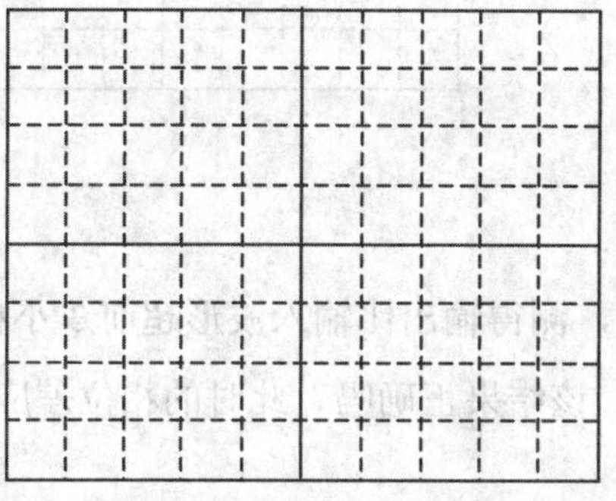

3．定量地画出在 f_c 时，输出和输入的相位差波形。

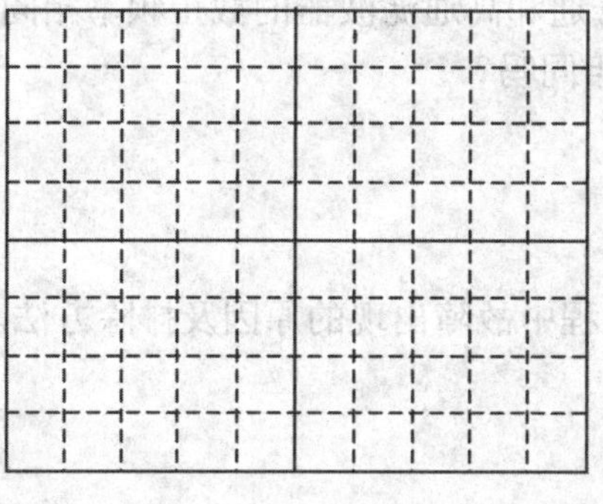

（二）扩展实验内容

1．幅频和相频特性的测试

根据元件包中所提供元件，自己设计并搭建一个二阶 *RL* 高通滤波器，测量该滤波器的幅频和相频特性曲线。要求输入 U_i=3V，完成表 3-9-2。

表 3-9-2　二阶 *RL* 高通滤波器的频率特性测试数据

频率值	$0.01f_c$	$0.1f_c$	$0.5f_c$	f_c	$2f_c$	$5f_c$	$10f_c$
输出 U_o							
φ							

2．根据表 3-9-2 绘出幅频特性和相频特性曲线。

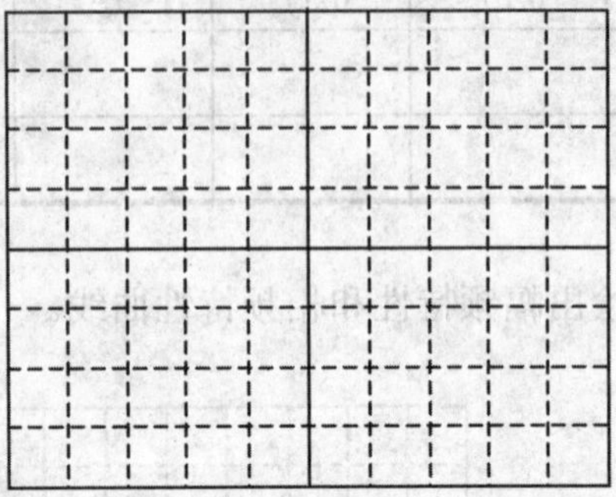

五、思考题

1．在测量相位差时，测得输出比输入波形超前 3 小格，一个周期占了 5 格，因此相位差为 $\varphi=\frac{0.3}{5}\times 360^{\circ}$，该结果正确吗？此时的相位差应该为多少？

2. 同参数一阶 RC 低通和高通滤波器的截止频率相同吗？同参数的二阶 RC 低通和高通滤波器的截止频率相同吗？

3．归纳总结实验过程中故障出现的原因及排除方法。

六、心得体会与建议

电子技术基础实验报告

学生姓名：__________班级学号：__________考核成绩__________

实验名称：*RLC* 串联谐振电路

一、实验预习与思考

1．*RLC* 串联谐振频率如何确定？改变电路的哪些参数可使电路发生谐振？电阻的阻值是否影响谐振频率？

2．画出实现谐振电路的自拟电路，给出所选用的参数，计算出谐振频率 f_0、品质因数 Q。

二、实验目的

1．进一步理解________电路的特点。

2．掌握__________频率、________的测试方法。

3．掌握串联谐振电路________特性的测试方法。

五、实验报告要求

1. 根据实验结果总结 *RLC* 串联谐振电路的主要特点。

3. 归纳总结实验过程中故障出现的原因及排除方法。

六、心得体会与建议

电子技术基础实验报告

学生姓名：__________班级学号：____________考核成绩________

实验名称：*RC* 带通滤波器的设计与测试

一、实验预习与思考

1．画出 *RC* 带通无源滤波特性电路，推算出该电路的截止频率、通频带。

2．设计一个 *RC* 无源带通滤波器，要求该滤波器的上限截止频率 $f_H = 52.5\text{kHz}$，下限截止频率 $f_L = 4.8\text{kHz}$，并给出计算出的电路参数。

二、实验目的

1．了解________滤波器的频率特性。
2．复习__________特性的测试方法。
3．掌握__________滤波器的设计方法。

三、实验原理与测量方法

1．*RC* 带通滤波器

如图 3-11-1 是 *RC* 带通滤波电路。该电路的网络函数——电压转移比为

$$H(\mathrm{j}\omega)=\frac{\dot{U}_{\mathrm{o}}}{\dot{U}_{\mathrm{i}}}=\frac{\mathrm{j}\omega RC}{1-\omega^2R^2C^2+\mathrm{j}3\omega RC}$$

其中，电路幅频特性：$\left|H(\omega)\right|=\dfrac{\omega RC}{\sqrt{(1+\omega^2R^2C^2)^2+9\omega^2R^2C^2}}$

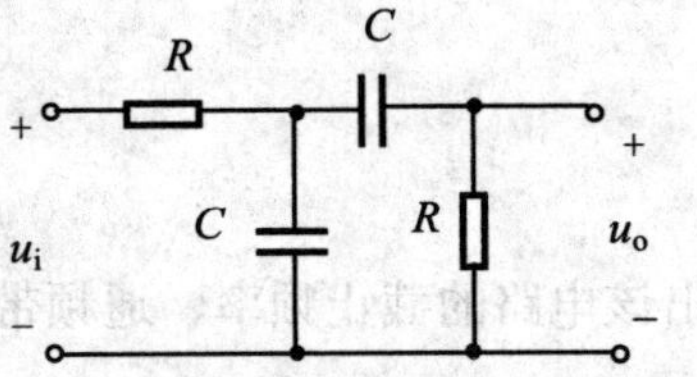

（a）电路原理

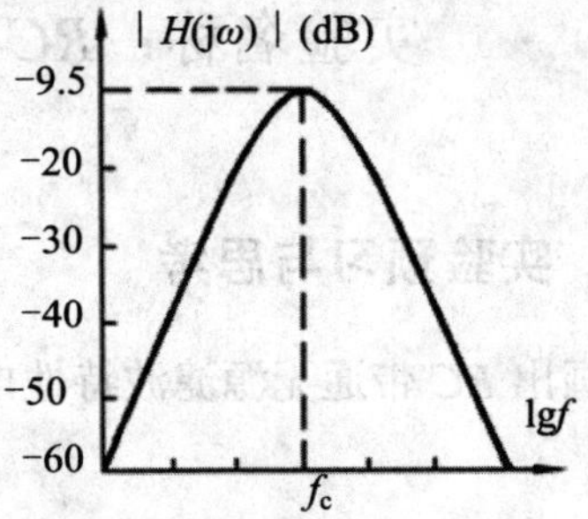

（b）幅频特性曲线

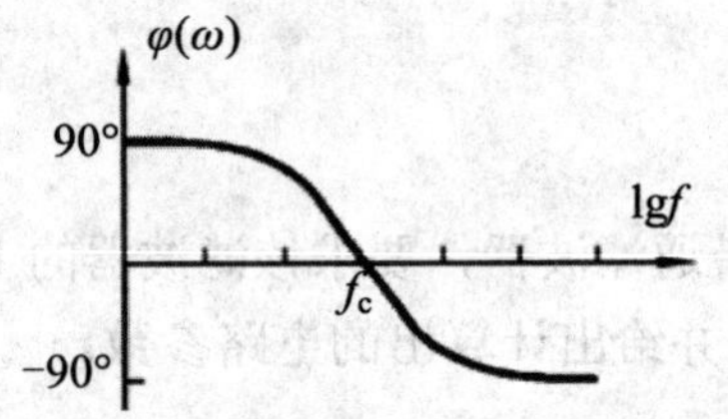

（c）相频特性曲线

图 3-11-1　*RC* 带通滤波器

从上式可以看出，该电路具有带通的滤波特性，其中心频率 $f=f_0=\dfrac{1}{2\pi RC}$ 时，输出达到最大值，为输入的_________。

根据截止频率的定义，可以计算出：f_L=_________、f_H=_________，其幅频特性曲线如图 3-11-1（b）所示。

该电路的相频特性：$\varphi(\omega)=90°-\arctan\dfrac{3\omega RC}{1-\omega^2R^2C^2}$

从上式可以看出，该电路的移相范围是：_________。在中心频率 f_0=_________时，电路的相移为 $\varphi=0°$，其相频特性如图 3-11-1（c）所示。

2．试用自己的语言描绘出该电路频率特性的测量方法。

四、实验内容

1. 幅频和相频特性的测量

根据设计，搭建出 *RC* 带通滤波器，测量该滤波器的幅频和相频特性曲线。测试条件：输入电压的有效值 U_i=3V，完成表 3-11-1。

表 3-11-1　带通滤波器的频率特性测试数据

频率值	$0.1f_L$	$0.5f_L$	f_L		f_0		f_H	$5f_H$	$10f_H$
输出 U_o									
φ									

2. 根据上表绘出幅频特性和相频特性曲线。

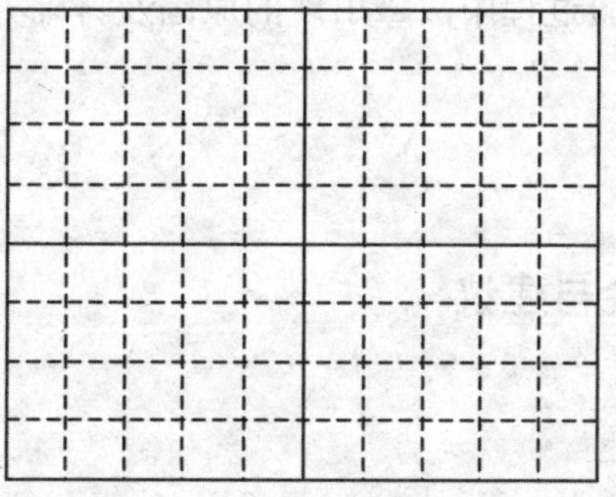

3. 定量地画出在 $10f_c$ 时，输出和输入的相位差波形。

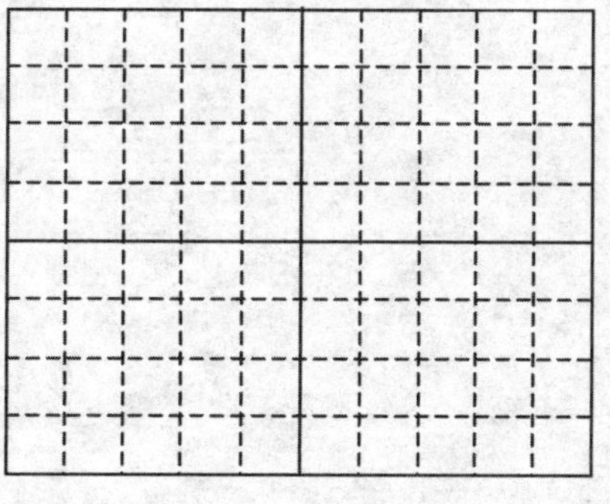

五、思考题

1. 在测量输出输入相位关系是，始终是输出比输入超前吗？也就是那么表格 3-11-1 中的数据均为正值吗？

2. *RC* 无源带通滤波器中，最大的输出电压和输入电压相等吗？你能根据电路参数计算出其截止频率吗？

3. 归纳总结实验过程中故障出现的原因及排除方法。

六、心得体会与建议

电子技术基础实验报告

学生姓名：____________ 班级学号：______________ 考核成绩__________

实验名称：晶体管图示仪的原理与使用

一、实验预习与思考

1．画出晶体二极管的伏安特性曲线的特点及其主要参数定义。

2．怎样识别二极管？

3．请画出用描点法测量二极管特性曲线的测量原理图，说明测量电阻连接在电路中的必要性。

二、实验目的

1．了解__________________的原理框图，熟悉该仪器的面板旋钮。

2．掌握二端元器件______________关系的图测方法。

三、实验原理与测量方法

晶体管图示仪的正常操作方法：

1. 开启电源

将电源开关____________，电源指示灯亮，预热 15 分钟后，即可进行测试。

2. X 轴和 Y 轴部分

1）将显示开关置于__________按键。

2）将 X 轴和 Y 轴位移旋钮旋至__________位置，将光点调至__________位置（如果调节位移旋钮没有看到光点，调节辉度旋钮至最亮），该光点所处的位置便是扫描零电位，也即是 U/I 平面的原点。

3）__________按键弹起。

2. 示波管、显示部分

1）调节__________旋钮，以观察到光点或光迹亮度舒适为宜。

2）调节____________和______________旋钮，使得光点尽可能地小，或者光迹尽可能地细。

3. 集电极扫描部分

1）选择集电极扫描电压的____________为 10V，调节峰值电压____________旋钮，看到光点扫描延展成一条水平直线，且直线的长短和峰值百分比的量值对应，即水平偏转距离和扫描电压的大小成正比，说明扫描部分正常。将峰值电压百分比调回置零。

2）将限制功耗电阻置于最大值 5MΩ。

4. 阶梯部分

1）将重复旋钮打开。

2）将__________旋钮旋至最大 10 级

3）阶梯信号选择开关置于______________。

4）阶梯调零

a. 分别将 X 轴和 Y 轴偏转系数开关逆时针调至标有____________的挡位。此时观测到斜向上（阶梯信号选择“+”极性时，反之为斜向下）的一条序列点。

b. 调节____________旋钮，判断出阶梯信号的初始位置。

c. 调节____________旋钮，使得阶梯的初始位置与扫描零电位重合。

d. 将 X 轴偏转系数调至______中的 1V/格，Y 轴偏转系数调至______中的 1mA/格。

四、实验内容

（一）基本实验内容

1. 测量线性电阻的 VCR 特性

任选一线性电阻，调节图示仪有关控制旋钮，观察并定量地画出其 VCR 特性曲线，并测试其电阻值。

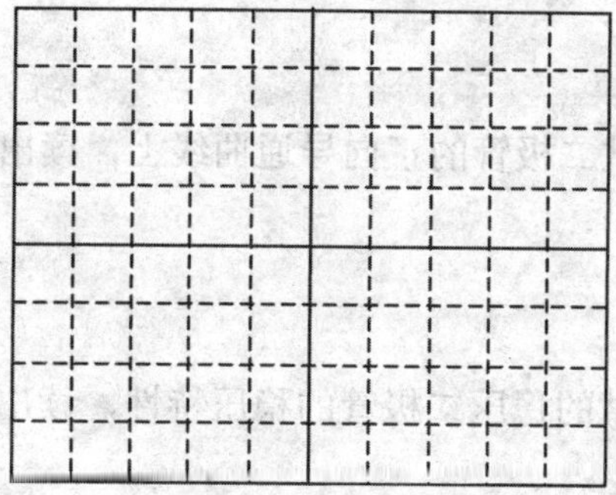

2. 测量稳压二极管的正向特性和反向特性

（1）正向导通（门槛）电压=__________。

（2）反向稳定电压 V_z=____________（I_R=5mA 时）。

（3）反向电流 I_R=______________（V_R=5V 时）。

（4）在同一坐标上绘出二极管正反向特性曲线。

注：测试时功耗电阻置于 1kΩ。

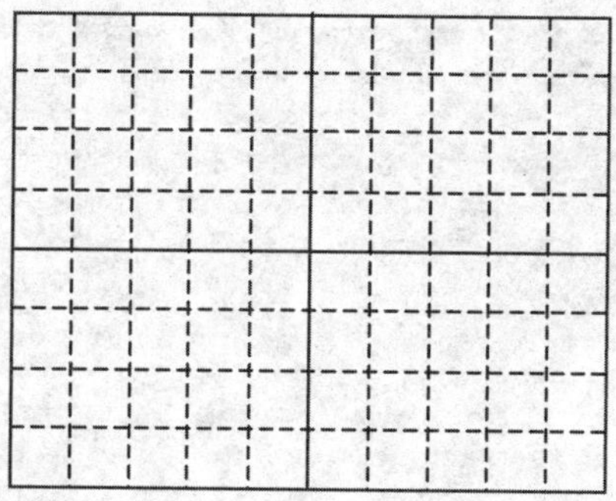

（二）扩展实验内容

发光二极管正向导通特性曲线的测量。定量的画出所观测的曲线，在图中标明其导通电压和电流。

注：测试时功耗电阻置于 1kΩ，所加的正向导通电压不得超过其 U_F 的大小。

五、思考题

1. 根据所测试二极管的正向导通曲线上，读出电流为 5mA 时的交流等效电阻。

2. 根据所测试的稳压二极管的稳压特性，读出电流为 7mA 时的等效电阻。

3. 归纳总结实验过程中故障出现的原因及排除方法。

六、心得体会与建议

电子技术基础实验报告

学生姓名：____________班级学号：______________考核成绩____________

实验名称：三极管输入、输出特性曲线的测试

一、实验预习与思考

1．画出晶体三极管的输出特性曲线，并说明描述该特性曲线的主要参数及其物理意义。

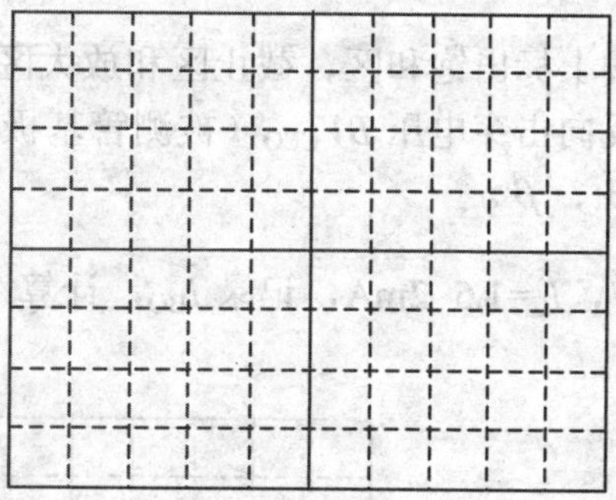

二、实验目的

1．进一步熟悉________________的面板旋钮。

2．掌握晶体管_________、__________特性曲线的图测方法。

3．掌握用晶体管特性曲线求______________的方法。

三、实验原理与测试方法

1．晶体管的$\overline{\beta}$、β测量方法

某 NPN 三极管的输出特性曲线如图 3-13-3 所示，其中，I_B的大小是确保阶梯零电流和扫描零重合的条件下，从阶梯电流的大小读出标明的。从图中可以测得

$\overline{\beta}$=______________________、β=__________________________

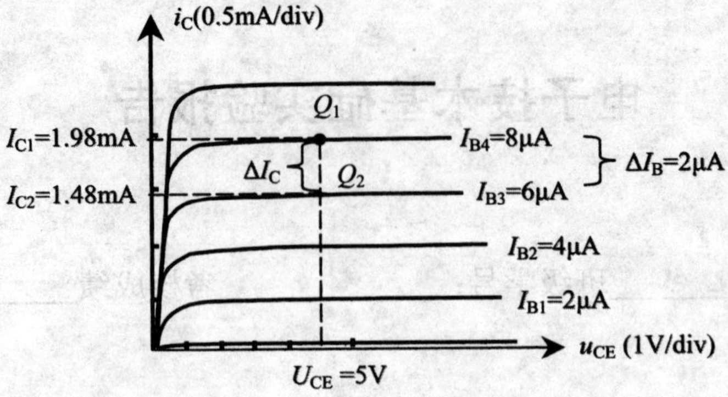

图 3-13-3　$\overline{\beta}$ 、β 测量示意图

四、实验内容

（一）基本实验内容

1. 晶体管输出特性的测量

（1）调节图示仪有关控制旋钮，测绘型号为“C1008”的 NPN 三极管的输出特性曲线。

（2）在曲线上标出饱和区、截止区和放大区。

（3）测量反向击穿电压 BV_{CEO}（被测管基极开路下测试，功耗电阻 5kΩ）。

（4）测量 $\overline{\beta}$ 、β 。

取 U_{CE}=5V，I_C=1.5~2mA，记录 I_{BQ}，计算 $\overline{\beta}=\left.\frac{i_C}{i_B}\right|_{U_{CE}=5V}$ ；$\beta=\left.\frac{\Delta i_C}{\Delta i_B}\right|_{U_{CE}=5V}$ 。

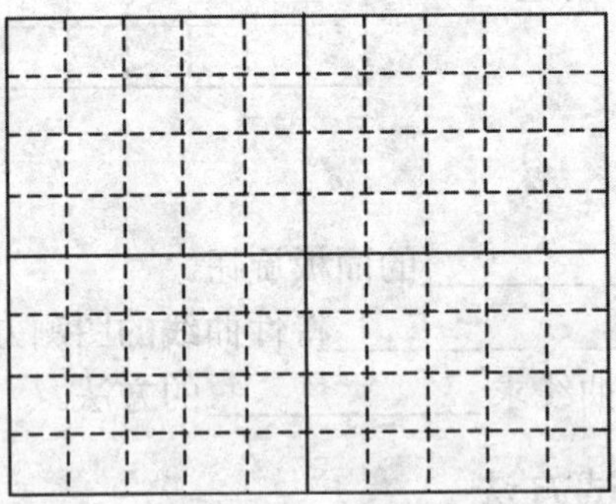

2. 晶体管输入特性的测量

（1）正确设置图示仪有关控制件，测绘晶体管输入特性曲线：$i_B=f(U_{BE})\big|_{U_{CE}=10V}$

（2）求出导通电压 U_{on}。

（3）求线性变化区的输入电阻：$r_{be}=\left.\frac{\Delta U_{BE}}{\Delta i_B}\right|_{U_{CE}=C}$ 。

注：设置功耗电阻为 250Ω~1kΩ。

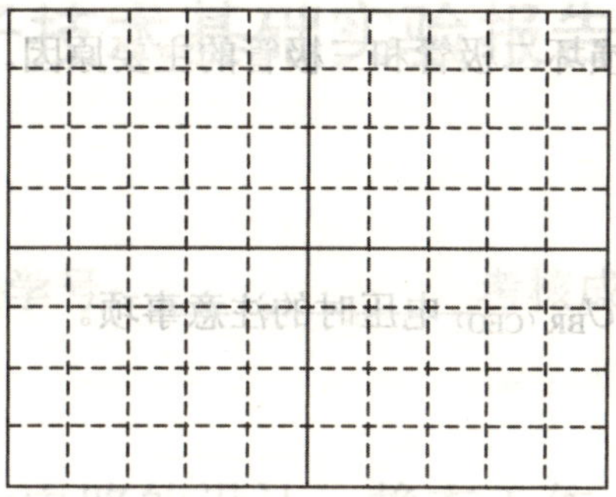

（二）扩展实验内容

1. 场效应管输出特性的测量

（1）调节图示仪有关控制旋钮，测绘输出特性曲线。

（2）在曲线上标出可变电阻区、饱和区和击穿区。

（3）测量击穿电压 BU_{DS}（功耗电阻 5kΩ 左右）。

（4）测量跨导 g_m。

设 U_{DS}=10V，选择适当 i_{DSS}，计算 $g_m = \left.\dfrac{\Delta i_{DS}}{\Delta U_{GS}}\right|_{U_{DS}=10V}$

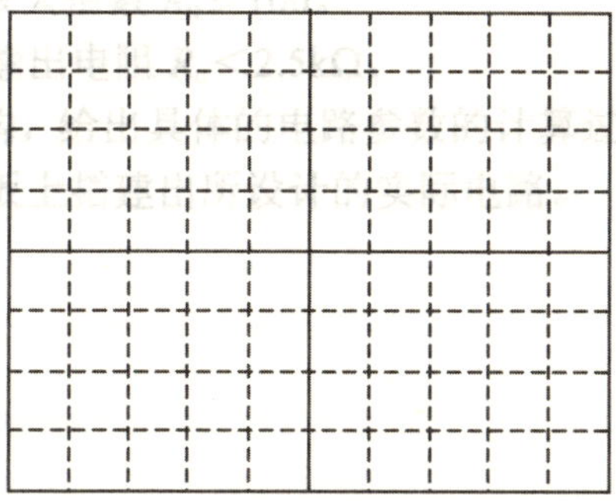

2. 场效应管转移特性的测量

（1）正确设置图示仪有关控制件，测绘场效应管输入特性曲线：$i_D = f(U_{GS})|_{U_{DS}=10V}$。

（2）求出夹断电压（耗尽型管）U_P 和开启电压（增强型管）U_T。

（3）求出饱和漏电流（耗尽型管）i_{DSS}。

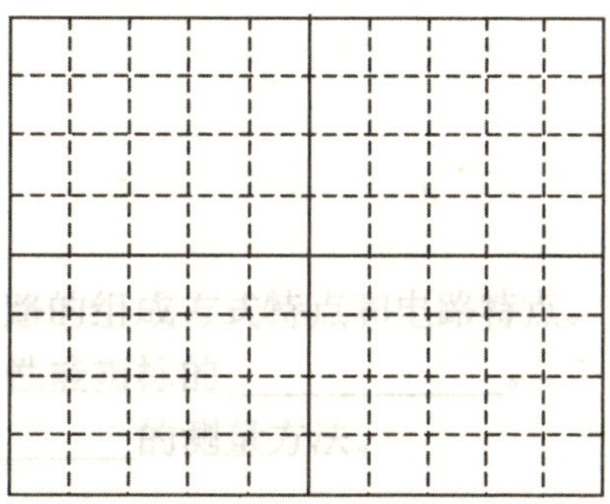

1. 输入电阻的测试

输入电阻是从放大器的输入口视入放大器的等效交流电阻，输入电阻要向信号源吸收信号功率。当被测电路的输入电阻不太高时，可以采用如图 3-15-2 所示的方法进行测量。在信号发生器与放大器的输入端之间接入一已知电阻（取样电阻）R，用交流电压表分别测出取样电阻 R 两端对地的电压 U'_s 和 U_i 的值，则可由下式计算出输入电阻 R_i 的值为

____

注意：取样电阻 R 的选择应与 R_i 为同一数量级，过小或过大都会使测量误差增大。

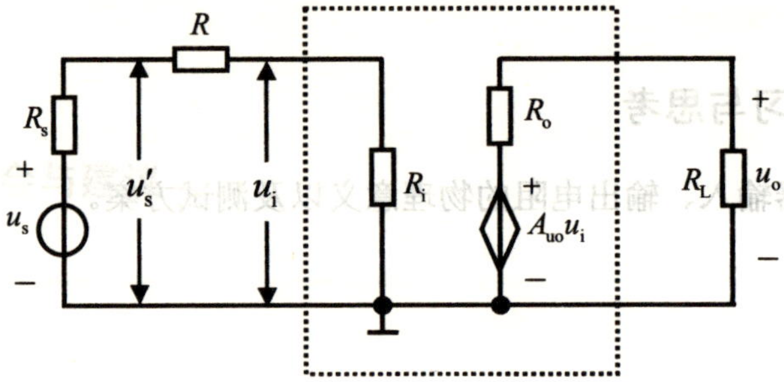

图 3-15-2　输入电阻的测量原理

2. 输出电阻的测量

输出电阻仍然采用间接测量的“两次电压法”测量，测量原理如图 3-15-3 所示。根据戴维宁定理，放大器的输出端可等效为一个电压源与一内阻的串联，等效电压源 U_o 即为空载（$R_L=\infty$）时的输出电压，等效内阻 R_o 即为放大器的输出电阻。因此，分别测出放大器空载（负载 R_L 断开）时的输出电压 U_o 和接入负载时的输出电压 u'_o，即可计算出输出电阻的值为

____

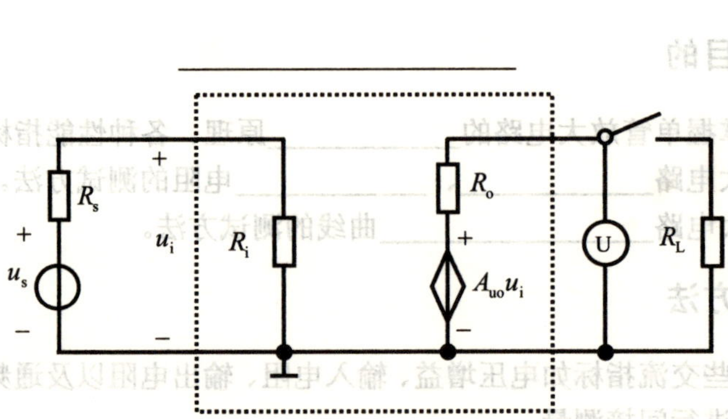

图 3-15-3　输出电阻测量原理

四、实验内容

（一）基本实验内容

1. 放大器输入电阻的测量

在放大器输入口串接一取样电阻 R，用“两次电压法”测量该放大器的输入电阻 R_i，测试条件：输入正弦波，f=5kHz，有效值 U_i=5mV。完成表 3-15-1。

表 3-15-1 输入电阻的测量

U_s'	U_i	取样电阻 R	R_i

2. 放大器输出电阻的测量

在放大器输出口选择一个合适的负载电阻 R_L，运用两次电压法分别测量空载与接上负载时的输出电压值，测试条件：输入正弦波，f =5kHz，有效值 U_i=5mV。完成表 3-15-2。

表 3-15-2 输出电阻的测量

U_o	U_o'	负载电阻 R_L	R_o

3. 放大器频率特性的测量并绘出频率特性曲线

用点频测试法测量放大器的频率特性，并求出带宽，测试条件：输入正弦波，有效值 U_i=5mV。完成表 3-15-3。

表 3-15-3 幅频特性的测试

频率值（Hz）	$f_L/2$	f_L		$f_0/2$	f_0	$2f_0$		f_H	$10f_H$	带宽Δf
					1k					
U_0（V）										

（二）扩展实验内容

1. 共集电极放大电路交流性能指标的测量

将设计好的共射单管放大电路改建成共集放大形式。测量电路静态工作点确保电路处于放大状态。输入 f=1kHz，有效值 U_i=20mV 的交流正弦信号，测量共集电极放大电路的交流性能指标，记入表 3-15-4 中。

表 3-15-4　共集电极放大电路交流性能指标的测量

A_U	R_i	R_0	f_L	f_H

2．共基极放大电路交流性能指标的测量

将设计好的共射单管放大电路改建成共基放大形式。测量电路静态工作点确保电路处于放大状态。输入 f=1kHz，U_i=20mV 的交流正弦信号，测量共基极放大电路的交流性能指标，记入表 3-15-5 中。

表 3-15-5　共基极放大电路交流性能指标的测量

A_u	R_i	R_0	f_L	f_H

五、注意事项

1．在测输入电阻时，要在输入回路串接一个与放大器输入电阻同一数量级的已知电阻 R 。

2．在测输出电阻时，要在输出回路串接一个与放大器输出电阻同一数量级的负载电阻 R_L 。

3．测量频率特性时，要保持输入信号电压值不变。

六、思考题

1．测量共集电极放大电路的输入电阻和输出电阻时取样电阻和负载电阻怎样选取误差较少？

2．测量动态输入、输出电压时，用交流毫伏表而不用万用表，为什么？

3．归纳总结实验过程中故障出现的原因及排除方法。

七、心得体会与建议

电子技术基础实验报告

学生姓名：__________班级学号：____________考核成绩_________

实验名称：多级放大电路的设计及测试

一、实验预习与思考

设计任务和要求

（1）基本要求：

用给定的三极管2SC1815（NPN），2SA1015（PNP）设计多级放大器，已知 V_{CC}=+12V，V_{EE}=−12V，要求设计差分放大器恒流源的射极电流 I_{EQ3}=1~1.5mA，第二放大级射极电流 I_{EQ4}=2~3mA；差分放大器的单端输入单端输出不失真电压增益至少大于10倍，主放大级的不失真电压增益不小于100倍；双端输入电阻大于10KΩ，输出电阻小于10Ω，并保证输入级和输出级的直流电位为零。

给出设计过程，画出设计的电路，并标明参数。

二、实验目的

（1）理解____________放大电路的工作原理和设计方法。

（2）学习并熟悉设计________的多级直接耦合放大电路的方法。

（3）掌握多级放大器性能指标的测试方法。

（4）掌握在放大电路中引入________的方法。

三、实验原理与测试方法

直耦式多级放大器的主要设计任务是模仿运算放大器 OP07 的等效内部结构，简化部分电路，采用差分输入，共射放大，互补输出等结构形式，设计出一个电压增益足够高的多级放大器，可对小信号进行不失真地放大。参考电路如图 3-16-1 所示。

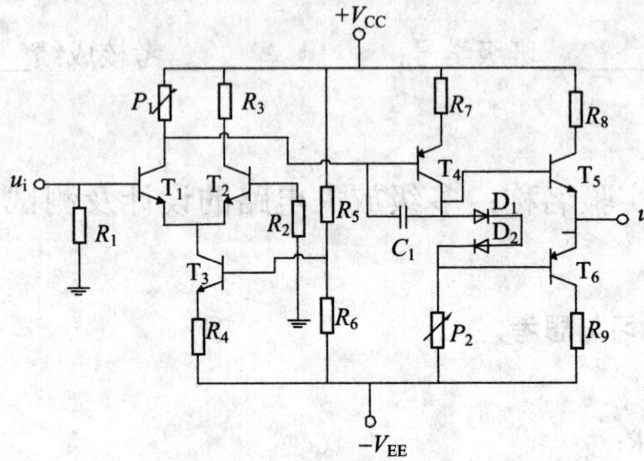

图 3-16-1　多级放大电路原理图

1. 输入级

3-16-2 为典型的差动放大电路。放大电路两边对称，两晶体管型号、特性一致，各对应电阻阻值相同，电路的共模抑制比很高，利于抗干扰。双端输入，双端输出。

计算静态工作点：差动放大电路的双端是对称的，此处令 $I_{EQ1}=I_{EQ2}=I_{EQ}$，$I_{CQ1}=I_{CQ2}=I_{CQ}$。设 $U_{B1}=U_{B2}\approx$ ________V，则 $U_E\approx$________，算出 T_3 的 I_{CQ3}=___I_{EQ}。

此处射极采用了工作点稳定电路构成的恒流源电路，此处有个较为简单的确定工作点的方法：

因为 $I_{C3}\approx I_{E3}$，所以只要确定了 I_{E3} 就可以了，而 $I_{E3}=\dfrac{U_{R4}}{R_4}=\dfrac{U_{E3}-(-U_{EE})}{R_4}$，

$$U_{E3}=U_{B3}-U_{on}=(U_{CC}-(-U_{EE}))\cdot\frac{R_5}{R_5+R_6}-U_{on}$$

采用 u_{i1} 单端输入，u_{o1} 单端输出时的增益 $A_{U1}=\dfrac{u_{o1}}{u_{i1}}=-\dfrac{\beta(R_c//\frac{R_L}{2})}{R_b+r_{be}}=-\dfrac{\beta(P_1//\frac{R_L}{2})}{R_1+r_{be}}$

2. 主放大级

图 3-16-3 示出了采用 PNP 型晶体管作为中间主放级并和差分输入级连接的参考电路。图中 T_4 为主放大器，其静态工作点 U_{B4}、U_{E4}、U_{C4} 由 P_1，R_7，P_2 决定。差分放大电路和放大电路采用直接耦合，其工作点相互有影响。简单估算方式如下：

$U_{E4}=V_{CC}-I_{E4}\cdot R_7$，$U_{B4}=U_{E4}-U_{on}=U_{E4}-0.7\text{V}$（硅管），$U_{C4}=-V_{EE}+I_{C4}\cdot R_{P2}$

由于 $U_{B4}=U_{C1}$，相互影响，具体在调试时要仔细确定。

此电路中放大级输出增益 $A_{U2}=\dfrac{u_{o2}}{u_{o1}}=-\dfrac{\beta\cdot R_c}{R_b+r_{be}}$

四、实验内容

（一）基本实验内容

用 Multisim 仿真设计结果，并调节电路参数以满足性能指标要求。给出所有的仿真结果。

（二）扩展实验内容

按照实验原理中给出的电路原理图，设计该电路的各级参数，设输入 U_i=5mV，f=10kHz，完成如下内容的测试：

（1）设计并测试各级电路的静态工作点。完成表 3-16-1。

表 3-16-1　静态工作点的测试

第一级	U_{B1}	U_E	U_{C1}	U_{R4}	I_{E3}
第二级					

（2）将各级放大器级联而成为一个多级放大器，并调节工作点，使之能正常工作于放大状态，测试总电压增益，输入阻抗，幅频特性，完成表 3-16-2～表 3-16-7。

表 3-16-2　电路总放大倍数的测量

u_i	u_o	A_{U2}

表 3-16-3　输入电阻的测量

u	u'	R	R_i

表 3-16-4　幅频特性的测量

f(Hz)			$0.1f_H$		f_H			$10f_H$
u_o(V)								

（3）引入负反馈，取 R_1、R_2=39kΩ，u_i=50mV，模拟运算放大器的正或反相放大工作组态，自拟放大倍数，并测试验证其正确性，记录相关数据，并分析电路的工作状态。

表 3-16-5　引入反馈后电路放大倍数的测量

R_f	u_i	u_o	A_U

表 3-16-6　引入反馈后输入电阻的测量

u_i	u_i'	R	R_i

表 3-16-7　引入反馈后幅频特性的测量

f(Hz)			$0.1f_H$		f_H	$2f_H$	$5f_H$
u_o(V)							

五、实验报告要求

用 Multisim 仿真设计结果，提交仿真报告。

电子技术基础实验报告

学生姓名：____________班级学号：______________考核成绩____________

实验名称：集成功率放大器设计与参数测试

一、实验预习与思考

1．什么是功率放大电路？对功率放大电路的要求是什么？

2．功率放大电路有什么类型？各有什么特点？

3．设计要求：

设计一音频功率放大器，输出功率不得小于 0.5W；要求 f_L=100Hz，f_H=20kHz；$\eta \geqslant 50\%$。画出设计电路图，给出参数推导过程及结果。

二、实验目的

1．了解______________放大器的特点、应用。

2．掌握______________放大器的设计方法。

3．掌握______________放大器主要性能指标的测试方法。

三、实验原理与测量方法

1．最大不失真输出功率 P_{omax}

采用间接测量的方法，在电路的输出端固定负载 R_L=4Ω，输入端加单音频正弦信号，用示波器观测负载 R_L 上的波形，调节输入信号的幅度，使输出信号为________且________削顶失真（即只考虑限幅失真）。测得输出幅度 U_{omax}（有效值），即可求得

$$P_{omax}=\_\_\_\_\_\_\_\_\_\_\_\_.$$

2. 测试功率放大器效率 η

断开电源支路，按电流流向，将电流表串入电源支路，可测得直流稳压电源的输出电流 I_{Emax}。则电源输出功率：P_E=________________。

由此可以求出最大不失真时的输出效率：

η=________________。

四、实验内容

1. 测试最大不失真输出功率 P_{omax}

在电路的输出端固定负载 R_L=4 Ω，测试条件：输入单频正弦信号 f=1000Hz，完成表 3-17-1。

表 3-17-1　最大不失真功率的测量

V_{CC}（V）	R_L（Ω）	U_{omax}(V)	P_{omax}(W)

2. 测试功率放大器效率 η

用万用表测量电源输出电流，完成表 3-17-2。

表 3-17-2　效率的测量

I_{Emax}(mA)	P_E(W)	η

3. 测试功率放大器的截止频率

在电路输入端加入单音频正弦信号，频率 f=1000Hz，有效值 U_i=0.3V。改变输入信号频率，用示波器监测输出电压波形，在保证输出波形不失真、输入信号幅值不变的情况下，用晶体管毫伏表测量输出电压，并依据 –3 dB 幅值读出低端和高端截止频率 f_L、f_H。数据记入表 3-17-3 中。

表 3-17-3　频率特性的测量

f(Hz)	20	f_L	400	5k	15k	20k	30k	f_H	200k
U_o(V)									

五、思考题

1. 电路中 C_8 的作用是什么？

2. 改变负载电阻 R_L 是否可行？对电路有何影响？

3. 测量高端截止频率 f_H 时，波形有何变化？说明了什么？

4. 归纳总结实验过程中故障出现的原因及排除方法。

六、心得体会与建议

电子技术基础实验报告

学生姓名：__________班级学号：______________考核成绩__________

实验名称：运放的基本放大应用

一、实验预习与思考

1．给出 OP07 的各个管脚功能。

2．若集成运放的偏置电源为±12V，则集成运放的最大输出约为____________？

3．画出稳压电源实现运放的双电源供电电路连接图？

3．设计一个同相比例放大电路，要求电压放大倍数为 2；设计一个反向比例放大电路，要求电压放大倍数为–3。画出电路图并给出参数推导过程及结果。

二、实验目的

1．了解集成运算放大器的____________分布及其____________。
2．掌握_______________的正确使用方法及特点。
3．进一步理解集成运放构成的________________原理及其实际应用。

三、实验原理

集成运放大器的电路模型如图 3-18-1（a）所示，实际的集成运算放大器“741”的管脚分布如图 3-18-1（b）所示。

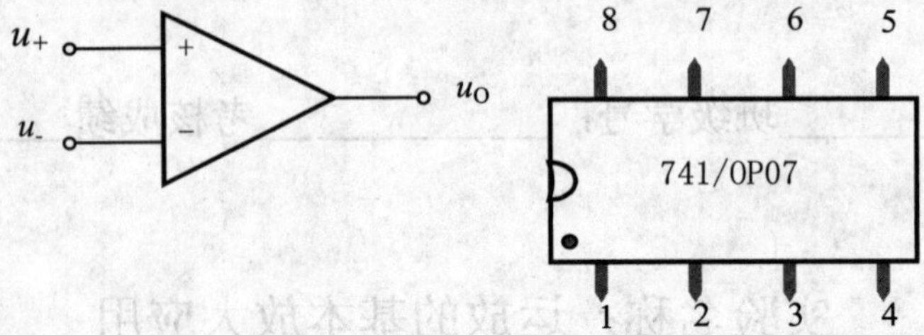

（a）集成运放的电路符号　　（b）管脚分布图

图 3-18-1

其中：1 脚和 5 脚是一对调零端钮，目的是运放正负双电源供电时，通过这一对端钮外接调零电路实现零输出；____脚是反相输入端；______脚是同相输入端；______脚是负电源端；________脚是输出端；______脚是正电源端；8 脚空置。

1. 反相比例放大器

如图 3-18-2 是典型的反相比例放大器原理图，输入信号经输入限流电阻送到反相输入端，同相输入端经平衡电阻接地。反馈电阻引入电压取样电流求和反馈，属于深度负反馈。根据运放工作在线性放大区的两个基本法则“虚短”和“虚断”有

$$\begin{cases} V_+ = V_- = 0 \\ i_i = i_f \end{cases}$$

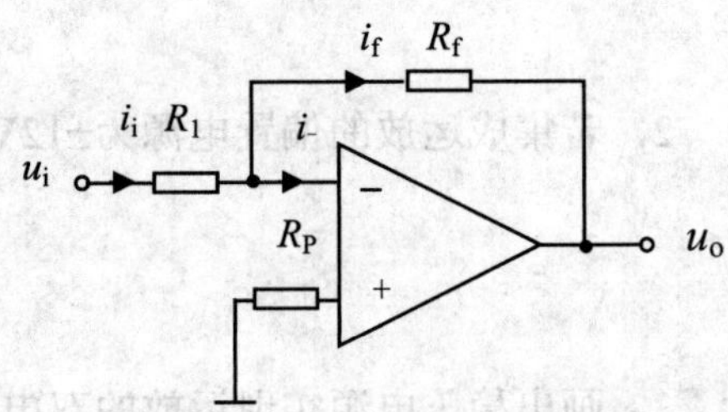

图 3-18-2　反相比例放大器原理图

所以 A_U=______________ .

2. 同相比例放大器

如图 3-18-3 所示电路，输入信号从同相端接入，反相端接地。同样依据两个基本原则“虚短”和“虚断”有

$$i_i = 0 \quad u_- = u_+ = u_i$$

$$有\ i_1 = i_f \Rightarrow \frac{u_i}{R_1} = \frac{u_o - u_i}{R_f}$$

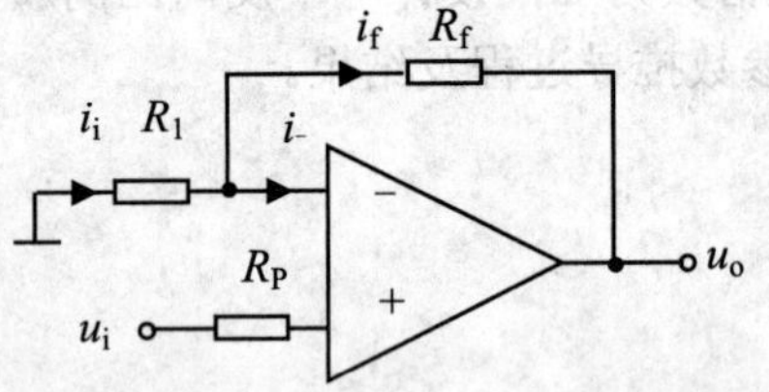

图 3-18-3　同相比例放大器原理

所以 A_U=______________ .

3. 双电源的连接方法

双电源的连接原理如图 3-18-6 所示，E_1、E_2 可提供两组独立等值的直流电压输出，为满足双电源供电，将 E_1 的负极与 E_2 的正极短接，并将短接端引出与放大器的公共端

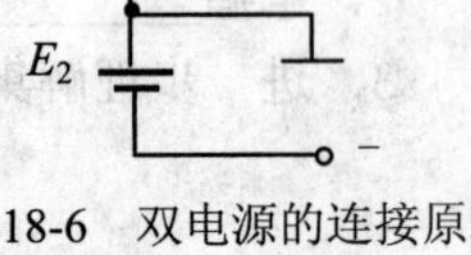

图 3-18-6　双电源的连接原理

相连，这样 E_1 的正极对公共端而言可提供正电压，E_2 的负极对公共端而言可提供负电压，从而实现双电源供电。

四、实验内容

（一）基本实验内容

1. 反相比例放大器的设计与测试

根据元件包中所提供元件，应用集成运放设计并搭建一个反相放大器，完成表 3-18-1 的测试。

表 3-18-1　反相放大器的测试

测试条件		输出电压	实测放大倍数	所选电阻的大小	
U_i	A	U_o	A	R_i	R_f
$2\cos1000\pi t$V	−3	在同一坐标系下定量地绘出输入输出的波形			

2. 同相比例放大器的测量

根据元件包中所提供元件，应用集成运放设计并搭建一个同相放大器，并完成表 3-18-2 的测试。

表 3-18-2　同相放大器的测试

测试条件		输出电压	实测增益	所选电阻的大小	
U_i	A	U_o	A	R_i	R_f
$3\cos1000\pi t$ V	2	在同一坐标系下定量地绘出输入输出的波形			

二、实验目的

1. 进一步理解集成运算放大器的基本特性。
2. 熟练掌握集成运放的正确使用方法及特点。
3. 掌握集成运放构成的________________器、________________器原理及其实际应用。

三、实验原理与测试方法

1. *减法器*

如图 3-19-1 是减法器原理图，一个输入信号经输入限流电阻送到反相输入端；另一个输入信号接入同相输入端。根据“虚短”和“虚断”的基本法则：

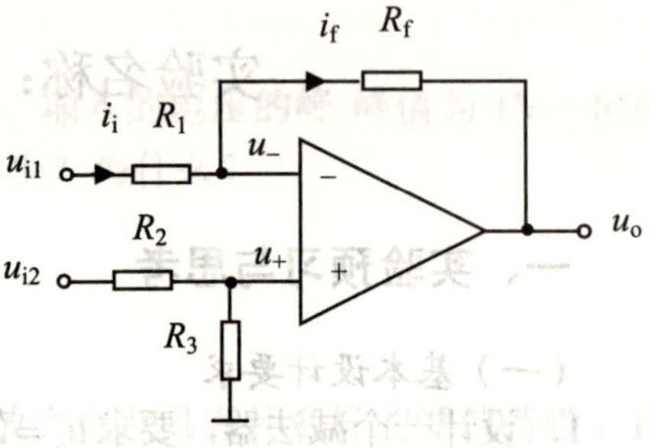

图 3-19-1　减法器原理图

$$\begin{cases} u_- = u_+ = \dfrac{R_3}{R_2 + R_3} u_{i2} \\ i_i = i_f \end{cases}$$

所以 $u_o = \dfrac{R_3}{R_1} \cdot \dfrac{R_1 + R_f}{R_2 + R_3} u_{i2} - \dfrac{R_f}{R_1} u_{i1}$

若取 $R_1 = R_2$， $R_3 = R_f$ 则：u_o=____________________.

2. *反相加法器*

如图 3-19-2 所示电路，模拟输入信号 u_{i1} 和 u_{i2} 从反相通过 R_1 和 R_2 送入反相端，同相端通过平衡电阻接地。根据“虚短”和“虚断”的基本法则：

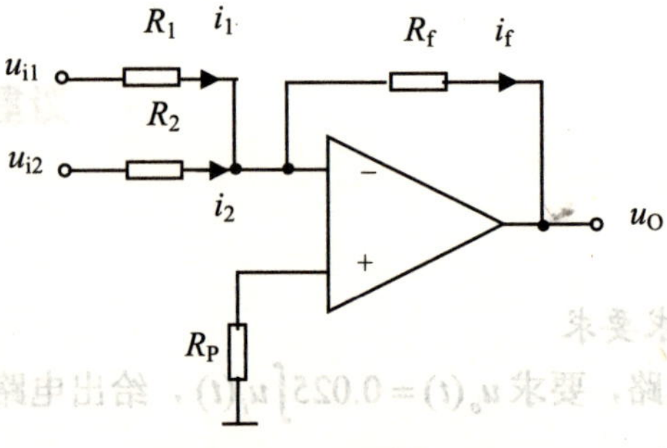

图 3-19-2　反相加法器

$$i_f = i_1 + i_2$$

因为 $$i_1 = \frac{u_1}{R_1} \quad i_2 = \frac{u_2}{R_2} \quad i_f = -\frac{u_o}{R_f}$$

所以 $$u_o = -R_f\left(\frac{u_1}{R_1} + \frac{u_2}{R_2}\right)$$

若取 $$R_1 = R_2 = R$$

则有 u_o=____________________.

四、实验内容

（一）基本实验内容

1. 减法器的设计与测试

根据元件包中所提供元件，应用集成运放自主设计并搭建一个减法器，要求实现 $u_o = 3(u_{i2} - u_{i1})$，完成表 3-19-1 的测试。

表 3-19-1　减法器的测试

测试条件		输出电压 u_o	所选电阻的大小	
u_{i1}	u_{i2}	定量地绘出输出的波形	R_1	R_f
cos1000πt V	0.7V	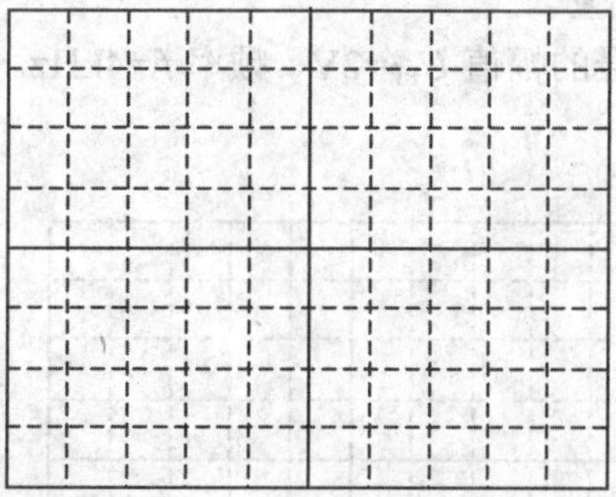		

2. 反相加法器的设计与测试

根据元件包中所提供元件，应用集成运放设计并搭建一个反相加法器，要求实现 $u_o = -3(u_{i1} + u_{i2})$，完成表 3-19-2 的测试。

表 3-19-2　反相加法器的测试

测试条件		输出电压 u_o	所选电阻的大小	
u_{i1}	u_{i2}	定量地绘出输出的波形	R_i	R_f
cos1000πt V	0.7V	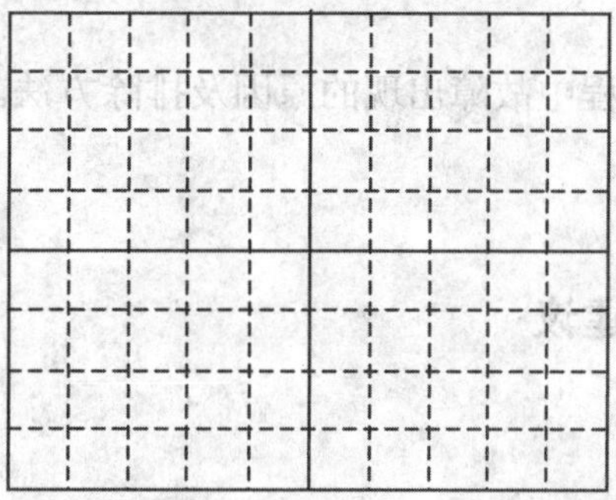		

（二）扩展实验内容

1. 积分器的设计与测量

测试条件：输入方波信号，幅值 U_{PP}=2V、频率 f=2kHz。请在同一坐标系下绘出输入输出的波形。

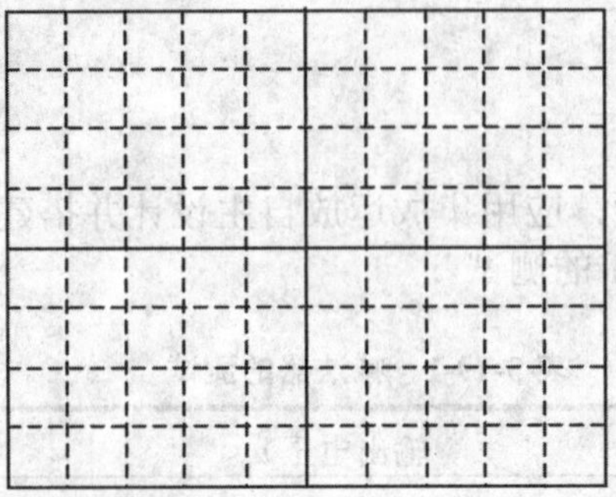

2. 微分器的设计与测量

测试条件：三角波信号的幅值 U_{PP}=2V、频率 f=4kHz。请在同一坐标系下绘出输入输出的波形。

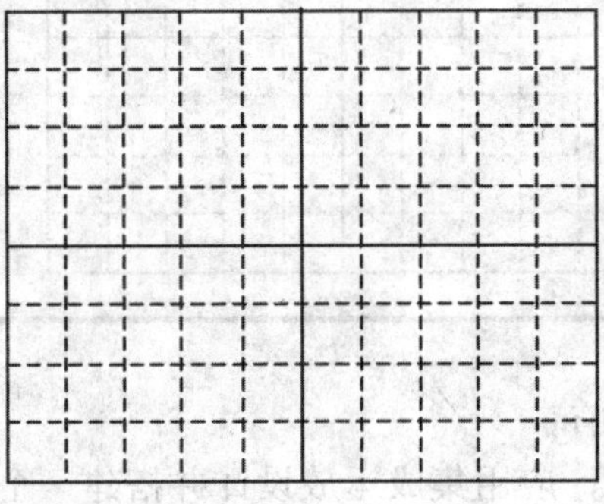

五、思考题

1. 运放构成的放大电路中的平衡电阻的值应该怎么确定？

2. 归纳总结实验过程中故障出现的原因及排除方法。

六、心得体会与建议